计算机基础

主　编　刘艳云

副主编　李　辉　胡　斌

参　编　肖春霞　姚　佳　顾　敏

赵　沫　郑长友　洪　宇

哈爾濱工業大學出版社

内 容 简 介

本书以“计算机基础”课程教学实践为基础,充分吸纳近年来国内外面向信息素养培养的计算机基础课程教学改革实践成果。本书内容涵盖了信息素养培养的全过程,包括信息意识、信息知识、信息技能、信息道德和信息能力 5 个方面,特别是利用 AIGC 工具进行信息获取、信息分析与处理、信息综合呈现的技能。

本书适合作为大专层次理工类专业“计算机基础”课程的教材,也可作为计算机培训、计算机等级考试和计算机爱好者的参考书。

图书在版编目(CIP)数据

计算机基础/刘艳云主编. —哈尔滨:哈尔滨工业大学出版社,2025. 1 ISBN 978 - 7 - 5767 - 1677 - 1

Ⅰ. TP3

中国国家版本馆 CIP 数据核字第 2024GC6854 号

策划编辑 薛 力
责任编辑 薛 力
封面设计 刘 东
出版发行 哈尔滨工业大学出版社
社 址 哈尔滨市南岗区复华四道街 10 号 邮编 150006
传 真 0451 - 86414749
网 址 http://hitpress. hit. edu. cn
印 刷 哈尔滨久利印刷有限公司
开 本 787mm×1092mm 1/16 印张 15. 5 字数 349 千字
版 次 2025 年 1 月第 1 版 2025 年 1 月第 1 次印刷
书 号 ISBN 978 - 7 - 5767 - 1677 - 1
定 价 49. 00 元

前　　言

在这个日新月异的数字化时代,信息技术的飞速发展不仅深刻改变了我们的生活方式,也重塑了教育、科研、经济乃至整个社会的运行模式。在这个信息爆炸的环境中,信息素养作为一项关键能力,其重要性日益凸显,成为衡量现代社会人才综合素质的重要指标。

随着人工智能(AI)技术的飞速发展,特别是人工智能生成内容(AIGC)工具的日益成熟,信息素养的内涵得到了前所未有的丰富与深化,不再局限于传统意义上的信息素养能力,而是扩展到了利用智能工具高效生成、深度编辑、精准分析和广泛传播信息的全新维度。

本书旨在全面而深入地培养大学生的信息素养。我们精心策划了本书内容,不仅涵盖了计算机发展史、计算机系统组成与工作原理、信息表示基础、信息数字化等基础知识、还融入了利用 AIGC 工具进行信息获取、信息分析与处理、信息综合呈现的技能,力求让学生在保持较强的信息意识和信息道德状态下应用所学信息知识和技能解决实际问题,从而在解决实际问题的过程中提升学生的信息素养,为他们在未来的技术革新和社会发展中发挥重要作用奠定坚实的基础。

本书在编写过程中得到了很多老师的指导,本书的编写还参考了很多文献资料和网络素材,在此一并向这些资料和素材的原创者表示感谢。由于编者的水平有限,本书中可能存在不足之处,希望读者提出宝贵的意见。

编　者

2024 年 8 月

目　　录

第 1 章　计算机概述

在人类文明的长河中，技术的每一次飞跃都深刻地改变了世界的面貌。从石器时代的简单工具到工业革命的蒸汽机，再到信息时代的计算机，技术的力量不断推动着社会进步与文明发展。而在众多技术革新之中，计算机无疑是最为耀眼的一颗明星，它不仅重塑了我们的工作方式、学习方式，更深刻地影响了我们的生活方式和思维方式。

1.1　计算机发展史

在人类文明的进程中，人类探索计算工具的脚步从未停歇过。从古代的算筹、算盘到近代的加法器、分析机、机械计算机再到电子计算机，计算机的发展经历了漫长的岁月。对计算机发展历史的回顾，不仅仅要记住历史事件及历史人物，还要观察技术的发展路线，观察其带给我们的思想性的启示，这样才能让我们更加深刻地理解计算机发展历史，更好地树立自身的创新精神。

1.1.1　计算工具发展史

计算工具的发展与演变过程如图 1-1 所示。一般而言，计算与自动计算要解决以下几个问题：一是数据的表示；二是数据的存储；三是计算规则的表示；四是计算规则的执行。

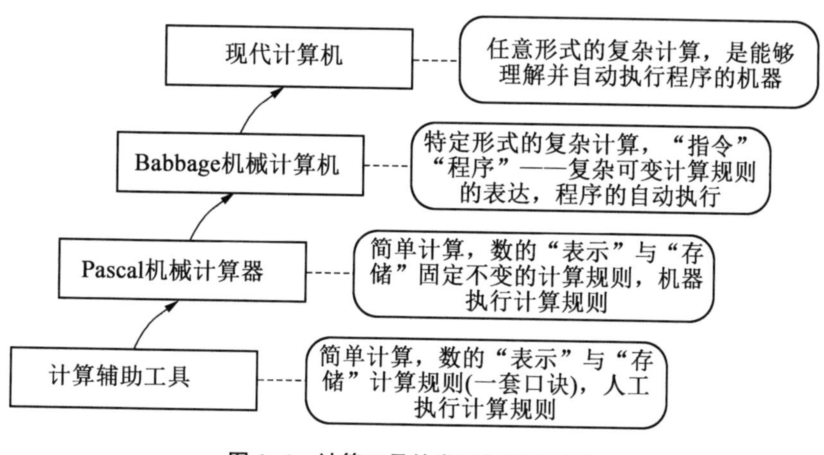

图 1-1　计算工具的发展与演变过程

算盘在我国有着悠久的历史。算盘上的珠子可以表示和存储数，计算规则是一套口诀，按照口诀拨动珠子可以进行四则运算。然而算盘的所有计算操作都要靠人的大脑和手完成,因此算盘被认为是一种计算辅助工具,不能被归入自动计算工具范畴。

若要进行自动计算,需要由机器来自动执行规则、自动存储和获取数据。

1642 年法国科学家帕斯卡(Blaise Pascal)发明了著名的帕斯卡机械计算器,首次确立了计算机器的概念。该机器用齿轮来表示与存储十进制各个数位上的数字,通过齿轮的比来解决进位问题。低位的齿轮每转动 10 圈,高位上的齿轮只转动 1 圈。机器可自动执行一些计算规则,“数”在计算过程中自动存储。德国数学家莱布尼茨(Gottfried Wilhelm Leibniz)随后对此进行了改进,设计了“进步轮”,实现了计算规则的自动连续重复地执行。帕斯卡机械计算器的意义:它告诉人们“用纯机械装置可代替人的思维和记忆”,开辟了自动计算的先河。

1822 年,30 岁的巴贝奇(Charles Babbage)受杰卡德编织机的启发,花费 10 年时间,设计并制造了差分机。这台差分机能够按照设计者的意图,自动处理不同函数的计算过程。1834 年,巴贝奇设计出具有堆栈、运算器和控制器的分析机,英国著名诗人拜伦的独生女阿达·奥古斯塔为分析机编制了人类历史上第一批程序,即一套可预先变化的有限有序的计算规则。巴贝奇用了 50 年时间不断研究如何制造差分机,但限于当时科技发展水平,其第二个差分机和分析机均未能制造出来。在巴贝奇去世 70 多年后,Mark I 在 IBM 的实验室制作成功,巴贝奇的夙愿才得以实现。

正是人们对机械计算机的不断探索和研究,不断追求计算的机械化、自动化、智能化:如何能够自动存储数据?如何能够让机器识别可变化的计算规则并按照规则执行?如何能够让机器像人一样地思考?这些探索和研究促进了机械技术和电子技术的结合,最终导致了现代计算机的出现。

1.1.2 元器件发展史

自动计算要解决数据的自动存取和随规则自动变化的问题,如图 1-2 所示,找到能够满足这种特性的元器件便成为电子时代研究者不断追求的目标。

1883 年,爱迪生(Thomas Alva Edison)在为电灯泡寻找最佳灯丝材料的时候,发现了一个奇怪的现象:在真空电灯泡内部碳丝附近安装一截铜丝,结果在碳丝和铜丝之间产生了微弱的电流。1895 年,英国电气工程师弗莱明(John Ambrose Fleming)对这个“爱迪生效应”进行了深入的研究,最终发明了人类历史上第一只电子管(真空二极管):一种使电子单向流动的元器件。1907 年,美国人德·福雷斯特(Lee de Forest)发明了真空三极管,他的这一发明为他赢得了“无线电之父”的称号。其实,德芙雷斯所做的就是在二极管的灯丝和板极之间加了一块栅板,使电子流动可以受到控制,从而使电子管进入普及和应用阶段。电子管是可存储和控制二进制数的电子元器件。在随后几十年中,人们开始用电子管制作自动计算的机器。标志性的成果是 1946 年 ENIAC(Electronic Numerical Integrator and Computer),即电子数字积分计算机在宾夕法尼亚大学研制成功,这是公认的世界上第一台电子计算机。这一成功奠定了“二进制”“电子技术”作为计算机核心技术的地位。然而电子管有很多缺陷,如体积庞大、可靠性较低等,克服这一问题的需求促使人们寻找比其性能更佳的替代品。

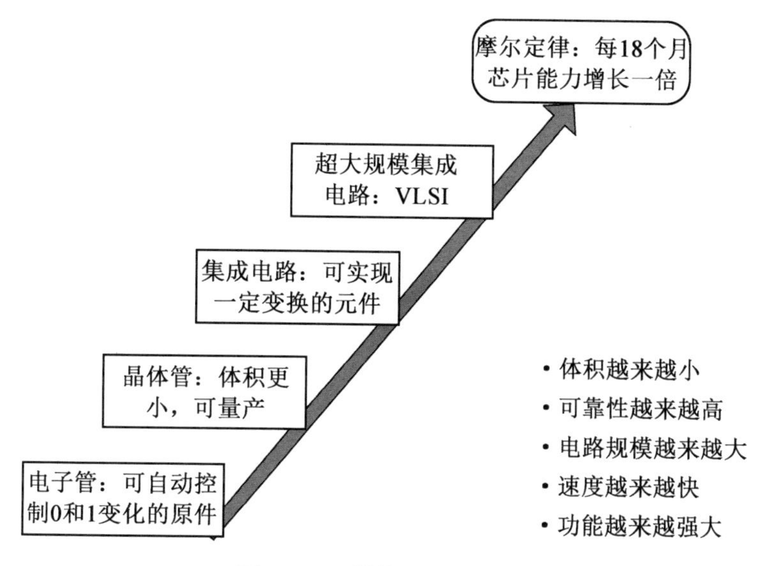

图 1-2　元器件的发展与演变

1947 年，贝尔实验室的肖克莱、巴丁、布拉顿发明了点接触晶体管，两年后肖克莱进一步发明了可以批量生产的结型晶体管（1956 年他们 3 人因为发明点接触晶体管共同获得了诺贝尔奖），1954 年德州仪器公司的迪尔发明了制造硅晶体管的方法。1955 年之后，以晶体管为主要器件的计算机也迈入了新的时代。尽管晶体管代替电子管有很多优点，但还是需要使用电线将各个元件逐个连接起来，对于电路设计人员来说，能够用电线连接起来的单个电子元件的数量不能超过一定的限度。而当时一台计算机可能就需要 25 万个晶体管、10 万个二极管，以及成千上万个电阻和电容，其错综复杂的结构使其可靠性大为降低。

1958 年，菲尔柴尔德半导体公司的诺伊斯和德州仪器公司的基尔比提出了集成电路的构想：在一层保护性的氧化硅薄片下面，用同一种材料（硅）制造晶体管、二极管、电阻、电容，再采用氧化硅结缘层的平面渗透技术，以及将细小的金属线直接蚀刻在这些薄片表面上的方法把这些元件互相连接起来，这样几千个元件就可以紧密地排列在一小块薄片上。将成千上万个元件封装成集成电路，自动实现一些复杂的变换，这样集成电路便成为功能更为强大的元件，人们可以通过连接不同的集成电路，制造自动计算的机器，人类由此进入了微电子时代。

随后人们不断研究集成电路的制造工艺，光刻技术、微刻技术，以及现在的纳刻技术使得集成电路的规模越来越大，形成了超大规模集成电路。自微刻技术及纳刻技术应用以来，集成电路的发展就像 Intel 创始人之一戈登·摩尔（Gordon Moore）提出的摩尔定律一样：当价格不变时，集成电路上可容纳的晶体管数目，每隔约 18 个月便会增加一倍，其性能也将提升一倍。目前，一个超大规模集成电路芯片的晶体管数量可达亿以上级别。

计算机的计算能力应该说很强大了，但科学家们还在不断地进行新形式元器件的研究,比如生物芯片,目前在生物芯片领域已经取得了很多的成果。

1.1.3 现代计算机发展史

计算机界通常把计算机的发展分为 4 个阶段。

1. 第一代:电子管计算机(1946—1958 年)

计算机的逻辑元件以电子管为基础。主存储器(简称主存)采用汞延迟线、磁鼓、磁心;外存储器采用磁带;使用机器语言和汇编语言编写程序;以科学计算为主。

2. 第二代:晶体管计算机(1959—1964 年)

计算机的逻辑元件采用晶体管。晶体管比电子管体积小、运算速度快,性能更稳定。晶体管的使用拉开了计算机飞速发展的序幕。在这个时期出现了 FORTRAN(formula translation)和 COBOL(common business oriented language)等高级语言。在软件上采用了监控程序,这是操作系统的雏形。

3. 第三代:中小规模集成电路计算机(1965—1970 年)

在只有几平方毫米的单晶体硅片上可以集成上百个电子器件,使得计算机体积更小、运算速度更快。计算机内存采用半导体存储器,外存采用磁带、磁盘。这一时期的计算机开始使用操作系统。

4. 第四代:大规模、超大规模集成电路计算机(1971 至今)

第四代计算机的特征是使用了大规模、超大规模集成电路和其他更先进的技术,称为大规模、超大规模集成电路计算机。20 世纪 80 年代出现的超大规模集成电路在一个芯片上可以集成几十万个元件。这一时期并行处理技术、分布式计算机系统、计算机网络及数据库系统等技术得到了迅速发展。

1.1.4 我国计算机发展史

我国计算机发展史是一部波澜壮阔的史诗,从最初的艰难起步到如今的全球领先,每一步都凝聚着无数科技工作者的智慧与汗水。特别是 21 世纪以来,随着信息技术的飞速发展,我国计算机技术在全球范围内的影响力日益增强。

1. 第一代:电子管计算机(1958—1964 年)

我国计算机技术的起点可以追溯到 1957 年,中国科学院计算所开始研制通用数字电子计算机。1958 年 8 月 1 日,我国第一台电子数字计算机——103 型计算机(DJS-1 型)成功表演短程序运行,标志着我国计算机事业的正式起步。随后,1958 年 5 月,我国开始了第一台大型通用电子数字计算机(104 机)的研制。在这一时期,夏培肃院士领导的科研小组还成功研制了小型通用电子数字计算机(107 机)。至 1964 年,我国第一台自行设计的大型通用数字电子管计算机 119 机研制成功,奠定了我国计算机技术的基础。

2. 第二代:晶体管计算机(1965—1972 年)

随着电子管技术的局限性逐渐显现,晶体管开始被用于计算机制造。1965 年,中国科学院计算所成功研制出我国第一台大型晶体管计算机——109 乙机。随后,经过改进推出了109丙机,其在“两弹”试制中发挥了重要作用,被誉为“功勋机”。此外,华北计算所和哈军工(哈尔滨军事工程学院)也相继研制成功108机、108乙机、121机和320机等系列晶体管计算机,并在多家工厂生产。这一时期的成果为我国计算机技术的发展奠定了坚实的基础。

3. 21世纪以来的快速发展

(1)云计算与大数据的兴起。

进入21世纪,我国计算机技术迎来了前所未有的发展机遇。云计算和大数据技术的兴起,极大地推动了计算机技术的创新与发展。2009年,阿里巴巴推出了国产云计算操作系统“飞天”,标志着我国云计算产业的正式起步。此后,腾讯、华为等互联网巨头纷纷加入云计算市场,推动了云计算技术的普及和应用。随着云计算服务的不断成熟,算力资源像水、电一样成为基础设施,为数字经济的发展提供了强大的动力。

(2)超级计算机的突破。

在超级计算机领域,我国也取得了举世瞩目的成就。2009年,我国成功研制出首台百万亿次超级计算机曙光5000A——“魔方”,其峰值运算速度超过每秒200万亿次。随后,又研制出运算速度超千万亿次的“天河一号”,并在多次升级后成为全球运算速度最快的超级计算机之一。2017年,中国超级计算机“神威·太湖之光”以峰值运算速度每秒12.5亿亿次位居全球榜首,展示了我国在超级计算机领域的强大实力。

(3)人工智能与量子计算的探索。

在人工智能和量子计算等前沿领域,我国也取得了显著进展。随着算法、算力和数据等关键要素的不断提升,我国的人工智能技术已经广泛应用于各个领域,包括智能制造、智慧城市和智慧医疗等。同时,我国还在积极探索量子计算技术,推动量子计算机的研制与应用。这些前沿技术的突破,为我国计算机技术的未来发展提供了广阔的空间。

回顾我国计算机发展史,我们可以看到我国计算机技术在不断攀登科技高峰的过程中取得了举世瞩目的成就。特别是在21世纪以来,随着云计算、大数据、超级计算机、人工智能和量子计算等技术的兴起与发展,我国计算机技术在全球范围内的影响力日益增强。展望未来,我国计算机技术将继续保持快速发展的态势,为全球科技进步和经济发展做出更大的贡献。

1.2　计算机的特点和分类

1.2.1　计算机的特点

1. 运算速度快

计算机的运算部件采用的是电子器件,其运算速度远非其他计算工具所能比拟,且运算速度还以每隔几个月提高一个数量级的速度在快速发展。目前巨型计算机的运算速度已经达到每秒几百亿次,能够在很短的时间内解决极其复杂的运算问题。即使是微型计算机,其运算速度也已经大大超过了早期的大型计算机,一些原来需要在专用计算机上完成的动画制作、图片加工等,现在在普通微计算机上就可以实现了。

2. 存储容量大

计算机的存储性是计算机区别于其他计算工具的重要特征。计算机的存储器可以把原始数据、中间结果、运算指令等存储起来,以备随时调用。存储器不但能够存储大量的信息,而且能够快速准确地存入或取出这些信息。

3. 通用性强

通用性是计算机能够应用于各种领域的基础。任何复杂的任务都可以分解为基本的算术运算和逻辑操作,计算机程序员可以把这些基本的运算和操作按照一定规则(算法)写成一系列操作指令,加上运算所需的数据,形成适当的程序就可以完成各种各样的任务。

4. 工作自动化

计算机内部的操作运算是根据人们预先编制的程序自动控制执行的。只要把包含一连串指令的处理程序输入计算机,计算机便会依次取出指令、逐条执行,完成各种规定的操作,直到得出结果为止。

5. 精确性高、可靠性高

计算机的可靠性较高,差错率极低,一般来讲只在那些人工介入的地方才有可能发生错误,由于计算机内部独特的数值表示方法,其有效数字的位数相当长,可达百位以上甚至更高,满足了人们对精确计算的需要。

1.2.2 计算机的分类

现代计算机,是在借鉴了前人的机械化、自动化思想后,设计的能够理解和执行任意复杂程序的机器,可以进行任意形式的计算,如数学计算、逻辑推理、图形图像变换、数理统计、人工智能与问题求解等。计算机的分类方法较多,根据处理的对象、用途和规模不同可有不同的分类方法,下面介绍常用的分类方法。

1. 按处理对象划分

计算机按处理对象不同可分为模拟计算机、数字计算机和混合计算机。

(1)模拟计算机。

模拟计算机指专用于处理连续的电压、温度、速度等模拟数据的计算机。模拟计算机特点是参与运算的数值由不间断的连续量表示,其运算过程是连续的,由于受元器件质量影响,其计算精度较低,应用范围较窄。模拟计算机目前已很少生产。

(2)数字计算机。

数字计算机指用于处理数字数据的计算机。其特点是数据处理的输入和输出都是数字量,参与运算的数值用非连续的数字量表示,具有逻辑判断等功能。数字计算机是以近似人类大脑的“思维”方式进行工作的,所以又被称为“电脑”。

(3)混合计算机。

混合计算机指模拟技术与数字计算灵活结合的电子计算机,输入和输出既可以是数字数据,也可以是模拟数据。

2. 根据计算机的用途划分

计算机根据的用途不同可分为通用计算机和专用计算机两种。

(1)通用计算机。

通用计算机适用于解决一般问题,其适应性强,应用面广,如科学计算、数据处理和过程控制等,但其运行效率、速度和经济性依据不同的应用对象会受到不同程度的影响。

(2)专用计算机。

专用计算机用于解决某一特定方面的问题,配有为解决某一特定问题而专门开发的软件和硬件,应用于自动化控制、工业仪表、军事等领域。专用计算机针对某类问题能显示出最有效、最快速和最经济的特性,但它的适应性较差,不适于其他方面的应用。

3. 根据计算机的规模划分

计算机的规模由计算机的一些主要技术指标来衡量,如字长、运算速度、存储容量、外部设备、输入和输出能力、配置软件丰富与否、价格高低等。计算机根据其规模可分为巨型机、小巨型机、大型主机、小型机、微型机、图形工作站和嵌入式计算机等。

(1)巨型机。

巨型机又称超级计算机,一般用于国防尖端技术和现代科学计算等领域。巨型机是当代速度最快、容量最大、体积最大,造价最高的一类计算机。目前巨型机的运算速度已达每秒几十万亿次,并且这个纪录还在不断刷新。巨型机是计算机发展的一个重要方向,研制巨型机也是衡量一个国家经济实力和科学水平的重要标准。

(2)小巨型机。

小巨型机又称小超级计算机或桌上型超级电脑,典型产品有美国 Convex 公司的 C-1、C-3、C-3 等和 Alliant 公司的 FX 系列等。

(3)大型主机。

大型主机包括通常所说的大、中型计算机,这类计算机具有较高的运算速度和较大的存储容量,一般用于科学计算、数据处理或用作网络服务器,但随着微机与网络的迅速发展,正在被高档微型机所取代。

(4)小型机。

小型机一般用于工业自动控制、医疗设备中的数据采集等方面。如 DEC 公司的 PDl11 系列、VAX-11 系列,HP 公司的 1000、3000 系列等。目前,小型机同样受到高档微型机的挑战。

(5)微型机。

微型机简称微机,又称为个人计算机(personal computer,PC),俗称电脑,它以微处理器为核心。微机是现代常用的计算机。1971 年,美国的 Intel 公司成功地在一个芯片上实现了中央处理器的功能,制成了第一片 4 位微处理机 Intel 4004,并用它组成了第一台微型计算机,由此拉开了微型计算机发展的序幕。许多公司争相研制微处理器,相继推出了 8 位、16 位、32 位、64 位微处理器,由它们组成的微型计算机功能也不断得到完善。常用的微型计算机有:台式微型计算机、笔记本电脑、平板电脑、一体电脑等。

(6)图形工作站。

图形工作站是以个人计算环境和分布式网络环境为前提的高性能计算机,通常配有高分辨率的大屏幕显示器及容量较大的内部存储器和外部存储器,并且具有较强的信息处理功能和高性能的图形、图像处理功能,以及联网功能。图形工作站主要应用在专业的图形处理和影视创作等领域。

(7)嵌入式计算机。

从学术的角度,嵌入式计算机是以应用为中心,以计算机技术为基础,并且软硬件可裁剪,适用于对功能、可靠性、成本、体积、功耗有严格要求的专用计算机,一般由嵌入式微处理器、外围硬件设备、嵌入式操作系统及用户的应用程序等 4 个部分组成。通俗地说,嵌入式计算机就是“专用”计算机,所谓的专用,是针对某个特定的应用,如网络、通信、音频、视频和工业控制等。

1.3 计算机系统

一个完整的计算机系统包括硬件系统和软件系统两大部分。

1.3.1 硬件系统

硬件系统是指构成计算机的所有实体部件的集合,是由机械、光、电、磁等器件构成的具有计算、控制、存储、输入和输出功能的物理设备。计算机系统的硬件系统包括主机和外部设备。主机由中央处理器(central processing unit,CPU)和内存储器(内存)组成;外设由键盘、鼠标等输入设备,显示器、打印机等输出设备,以及硬盘、光盘等外存储器(外存)组成,如图 1-3 所示。

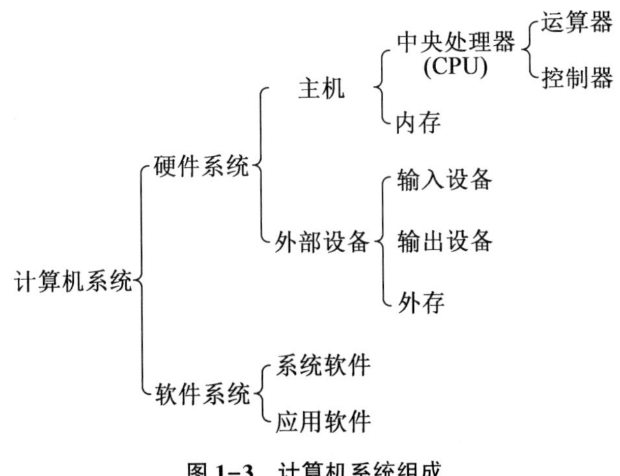

图 1-3 计算机系统组成

硬件系统是计算机系统运行的物理平台，是计算机完成任务的物质基础。为了使得计算机能正常工作，发挥其作用，除了这些看得见摸得着的硬件设备之外，计算机系统中还需要有完成各项任务的程序，以及支持这些程序运行的支撑平台，这就是计算机软件系统。

现代计算机虽在硬件系统结构上有诸多分类，但就其本质而言，多数都是基于美籍匈牙利科学家冯·诺依曼 1946 年提出的冯·诺依曼体系结构的。因此，这类计算机被称为冯·诺依曼型计算机。冯·诺依曼体系结构的核心思想是"存储程序"，把程序本身当作数据来对待，程序和该程序需要处理的数据以二进制方式进行存储，并确定了计算机的五大组成部分和计算机基本工作原理。

根据冯·诺依曼体系结构组成的计算机，必须具有以下功能：

(1)把程序和程序所需的数据送到计算机中。

(2)长期记忆程序、数据、中间结果及最终运算结果。

(3)完成各种算术、逻辑运算和数据传送等数据加工处理。

(4)根据需要控制程序走向，并根据指令控制机器的各部件协调操作。

(5)按照要求将处理结果输出给用户。

为了完成上述功能，计算机必须具备五大基本组成部件，如图 1-4 所示：

(1)输入设备。用来输入程序和数据的部件。

(2)存储器。用来存放程序、数据和计算结果的部件。

(3)运算器。用来进行数据加工的部件。

(4)控制器。用来控制程序有条理执行的部件。

(5)输出设备。用来输出结果的部件。

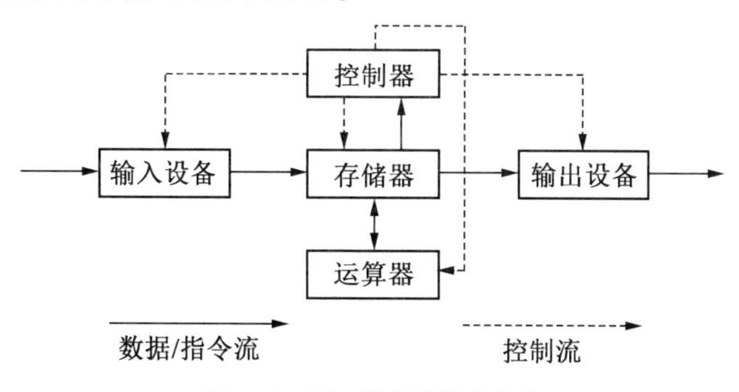

图 1-4　冯·诺依曼体系结构

在冯·诺依曼体系结构形成之前，程序被看成控制器的一部分，而数据则存储在主存中，两者是被区别对待的。而冯·诺依曼体系结构把程序当作数据来对待，程序和数据以相同的方式存储在主存中，这对于现代计算机的自动化和通用性，起到了至关重要的作用。

冯·诺依曼型计算机的工作原理是将数据和预先编好的程序，输入并存储在计算的主存储器中(即"存储程序")；计算机在工作时能够自动且高速地逐条取出指令，并加以执行(即“程序控制”)。这就是“存储程序”原理,是现代计算机的基本工作原理。

依据计算机基本工作原理其工作过程如下:

(1)计算机事先将需要执行的程序和数据存放入存储器(内存)中。

(2)在控制器的控制下,从存储器中取出指令并分析指令,从而得知指令的功能和所需要的操作数。

(3)从存储器中取出待计算的操作数并送入运算器,运算器进行指定的运算得到运算结果。

(4)将运算结果输出到存储器,再通过输出设备进行输出。

(5)重复进行从第(2)步以后的操作,直至程序执行完毕为止。

典型的计算机硬件组织结构是在冯·诺依曼体系结构上进行了细化,如图 1-5 所示。图中,冯·诺依曼体系结构中的控制器和运算器被集成于 CPU 中,主存对应存储器,磁盘、键盘、鼠标等输入和输出设备分别对应输入设备和输出设备,各种总线(图中以空心箭头表示)对应于体系结构中的互连线,用于传输命令和数据。

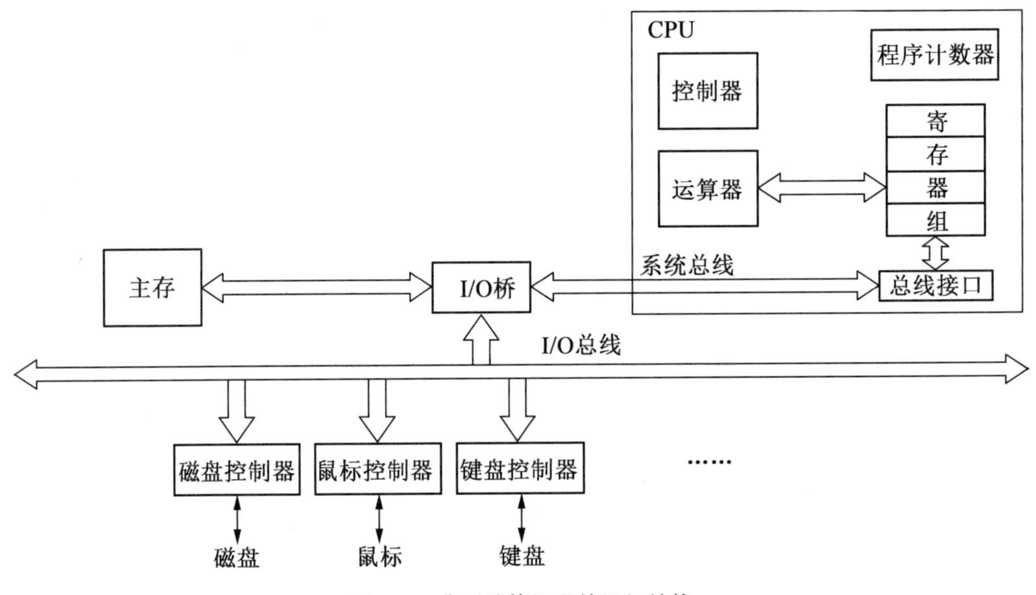

图 1-5 典型计算机硬件组织结构

1. 中央处理器

CPU 是计算机系统的“大脑”,现代计算机系统的核心部件,承担着计算机指令的执行任务和数据的处理任务。CPU 通过执行指令,控制各类硬件和软件协同完成任务。

CPU 是一块超大规模的集成电路,一般由算术逻辑运算器(arithmetic logic unit,ALU)(简称运算器)、控制器(control unit,CU)和一些寄存器组通过 CPU 内部总线连接为一个有机整体,如图 1-6 所示。这里的算术逻辑运算器、控制器和寄存器并不是某一个单独部件的名称,而是一组功能部件的统称。

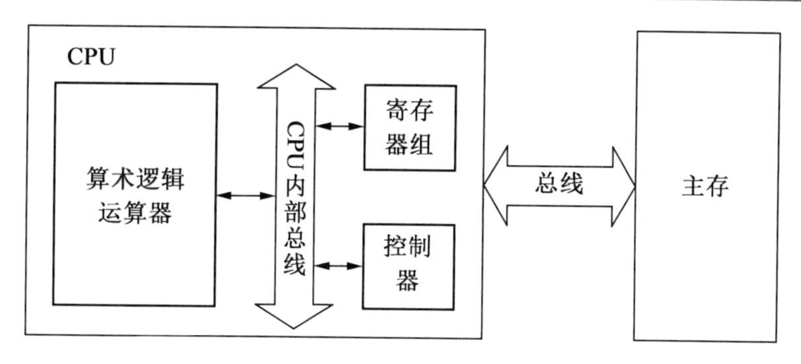

图 1-6　CPU 内部结构

控制器是整个 CPU 的指挥控制中心,是发布命令的"决策机构",负责协调和指挥整个计算机系统进行有序工作。它的主要功能包括指令的分析、指令及操作数的传送、产生控制和协调整个 CPU 工作所需的时序逻辑等。控制器一般由指令寄存器(instruction register,IR)、指令译码器(instruction decoder,ID)、操作控制器(operation controller,OC)和程序计数器(program counter,PC)等部件组成。

指令寄存器用来存放当前从主存储器取出的正在执行的一条指令。

指令译码器用来对当前存放在指令寄存器中的指令进行译码,分析这条指令的功能,以此来决定该指令操作的性质和方法。

操作控制器用来产生各种操作控制信号。

程序计数器用来存放下一条将要执行的指令所在主存单元的地址。

CPU 工作时,根据程序计数器里面存储的指令地址,操作控制器从主存中取出要执行的指令,存放在指令寄存器中;然后用指令译码器对指令进行译码,提取出指令的操作码、操作数等信息,操作码将被译码成一组控制信号,用于控制运算器进行相应的运算、传输数据等操作;通过操作控制器,按一定的时序,向相应的部件发出微操作控制信号,协调 CPU 其他部件的工作;操作数将被译码成地址或是数据本身,根据控制信号取出所需的数据,送到运算器中进行相应的操作;得出的结果根据控制信号保存到相应的寄存器中。

运算器是 CPU 中进行数据加工处理的部件,主要实现数据的算术运算(例如加、减、乘、除等)和逻辑运算(例如与、或、非、异或等)。运算器接收控制器的命令而进行操作,即运算器所进行的全部操作都是由控制器发出的控制信号来指挥的。运算器输出的是运算的结果,一般会暂存在相应的寄存器中。此外,运算器还会根据运算的结果输出一些条件码到程序状态寄存器(program status word,PSW)中,用于标识当前的运算结果状态和一些特殊情况,比如进位、溢出等。

寄存器组由一组寄存器构成,分为专用寄存器组和通用寄存器组,用于临时保存数据,如操作数、运算结果、指令、地址和机器状态等。专用寄存器组保存的数据用于表征计算机当前的工作状态,如程序状态寄存器保存 CPU 当前状态的信息,是否有进位、是否允许中断等。通用寄存器组保存的数据可以是参加运算的操作数或运算的结果,其用途广泛并可由程序员规定其用途,通用寄存器的数目因微处理器不同而不同。通常,要对寄存器组中的寄存器进行编址,以标识访问哪个寄存器,编址一般从0开始,寄存器组中寄存器的数量是有限的。

指令和数据在CPU中的传输通道称为CPU内部总线。总线实际上是一组导线,是各种公共信号线的集合,用于作为CPU中所有部件之间进行信息传输的共同通道。CPU用它来传输地址、数据和控制信号。其中,用来传输CPU发出的地址信息的是地址总线;用来传输数据信息的是数据总线;用来传送控制信号、时序信号和状态信息等的是控制总线。

2. 主存储器

主存储器是计算机中重要的部件之一,其用于存放CPU运行时需要用到的指令和数据,并能由CPU直接随机存取。因此,主存的性能对计算机的影响非常大。现代计算机为了提高性能,兼顾合理的造价,往往采用多级存储体系结构。

3. 输入/输出系统

输入输出系统(input/output system,I/O系统)是计算机与外界联系的桥梁,实现了计算机与外界的通信,一个没有I/O系统的计算机是不能为人们提供任何服务的。I/O系统由外设和输入输出控制系统两部分组成,控制并实现信息的输入输出,是计算机系统的重要组成部分。

4. 总线

计算机内的硬件设备只有连接在一起才能运行工作,但如果对这些硬件设备采用全互连方式,那么连线将会错综复杂,甚至难以实现。为了简化硬件设计电路和系统结构,就需要设计一组公用的线路进行信息的传输,这组公用的连接线路被称为总线。总线是一种内部结构,它是计算机各种功能部件之间传送信息的公用通道,它是由导线组成的传输线束,可以同时挂接多个硬件设备。主机的各个部件通过总线相连接,外部设备通过相应的接口电路再与总线相连接,从而形成了计算机硬件系统。采用总线结构便于部件和设备的扩充,尤其制定了统一的总线标准则更易于使不同设备间实现互连。

1.3.2 软件系统

软件系统是计算机系统上可运行的软件的集合。软件是一系列按照特定顺序组织,能够完成特定功能的计算机数据和指令的集合。软件是用户和硬件之间的接口,主要是解决如何管理和使用计算机的问题。通常,人们把不安装任何软件的计算机称为“裸机”。裸机由于不配备任何软件,其本身不能完成任何功能,只有安装了一定的软件后才能发挥其功能。

微型计算机系统中的软件多种多样,虽其功能各不相同,但它们都有一些相同的基本操作,例如从输入设备获取数据,向输出设备送出数据,从外存读数据,向外存写数据,以及对所处理数据的常规管理等。这些基本操作的代码如果都写入每个软件里,不仅会使软件的代码量增大,还会因为不同软件对这些基本操作的开发标准不统一而带来诸多不便。除此之外,在一台计算机上运行的各种软件都在共享硬件资源,当两个软件都要向硬盘写入数据的时候,如果没有一个资源管理机构来为它们划分写入区域,则会引起互相破坏对方数据的问题。这就需要有一种专门的软件,不仅能够实现这些基本功能来支持软件的运行,还能够对硬件资源进行管理,这种软件就是系统软件。

1. 系统软件

系统软件是控制和协调计算机主机及外部设备,支持应用软件开发和运行的软件,是无须用户干预的各种程序的集合。系统软件负责对整个计算机系统资源进行调度、监控和维护;对计算机系统中各种独立的硬件设备进行统一管理,使它们可以协调工作。

系统软件是计算机系统中最接近硬件设备的一层软件,它向下和硬件设备有着很强的交互性,对硬件资源进行统一的控制、调度和管理;它向上对其他软件隐藏了对硬件设备的所有操控细节,使得用户和其他软件将计算机当作一个整体而不需要了解底层的每个硬件设备的运行状况。

系统软件具有一定的通用性,它并不是专为解决某种具体问题而开发的。在通用计算机系统中,系统软件必不可少。通常在购买计算机时,计算机供应商会提供给用户一些最基本的系统软件,否则计算机将无法工作。

2. 应用软件

应用软件是为解决用户不同领域的各种实际问题而设计的程序系统。它可以拓宽计算机系统的应用领域,拓展硬件的功能。应用软件能替代现实世界已有的一些工具,使用起来比那些已有工具更方便、有效;并且它们能够完成那些已有工具很难完成甚至完全不可能完成的工作,扩展了人们的能力。

1.3.3　硬件系统和软件系统的关系

硬件和软件是不可分割的整体,硬件是计算机系统的物质基础,没有硬件,软件也就失去了作用。软件是计算机系统的灵魂,若只有硬件(裸机),没有安装相应的软件,计算机便不能很好地发挥它的作用。

为了方便用户使用,使计算机系统具有较高的总体效用,在进行计算机系统的总体设计时,必须要全局考虑硬件和软件之间的相互联系,以及用户的实际需求。在计算机技术的发展进程中,计算机软件随硬件技术的迅猛发展而发展;而软件的不断完善又促进了硬件的更新换代,两者的发展密切地交织着,相互依存,相辅相成。

1.4　计算机的工作过程

1. 指令系统

机器指令是计算机唯一能够识别并执行的指令,是CPU执行的最小单位,它的表现形式是二进制编码。机器指令通常由操作码和操作数两部分组成,如图1-7(a)所示,操作码指出该指令所要完成的操作,即指令的功能,操作数指出参与运算的对象,或者运算结果所存放的位置等。一台计算机所能执行的全部指令的集合称为该计算机的指令系统。

指令的长度通常是一个或几个字长,长度可以是固定的,也可以是可变的。图 1-7(b)给出了某个型号 CPU 的加法机器指令的示例。该指令长度为 16 位(16 位机的一个字长),从左至右标识各位为 bit15~bit0。其中,bit15~bit12 代表的是操作码,为“0001”,在该 CPU 的指令系统中表示加法操作;bit11~bit0 代表的是操作数,由于该指令需要 3 个操作数,bit11~bit0 将会被拆分为 3 段,分别对应两个相加数(源操作数)和一个求和结果(目的操作数)。bit11~bit9 对应保存目的操作数的寄存器地址,在该示例中为“010”,表示寄存器 R2,bit8~bit6 与 bit2~bit0 分别对应保存操作数的寄存器地址,分别为 R1 和 R2。因此,这条指令的功能是将寄存器 R2 和 R1 中保存的数值进行加法运算,所得到的结果存回寄存器 R2 中。bit5~bit3 用于扩展加法指令的操作,此处不做解释。

机器指令是由“0”和“1”构成的,计算机易于阅读和理解,但不适合人阅读和使用。因此,在指令中引入了助记符来表示操作码和操作数,以帮助人理解和使用指令。这样的指令称为汇编指令。如图 1-7(c)所示,用“ADD”对应操作码“0001”,用来标识该指令是加法指令;用 R1 和 R2 标识用到的寄存器。计算机不能直接执行汇编指令,要由汇编器将其翻译成对应的机器指令才可执行。对图 1-7(c)中的 ADD 指令,汇编器会将其翻译成图 1-7(b)中的机器指令的形式。

操作码	操作数(参加运算的数据、结果数据或这些数据的地址)

(a)指令一般格式

15	14	13	12	11	10	9	8	7	6	5	4	3	2	1	0
0	0	0	1	0	1	0	0	0	1	0	0	0	0	1	0
ADD				R2			R1						R2		

(b)加法机器指令示例

ADD R2, R1, R2

(c)加法汇编指令示例

图 1-7 指令系统

在使用计算机时,人们可以用该计算机所配置的 CPU 的指令系统中的所有指令来编写程序,程序就是用于控制计算机行为完成某项任务的指令序列。图 1-8 是一个汇编语言程序示例,为了便于阅读,采用了汇编指令编写,分号后面是程序的注释,帮助人们阅读和理解程序,而计算机将忽略这些注释。

```
        mov   #0,    R0     ;将寄存器R0置0
        mov   #1,    R1     ;将寄存器R1置1
        add   R1,    R0     ;将R0与R1相加,结果保存到R0
loop:   add   #1,    R1     ;R1自加1
        cmp   R1,    #100   ;比较R1和100的大小
        ble   loop          ;如果R1小于或等于100,从loop那条指令开始执行
        halt                ;程序结束
```

图1-8 汇编语言程序示例

图1-8所示的这段程序的功能是计算1+2+…+100的和。程序开始时先将R0寄存器的值设为0,R1寄存器的值设为1;然后将R1的值加到R0上,同时R1增1;接着将R1的值与100进行比较,如果R1比100小,则重复执行将R1加到R0上及R1增1的操作,然后再将R1和100进行比较。这种重复执行一直到R1大于100时结束,同时程序结束。其中,add是数据处理指令,cmp是数据处理指令,ble是程序控制指令。ble与cmp是一起使用的,当cmp比较结果为小于或等于时,该指令被执行,程序不再是顺序执行,而是跳转到loop所标示的那条指令。

通常,用机器指令和汇编指令来编写程序是非常困难的,程序员大量的精力和时间会被浪费在记忆指令格式、操作码和操作数等与实现程序功能无关的方面。为此,设计了更加贴近于自然语言和数学表达的高级语言,它的书写方式更接近人们的思维习惯,写出的程序更便于阅读和理解,也更易于纠错修改,给程序的调试带来了极大的便利,这就使人们在编程时,能把精力和时间放在程序的功能实现上。图1-8所示汇编语言程序用Python高级语言编写后如图1-9所示。用高级语言编写的程序经过编译器编译和链接,即可生成计算机能识别的机器指令构成的程序。

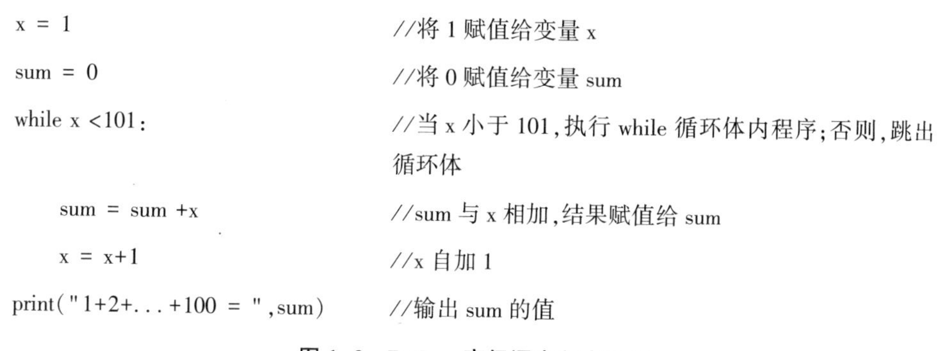

```
x = 1                          //将1赋值给变量x
sum = 0                        //将0赋值给变量sum
while x <101:                  //当x小于101,执行while循环体内程序;否则,跳出
                               循环体
    sum = sum +x               //sum与x相加,结果赋值给sum
    x = x+1                    //x自加1
print("1+2+...+100 = ",sum)    //输出sum的值
```

图1-9 Python高级语言程序示例

2. 计算机工作过程概述

冯·诺依曼体系结构中提到计算机的工作原理是将预先编好的程序和原始数据,输入并存储在计算机的主存储器中;计算机在工作时能够自动且高速地按照程序逐条取出指令,并加以执行,即计算机的工作过程实际上就是CPU自动循环执行一系列指令的过

程。CPU 执行一条指令的时间称为指令周期,其中每完成一个基本操作所需要的时间称为机器周期。不同型号的 CPU 可能执行指令的机器周期数不同,但是通常都可归为 4 个步骤,如图 1-10 所示。

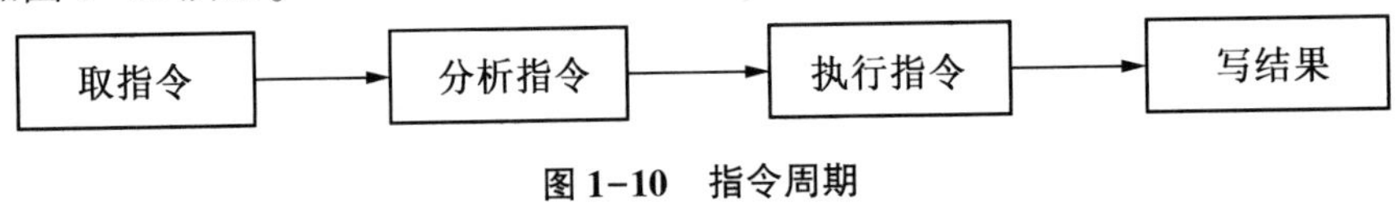

图 1-10 指令周期

(1)取指令。指令通常存储在主存中,CPU 从程序计数器中获取将要执行的下一条指令的存储地址。根据这个地址,将指令从主存中读入 CPU,并保存在指令寄存器中。

(2)分析指令。分析指令也称作译码,由指令译码器对存在指令寄存器中的指令进行译码,分析出指令的操作码,以及操作数或操作数所存放的位置。

(3)执行指令。将译码后的操作码分解成一组相关的控制信号序列,控制各部件相互协作完成指令动作,包括从寄存器读数据、输入到运算器进行算术或逻辑运算等。

(4)写结果。将指令执行阶段产生的结果写回到寄存器/内存,并将产生的条件反馈给程序状态寄存器。

以上的机器周期的划分是粗粒度的,事实上每个机器周期所包含的动作很难在一个时钟周期内完成,应进一步将每个机器周期进行细化,细化后的每个动作均可在一个时钟周期内完成,不可再细分。在这里,一个 CPU 时钟周期也成称为一个节拍。例如,取指令可以再细分为以下几种。

(1)将程序计数器的值装入主存的地址寄存器。

(2)将地址寄存器所对应的主存单元的内容装入主存数据寄存器。

(3)将主存数据寄存器的内容装入指令寄存器,同时程序计数器内的地址自动“加1”(需要说明的是,这里的“加 1”不是加一个主存单元的大小,而是加一条指令所占用的主存空间的大小)。

由此可见,取指令这个动作要花费 3 个时钟周期。对现代计算机来说,每个时钟周期非常短。我们常说的 CPU 主频,就是 CPU 的工作频率,即 CPU 1 s 内执行的时钟周期的次数。因此主频越高,1 s 内执行的时钟周期的次数也就越多,CPU 的执行速度也就越快。例如对主频为 3.3 GHz 的 CPU 而言,每秒将完成 33 亿个时钟周期,每个时钟周期的时间长度为 0.303 ns,而取指令需要花费 3 个时钟周期,即花费 0.909 ns。

下面以数据传送指令为例,详细介绍一下 CPU 是如何工作的。假设将要执行的是地址为 0300H 的主存单元中的指令,其指令码是 1940H,其中高 4 位 1H 是操作码,表示当前指令是数据传送指令;低 12 位 940H 是操作数,表示操作数所在的主存单元的地址。该指令完成的操作是将操作数所指的主存单元的数据传送到累加器中。数据传送指令的执行过程如图 1-11 所示。

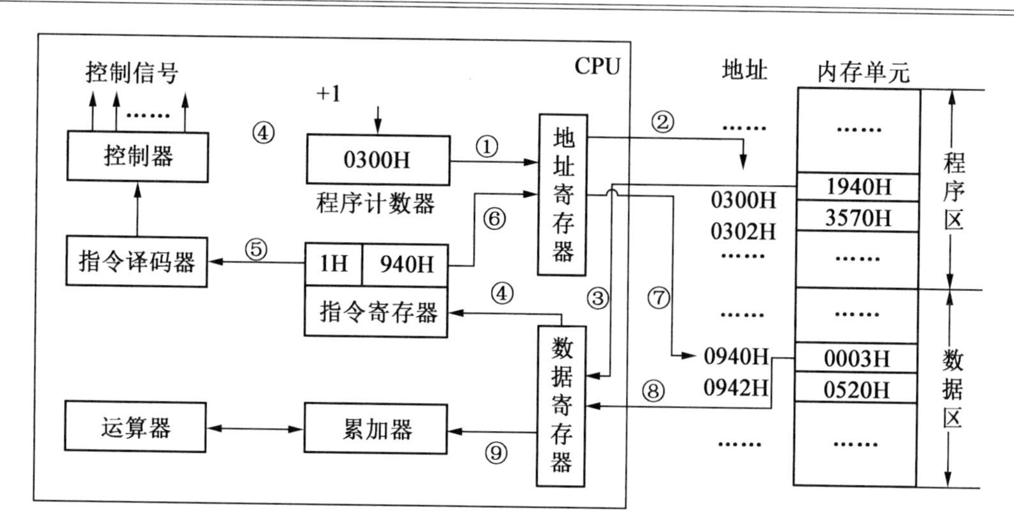

图1-11　数据传送指令的执行过程

具体步骤如下：

①将程序计数器的值0300H装入地址寄存器。

②根据地址寄存器中的内容0300H找到相应的主存单元。

③将地址为0300H主存单元的内容1940H装入数据寄存器。

④将数据寄存器的内容装入指令寄存器，同时程序计数器1H自动“加1”。

⑤指令译码器对指令寄存器中的指令进行译码，分析出是数据传送指令，以及需要传送数据的地址940H，并产生相应的控制信号。

⑥控制器控制将操作数地址940H装入地址寄存器。

⑦根据地址寄存器中的内容0940H找到相应的主存单元。

⑧将地址为0940H主存单元的内容0003H装入数据寄存器。

⑨将数据寄存器的内容传送到累加器中。

在一条指令的最后一个节拍完成后，控制器复位指令周期，从取指令节拍重新开始运行，此时，程序计数器的内容已被自动修改，指向的是下一条指令所在的主存地址，所以，取到的就是下一条指令。数据处理指令、数据传送指令和输入/输出指令的执行不会主动修改程序计数器的值，程序计数器将会自动指向程序顺序上的下一条指令；而程序控制指令的执行会主动改变程序计数器的值，使得程序的执行将不再是顺序的。

以图1-8所示的汇编语言程序为例，来理解程序计数器的变化。假设这段程序存放在主存中的存储形式如图1-12所示。

当这段代码被加载到主存中并将要开始执行时，操作系统将程序计数器的值设为“A0”，在取指令阶段将“A0”地址的指令“mov #0，R0”取出存入指令寄存器，同时程序计数器“加1”变成“A1”。这条指令执行结束后，控制器复位指令周期，从取指令阶段重新执行——根据程序计数器的值“A1”取下一条指令“mov #1，R1”。该过程将一直执行到“ble”指令，该指令执行完后，将会对程序计数器的值进行覆盖，将loop对应的指令地址写入程序计数器中,使得下一条指令将不再是顺序执行的,而是跳转到 loop 指令开始执行。当条件满足时,ble 指令的执行不修改程序计数器的值,此时,顺序执行下一条 halt 指令。

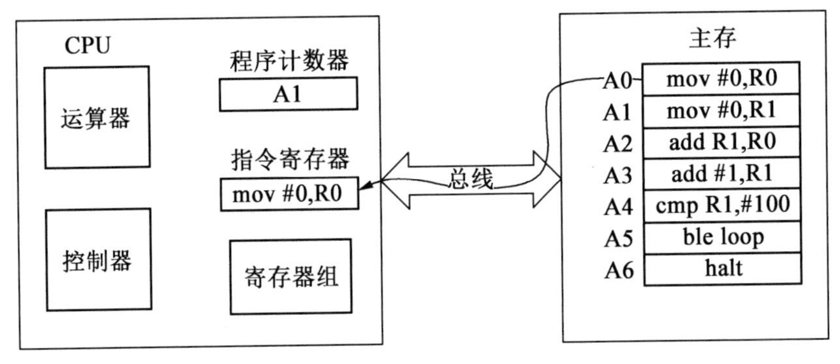

图 1-12 程序在主存中的存储形式

1.5 计算机应用领域

在当今这个数字化时代,计算机应用领域无疑是最为活跃和广泛发展的领域之一。它不仅深刻改变了我们的工作方式、学习方式,还极大地丰富了我们的娱乐生活和社交体验。

1.5.1 常用计算机应用

1. 办公与学习

计算机在办公与学习方面的应用极为广泛,极大地提高了人们的工作效率和学习效果。例如,在办公中,人们利用 Word、Excel、Power Point(PPT)等办公软件进行文档编辑、数据处理和汇报演示;在学习上,则通过在线学习平台如 Educoder、中国大学 MOOC 等获取丰富的课程资源,进行自主学习和远程教育。这些应用不仅简化了工作流程,还打破了学习的时空限制,使得办公与学习更加便捷高效。

2. 社交媒体与通信

计算机在社交媒体和通信方面的应用极为广泛且深入,极大地改变了人们的交流方式和信息传播速度。在社交媒体方面,计算机作为终端设备,支持用户访问各种社交媒体平台,如抖音、微信、微博等,用户可以在这些平台上发布文字、图片、视频等内容,与全球的网友进行互动、分享和讨论。这些社交媒体平台不仅丰富了人们的社交生活,还成为信息传播和舆论形成的重要渠道。

在通信方面,计算机通过互联网技术实现了即时通信、电子邮件、视频会议等多种通信方式。即时通信软件如微信、QQ 等,让人们可以随时随地与亲朋好友进行文字、语音、视频通话,大大缩短了通信时间,提高了通信效率。电子邮件作为一种传统的通信方式,仍然被广泛用于商务沟通和正式文件的传递。此外,视频会议系统如 Zoom、Teams 等,更是为企业远程办公、在线教育等提供了强有力的支持,使得人们即使身处不同地点也能进行面对面的交流。这些通信应用不仅提高了工作效率,还促进了全球化交流和合作。

3. 娱乐与休闲

计算机在娱乐与休闲方面的应用极大地丰富了人们的日常生活。从简单的游戏娱乐到复杂的多媒体体验,再到个性化的在线社交与创作平台,计算机成为现代人不可或缺的休闲伙伴。例如,人们可以通过计算机玩各种电子游戏,从经典的单机游戏到最新的在线多人竞技游戏,享受刺激与乐趣;同时,计算机也是观看高清电影、电视剧、动漫及直播节目的重要设备,配合音响系统,提供沉浸式的视听享受;此外,计算机还支持音乐创作、数字绘画、视频编辑等艺术创作活动,让个人才华得以展现;最后,社交媒体、在线论坛和博客平台等,让人们能够轻松分享生活点滴,与全球网友交流互动,拓宽了社交圈子和视野。

4. 健康与生活管理

计算机在健康管理与生活管理方面的应用日益广泛,为人们的生活带来了极大的便利和智能化。在健康管理方面,计算机通过健康管理软件和应用程序,帮助用户记录和分析健康数据,如体重、血压、心率等,实现个人健康状况的实时监测和评估。例如,智能手环、智能手表等设备可以实时采集用户的运动数据和生理指标,并通过与计算机或智能手机的连接,将数据传输至健康管理软件进行分析,为用户提供个性化的健康建议和改善方案。此外,计算机还支持远程医疗服务,患者可以通过视频通话等方式与医生进行远程咨询,极大地方便了医疗服务的获取。

在生活管理方面,计算机同样发挥着重要的作用。通过智能家居系统,计算机可以控制家中的各种智能设备,如灯光、空调、安防系统等,实现家居环境的智能化管理。用户可以通过手机应用程序远程控制这些设备,或者根据预设的场景模式自动调整家居环境,提高生活的舒适度和便利性。此外,计算机还可以应用于日常的时间管理、任务安排、购物消费等方面,通过日历、待办事项、在线购物等应用程序,帮助用户更好地规划和管理生活。

1.5.2　热门计算机应用

1. 人工智能

21 世纪的科技浪潮中,人工智能(artificial intelligence,AI)无疑是最为引人注目的领域之一。人工智能是指通过计算机科学、数学、统计学等多学科交叉融合的方法,开发出模拟人类智能的技术和算法。它使计算机或机器能够模拟、实现人类智能的某些方面,如感知、理解、判断、推理、学习、识别、生成、交互等能力,从而执行各种任务,甚至在某些方面超越人类的智能表现。人工智能技术的核心是机器学习和深度学习等算法,这些算法通过大量数据训练,使计算机能够自动发现数据中的规律,并进行模式识别、分类、预测等操作。

人工智能典型应用包括以下几个方向。

(1)医疗健康。

①个性化医疗。通过机器学习算法,AI 可以根据患者的基因组成、病史等信息,定制个性化的治疗方案,提高治疗效果。

②疾病诊断。AI 能够辅助医生进行早期疾病检测和更准确的诊断,如通过分析医学影像资料来识别肿瘤等病变。

③智能病历管理。利用 AI 技术,可以实现病历的自动录入、分类、检索和质控,提高医疗管理效率。

(2)教育领域。

①自适应学习。AI 驱动的自适应学习系统可以根据学生的学习进度和能力,动态调整教学内容和难度,实现个性化教学。

②智能批改。利用自然语言处理(natural language processing,NLP)技术,AI 可以自动批改学生的作业和试卷,减轻教师负担。

③语言翻译。AI 翻译工具如谷歌翻译、有道翻译等,能够实时、准确地进行多语种翻译,打破语言障碍。

(3)制造业。

①质量控制。通过机器视觉和深度学习算法,AI 可以检测产品缺陷,提高生产线的质量控制水平。

②预测性维护。AI 可以分析设备的历史运行数据,预测设备的维护需求,减少非计划停机时间。

③智能制造。结合物联网(internet of things,IoT)和 AI 技术,可以实现生产过程的智能化控制和管理,提高生产效率和灵活性。

(4)金融服务。

①欺诈检测。利用机器学习算法,AI 可以实时识别可疑交易,保护金融机构和客户的资金安全。

②智能投顾。AI 驱动的机器人顾问可以根据客户的财务状况和投资目标,提供个性化的投资建议和资产配置方案。

③风险管理。AI 可以帮助金融机构更准确地评估贷款和投资项目的风险,制定科学的风险管理策略。

(5)智慧城市。

①智能交通。通过智能交通管理系统,AI 可以优化交通流量,减少拥堵和交通事故。

②智能安防。利用人脸识别、行为识别等 AI 技术,可以实现城市的安全监控和预警。

③智慧政务。AI 可以应用于政务服务的各个环节,如智能客服、智能审批等,提高政府服务效率和质量。

(6)娱乐产业。

①游戏开发。AI 可以用于游戏设计、角色行为模拟等方面,提升游戏的真实感和互

动性。

②虚拟助手。如 Siri、小爱同学等智能语音助手，可以为用户提供信息查询、娱乐播放等服务。

③内容创作。AI 还可以辅助进行音乐、绘画等艺术作品的创作，展现出独特的艺术风格和创造力。

计算机在人工智能方面的应用极为广泛且深入，特别是在生成式人工智能（artificial intelligence generated content，AIGC）领域，展现了强大的创造力和应用潜力。生成式人工智能通过训练模型以理解和模仿数据分布，能够生成文本、图像、音乐、程序代码等多种类型的内容，极大地丰富了人工智能的应用场景。

2. 大数据与云计算

大数据与云计算是相辅相成的两项技术。大数据处理需要强大的计算能力和存储资源，而云计算正好提供了这样的支持。云计算通过虚拟化技术将计算资源、存储资源和网络资源封装成一个独立的虚拟环境，用户可以根据需求动态地申请和使用这些资源，极大地提高了资源利用率和灵活性。

大数据与云计算典型应用包括以下几个方面。

（1）电商推荐系统。电商平台利用大数据技术收集用户的浏览、购买、搜索等行为数据，通过云计算平台进行高效处理和分析，构建用户画像和商品推荐模型。这些模型能够实时向用户推荐感兴趣的商品，提高购物体验和转化率。

（2）智慧城市。智慧城市通过物联网设备收集城市运行中的海量数据，如交通流量、环境监测、公共安全等。云计算平台负责处理这些数据，为城市管理者提供决策支持。例如，通过分析交通流量数据，可以优化交通信号控制，缓解交通拥堵。

3. 物联网

物联网是指通过信息传感设备，如射频识别、红外感应器、全球定位系统、激光扫描器等装置，将任何物品与互联网连接起来，进行信息交换和通信，以实现智能化识别、定位、跟踪、监控和管理的一种网络。

物联网典型应用包括以下几个方面。

（1）智能农业。通过物联网技术，农民可以实时监测土壤湿度、光照强度等环境参数，智能调节灌溉、施肥等农业生产过程。同时，物联网设备还能收集作物生长数据，为农业科研提供有力支持。

（2）智能家居。智能家居系统通过物联网技术将家中的各种设备连接起来，如智能灯泡、智能门锁、智能空调等。用户可以通过手机应用程序远程控制这些设备，实现家居环境的智能化管理。例如，用户可以在下班前通过手机应用程序提前开启空调，回到家就能享受舒适的室内环境。

4. 区块链技术

区块链技术是一种去中心化、不可篡改的分布式账本技术。它通过密码学算法和共识机制保证数据的安全性和可信度。区块链技术的应用领域广泛，包括金融、供应链管理、物联网等。

区块链技术典型的应用包括以下方面。

(1)数字货币。比特币等数字货币是区块链技术的最早应用之一。通过区块链技术,数字货币实现了去中心化的发行和交易,降低了交易成本,提高了交易效率。

(2)供应链管理。区块链技术可以实现供应链信息的透明化和可追溯性。通过区块链平台,企业可以实时跟踪产品的生产、运输、销售等环节,确保产品质量和消费者权益。

思考题

1. 根据元器件发展史,简述现代计算机发展的4个时代。

2. 常用的微型计算机有哪些?

3. 简述计算机系统组成,并说出计算机系统内部各有机整体之间的关系。

4. 画出冯·诺依曼体系结构图,并回答以下问题:

(1)冯·诺依曼体系结构的要点是什么?

(2)计算机各部件功能是什么?

(3)计算机基本工作原理是什么?

5. 请你谈谈计算机的应用。

第 2 章　信息表示基础

伴随着以计算机科学技术为核心的现代信息技术的飞速发展和广泛应用，人类社会已由工业时代进入了信息时代。信息反映了客观世界中各种事物的特征和变化，是经过加工处理，并对人类的客观行为产生影响的具有知识性的有用数据。信息在计算机中是如何表示的呢？在计算机内部用二进制来表示信息。

2.1　进制及其转换

2.1.1　进制的基本概念

进制也称为进位制、进位计数制，它是一种计数方式，采用进制可以用有限的数字符号代表所有的数值。人类日常最常用的进制是十进制，十进制是使用 10 个阿拉伯数字 0 ~9 进行计数。由于双手共有十根手指，因此人类自然而然就采用了十进制。成语“屈指可数”某种意义上就是描述了一个简单计数的场景，而原始人类在需要计数的时候，首先想到的就是利用天然的算筹——手指来进行计数。数值本身是一个数学上的抽象概念。经过长期的演化、融合、选择、淘汰，系统简便、功能全面的十进制计数法成为人类文化中主流的计数方法。除了 0~9 基本的符号以外，十进制的运算规则是“逢十进一”，“借一为十”。

除了十进制外，日常生活中还有很多进制，例如，时钟采用的六十进制，60 秒是 1 分钟，60 分钟是 1 小时；7 天是 1 个星期；12 个月是 1 年。无论哪种进制，其共同之处都是进位计数制。

在采用进位制计数的数字系统中，如果只用 R 个基本符号 $(0,1,2,\cdots,R-1)$ 表示数值，则称其为 R 进制，R 称为该进制的基数，而数制中每一固定位置对应的单位值称为位权。不同的数制有两个共同的特点：一是采用进位计数制方式，每一种数制都有固定的基本符号；二是都是用位置表示法，即处于不同位置的数码代表的值不同，与它所在位置的位权有关。

大家都知道一个十进制数 $(d_n\cdots d_1d_0.d_{-1}d_{-2}\cdots d_{-m})_{10}$ 可表示为

$$
\begin{aligned}
&(d_n\cdots d_1d_0.d_{-1}d_{-2}\cdots d_{-m})_{10}\\
&=d_n\times10^n+\cdots+d_1\times10^1+d_0\times10^0+d_{-1}\times10^{-1}+\cdots+d_{-m}\times10^{-m}
\end{aligned}
$$

例如，十进制数 $3\,218=3\times10^3+2\times10^2+1\times10^1+8\times10^0$，千位的位权是 10^3，百位的位权是 10^2，十位的位权是 10^1，个位的位权是 10^0。

可以看出,各种进位计数制的位权是基数 R 的某次幂。因此,任何一种进位计数制表示的数都可以写成按其位权展开的多项式之和,任意一个 R 进制数 $(d_n\cdots d_1d_0.d_{-1}d_{-2}\cdots d_{-m})_R$,可表示为

$$(d_n\cdots d_1d_0.d_{-1}\cdots d_{-m})_R=d_n\times R^n+\cdots+d_1\times R^1+d_0\times R^0+d_{-1}\times R^{-1}\cdots+d_{-m}\times R^{-m}$$

式中,d_i 是数码,R 是基数,R^i 是位权。表 2-1 列出了计算机中常见的几种进位计数制。

表 2-1 计算机中常见的几种进位计数制

进位制	二进制	八进制	十进制	十六进制
规则	逢二进一	逢八进一	逢十进一	逢十六进一
基数	2	8	10	16
位权	2^i	8^i	10^i	16^i

2.1.2 计算机中为什么使用二进制

在早期设计的机械计算装置中,使用的是十进制或者其他进制数来进行数值运算,利用齿轮的不同位置表示不同的数值,这种计算装置可能更加接近人类的思维方式。例如,一个计算设备有十个齿轮,每一个齿轮有十格,小齿轮转一圈大齿轮走一格。这就是一个简单的十位十进制的数据表示设备,可以表示 0~9 999 999 999 的数字, 配合其他的一些机械设备,这样一个简单的基于齿轮的装置就可以实现简单的十进制加减法了。而现代计算机中采用二进制来作为信息表示和处理的基本进制,主要有如下几个原因:

(1)电子计算机出现之后,如果采用十进制,则需要使用电子管来表示十种状态,这样势必增加了电子电路设计的复杂性。而采用二进制,电子管只需要描述两种状态,即开和关,这两种状态正好可以用 1 和 0 表示。也就是说,电子管的两种状态决定了以电子管为基础的电子计算机采用二进制来表示数字和数据。

(2)运算简单。二进制的和、积运算组合各有 4 种(0+0=0,1+0=1,0+1=1,1+1=0;0×0=0,1×0=0,0×1=0,1×1=1),相对于其他进制来说运算规则简单,例如十进制数的乘法运算和加法运算各有 100 种,简单的运算规则有利于简化计算机内部结构,提高运算速度。

(3)适合逻辑运算。逻辑代数是逻辑运算的理论依据,二进制只有两个数码,正好与逻辑代数中的真和假相吻合。

(4)用二进制表示数据具有抗干扰能力强、可靠性高等优点。因为每位数据只有 0 和 1 两个状态,当受到一定程度的干扰时,仍能可靠地分辨出它是 1 还是 0。

(5)计算机使用二进制, 人们习惯于使用十进制。二进制与十进制间的转换很方便,二进制与八进制、十六进制的转换也很简单,这使人与计算机间的信息交流既简便又容易。

因此，二进制是计算机信息表示的基础形式，也就是说，计算机内部采用二进制对所有信息进行编码。二进制的数字符号是 0 和 1，基数是 2，运算规则是“逢二进一”。因为二进制只有两个可以使用的数，如果表示较大的数就需要使用很多 0 和 1 来表示。例如，十进制数 8 需要使用四位二进制数来表示，十进制数 1024 需要使用 11 位二进制数来表示，当数值很大的时候，0 和 1 的位数就会快速增长，为了增强可读性人们通常采用八进制、十进制和十六进制表示计算机内的数值。因此，十进制、二进制、八进制和十六进制是需要熟悉的 4 种进位制，见表 2-2。

表 2-2　4 种进位制

进制	基数	进位原则	基本符号
二进制	2	逢 2 进 1	0,1
八进制	8	逢 8 进 1	0,1,2,3,4,5,6,7
十进制	10	逢 10 进 1	0,1,2,3,4,5,6,7,8,9
十六进制	16	逢 16 进 1	0,1,2,3,4,5,6,7,8,9,A,B,C,D,E,F

在这 4 种进制中，十六进制的基本符号中用 A,B,C,D,E,F 分别代表十进制的 10,11,12,13,14,15。如果不使用 A,B,C,D,E,F 代表 10,11,12,13,14,15，而是直接使用 10,11,12,13,14,15，就会产生歧义。例如：十六进制数 2314，其中 14 本意是十六进制中的 14，采用 2314 就可以认为是 4 位十六进制数，而不是三位十六进制数。所以用 23E 来表示，避免了和 2314 产生歧义。

为了区别这 4 个进制表示的数，一般约定用下标来表示进制，例如：$(3456)_8$，表示 3456 这个数是一个八进制数。也可以用英文字母来描述某种进制，例如：$(3456)_H$ 表示 3456 是一个十六进制数，二进制、八进制和十进制对应的字母分别是 B、O、D，使用的是各类进制的英文单词的第一个字母。例如，二进制是 Binary，第一个字母是 B。

2.1.3　十进制数与二进制、八进制及十六进制数之间的转换

1. 二进制、八进制、十六进制数转换成十进制数

由 R 进制数的表示公式：

$$(d_n \cdots d_1 d_0 .\ d_{-1} \cdots d_{-m})_R$$
$$= d_n \times R^n + \cdots + d_1 \times R^1 + d_0 \times R^0 + d_{-1} \times R^{-1} + \cdots + d_{-m} \times R^{-m}$$

得出，二进制、八进制、十六进制数转换成十进制数只要将 R 换成 2,8,16，按照位权表示展开，而后相加即可。

例 2-1　将二进制数 10011. 11 转化为十进制数。

$$(10011.11)_2 = 1\times2^4+0\times2^3+0\times2^2+1\times2^1+1\times2^0+1\times2^{-1}+1\times2^{-2} = (19.75)_{10}$$

所以

$$(10011.11)_2=(19.75)_{10}$$

例 2-2 将八进制数 267 转化为十进制数。

$$(267)_8=2\times8^2+6\times8^1+7\times8^0=(183)_{10}$$

所以

$$(267)_8=(183)_{10}$$

例 2-3 将十六进制数 1CA 转化为十进制数。

$$(1CA)_{16}=1\times16^2+C\times16^1+A\times16^0=1\times16^2+12\times16^1+10\times16^0=(458)_{10}$$

所以

$$(1CA)_{16}=(458)_{10}$$

其他进制数转化为十进制数时,只需要修改基数即可。

2. 十进制数转换成二进制、八进制和十六进制数

由于整数部分转换方法和小数部分转换方法不一样,因此分开介绍。

(1)十进制整数转换为二进制、八进制和十六进制整数。

十进制数转换成二进制、八进制和十六进制数的方法可由上述 R 进制数的表示公式推导出来。首先介绍十进制整数转换为二进制数的方法。十进制整数转换为八进制、十六进制数的方法和转化为二进制数类似,只需要将 2 变为 8 或者 16。

设$(d_n\cdots d_1d_0)_2$是一个二进制整数串,这个整数的十进制数表示为 N,则

$$\begin{aligned}N&=d_n\times2^n+\cdots+d_1\times2^1+d_0\times2^0\\&=d_n\times2^n+\cdots+d_1\times2^1+d_0\\&=(((d_n\times2+d_{n-1})\times2+\cdots+d_1)\times2)+d_0\end{aligned}$$

等号两边同时除以 2,等式保持不变。从等式右边可以看出,N 除以 2 得到余数 d_0,商为 $d_n\times2^{n-1}+\cdots+d_2\times2^1+d_1$;再对商除以 2,又能得到余数 d_1,商 $d_n\times2^{n-2}+\cdots+d_3\times2^1+d_2$;如此进行下去,直到商为 0。在除以 2 取余数的过程中,余数要么为 0,要么为 1。最先求出的 d_0 是所求二进制数的最低位,最后求出的 d_n 是所求二进制数的最高位,所以每次除以 2 求出的余数按照所求的顺序逆序连接在一起,就是所要求的二进制数。

由上述的推导,十进制整数转换成二进制数的规则总结如下:

十进制整数反复除以 2,直到商为 0,然后逆向取余数。注意:先求得的余数为低位,后求得的余数为高位。

例 2-4 将十进制数 97.812 5 转换成二进制数。

先求整数部分$(97)_{10}$的二进制数。

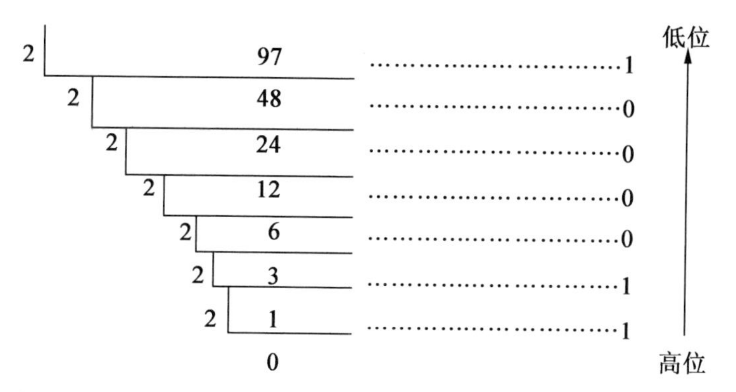

整数部分：$(97)_{10}=(1100001)_2$

(2)十进制小数转换为二进制、八进制和十六进制小数。

十进制小数转换成二进制小数的方法也可以通过类似上述的推导求解出来。

设$(0.d_{-1}d_{-2}\cdots d_{-m})_2$是一个二进制小数串，这个小数的十进制数表示为$N$，则

$$N=d_{-1}\times2^{-1}+d_{-2}\times2^{-2}+\cdots+d_{-m}\times2^{-m}$$
$$=((((d_{-m}\div2+d_{-m+1})\div2+\cdots+d_{-2})\div2)+d_{-1})\div2$$

等号两边同时乘 2，等式保持不变。从等式右边可以看出，N 乘 2 的结果，其整数部分为d_{-1}，小数部分为$d_{-2}\times2^{-1}+\cdots+d_{-m}\times2^{-m+1}$；再对小数部分乘 2，又能得到整数$d_{-2}$，小数部分$d_{-3}\times2^{-1}+\cdots+d_{-m}\times2^{-m+2}$；如此进行下去，直到小数部分的结果为 0，或者达到所需要的二进制位数。由上述的推导，十进制小数转换成二进制小数的规则总结如下：

将小数乘 2 后取其整数，将剩余的小数重复刚才的过程，直到剩余小数为 0 或计算到规定位数为止。注意：先求得的整数为高位，后求得的整数为低位。

例 2-5　求小数部分$(0.8125)_{10}$的二进制数。

小数部分：$(0.8125)_{10}=(0.1101)_2$

最后将两部分转换结果合并：$(97.8125)_{10}=(1100001.1101)_2$

注意：十进制小数不一定都能转换成完全等值的二进制小数。由上述的小数转换成二进制的方法，可以发现小数乘 2 不一定都能最终归结到 0，这时只要小数点后的位数达到了用户所需的精度就可以，精度视需求而定。

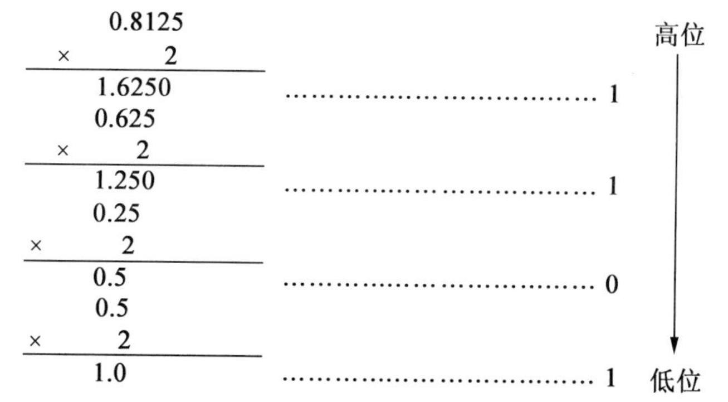

例 2-6　求小数$(0.3145)_{10}$的等值二进制数。

```
   0.3145                                    高位
 ×      2                                     │
 ─────────                                    │
   0.6290 ................................0   │
   0.629                                      │
 ×      2                                     │
 ─────────                                    │
   1.258  ................................1   │
   0.258                                      │
 ×      2                                     │
 ─────────                                    │
   0.516  ................................0   │
   0.516                                      │
 ×      2                                     │
 ─────────                                    │
   1.032  ................................1   │
   0.032                                      │
 ×      2                                     │
 ─────────                                    │
   0.064  ................................0   │
   0.064                                      │
 ×      2                                     ↓
 ─────────                                   低位
   0.128  ................................0
   ........
```

由上面的计算可发现,继续乘 2 若干次,小数部分都不可能最后归为 0,也就是说 0.3145 不可能转换成与之等值的二进制小数,只能依据需求尽可能和 0.3145 接近。例如,要求小数点后保留 6 位,那么只要计算出 6 位二进制小数位数即可。

十进制数转换为八进制、十六进制数规则与上述十进制数转换成二进制数规则相同,只是将基数换成 8 或 16,读者可以自行学习。

2.1.4 二进制数与八进制、十六进制数之间的转换

我们知道十进制 $2^3=8$,八进制中的基本符号为 0~7,这八个数恰好可以使用三位二进制数来表示,分别是:

$(0)_8=(000)_2$、$(1)_8=(001)_2$、$(2)_8=(010)_2$、$(3)_8=(011)_2$、$(4)_8=(100)_2$、$(5)_8=(101)_2$、$(6)_8=(110)_2$、$(7)_8=(111)_2$

同样的道理,十进制 $2^4=16$,十六进制的 16 个基本符号 0~F 恰好可以使用四位二进制数表示。因此十进制 $2^3=8$,$2^4=16$ 是二进制数和八进制及十六进制数之间转换的基础。

为了说明二进制数与八进制、十六进制数之间的转换,以小数点为基准,分整数部分和小数部分分别进行讨论。

1. 二进制数转换成八进制、十六进制数

(1)二进制数转换成八进制数。

①整数部分:从右向左,每 3 位一组,最左边不足 3 位时,左边添 0 补足 3 位。

②小数部分:从左向右,每 3 位一组,最右边不足 3 位时,右边添 0 补足 3 位。

例 2-7 将二进制数 1101001011.1011111 转换为八进制数。

```
 ( 001  101  001  011.  101  111  100   )2
 ←─────────────────────  ─────────────────→
    ↓    ↓    ↓    ↓     ↓    ↓    ↓
    1    5    1    3     5    7    7
```

$(1101001011.101111)_2=(1513.574)_8$

（2）二进制数转换成十六进制数。

①整数部分：从右向左，每 4 位一组，最左边不足 4 位时，左边添 0 补足 4 位。

②小数部分：从左向右，每 4 位一组，最右边不足 4 位时，右边添 0 补足 4 位。

例 2-8 将二进制数 1101001011.1011111 转换为十六进制数。

(0011 0100 1011 . 1011 1110)

↓ ↓ ↓ ↓ ↓

3 4 B B E

$(1101001011.1011111)_2=(34B.BE)_{16}$

2. 八进制、十六进制数转换成二进制数

（1）八进制数转换成二进制数。

八进制数转换二进制数，只要将每一位的八进制数扩展成三位二进制数，最后将最右边及最左边的 0 删除即可。

例 2-9 将八进制数 1513.57 转换为二进制数。

$(1\ 5\ 1\ 3\ .\ 5\ 7)_8$

↓ ↓ ↓ ↓ ↓ ↓

001 101 001 011 . 101 111

$(1513.57)_8=(1101001011.10111)_2$

（2）十六进制数转换成二进制数。

同八进制数转换成二进制数道理相同，十六进制数转换成二进制数，只要将每一位的十六进制数扩展成四位二进制数，最后将最右边及最左边的 0 删除即可。

例 2-10 将十六进制数 34B.BC 转换为二进制数。

$(3\ 4\ B\ .\ B\ C)_{16}$

↓ ↓ ↓ ↓ ↓

0011 0100 1011. 1011 1100

$(34B.BC)_{16}=(1101001011.101111)_2$

为了读者学习的方便，我们将常见的十进制数与二进制数、八进制数、十六进制数对应关系见表 2-3。

表 2-3 常见进制之间的对应关系

十进制数	二进制数	八进制数	十六进制数	十进制数	二进制数	八进制数	十六进制数
0	0	0	0	8	1000	10	8
1	1	1	1	9	1001	11	9
2	10	2	2	10	1010	12	A
3	11	3	3	11	1011	13	B
4	100	4	4	12	1100	14	C
5	101	5	5	13	1101	15	D

表 2-3(续)

十进制数	二进制数	八进制数	十六进制数	十进制数	二进制数	八进制数	十六进制数
6	110	6	6	14	1110	16	E
7	111	7	7	15	1111	17	F

2.2 信息存储的计量单位

我们已经知道计算机内部都是以二进制来描述各类信息的,那么计算机存储各类信息本质上就是存储了大量的二进制数。下面介绍二进制存储的基本单位及存储容量的概念。计算机中存储数据的最小单位是位(bit,比特),用于存放一位二进制数,即一个 0 或一个 1。连续的八位二进制称为一个字节(byte),字节是计算机信息处理和存储分配的基本单位,简记为 B,1 B=8 bit。计算机的存储器,例如,硬盘、U 盘、内存条等,通常也是以多少字节来表示容量。常用的单位有千字节(KB)、兆字节(MB)、吉字节(GB)、太字节(TB)等,各单位之间的换算如下:

$$1\ \text{KB}=2^{10}\ \text{B}=1024\ \text{B}$$

$$1\ \text{MB}=2^{10}\ \text{KB}=1024\ \text{KB}$$

$$1\ \text{GB}=2^{10}\ \text{MB}=1024\ \text{MB}$$

$$1\ \text{TB}=2^{10}\ \text{GB}=1024\ \text{GB}$$

日常生活中也会用到 K、M、G 等这些符号,例如 CPU 的主频是 3.6 GHz,表示一秒之内产生了 36 亿个脉冲,这里的 K、M、G 量级关系是:$K=10^3$,$M=10^6$,$G=10^9$。

计算机中以字节作为处理信息和存储的基本单位,此外还有一个非常重要的概念——字,对于我们理解计算机有着很大的作用。通常把计算机进行数据处理时,一次存取、加工和传送的数据长度称为字(word)。字通常由一个或者多个字节组成,字节是计量单位,而字是其用来一次性处理事务的一个固定长度的单位。我们现在通常所说的 32 位的计算机或者 64 位的计算机,指的是 CPU 能够一次处理 32 位的 0 或者 1,也就是 4 个字节,或者一次处理 64 位,即 8 个字节,因此,64 位的计算机比 32 位的计算机处理能力更强。32 位的计算机可以安装 32 位的操作系统,64 位的计算机既可以安装 64 位的操作系统,也可以安装 32 位的操作系统。目前,大部分计算机都是 64 位的。

2.3 二进制的运算

由上述的计算机中为什么使用二进制的讨论,就能够很自然地定义两类基本运算,一类是算术运算,另一类是逻辑运算。

2.3.1 算术运算

二进制的算术运算包含加、减、乘、除。二进制的算术运算规则和十进制的算数运算规则相同，不同之处在于“逢二进一”和“借一为二”。加法、减法、乘法和除法的运算规则如下：

(1)二进制加法运算的规则见表 2-4，和十进制的加法规则类似，唯一不同的就是进制不一样。十进制加法是“逢十进一”，二进制加法则是“逢二进一”。规则总结如下：0+0=0、0+1=1、1+0=1、1+1=0(进位 1)。

表 2-4　二进制加法运算规则

+	0	1
0	0	1
1	1	0

例 2-11　计算$(11001)_2+(1001.1101)_2$

$$\begin{array}{r} 11001 \\ +\quad 1001.1101 \\ \hline 100010.1101 \end{array}$$

$(11001)_2+(1001.1101)_2=(100010.1101)_2$

(2)二进制减法运算的规则见表 2-5。和十进制的减法规则类似。十进制减法是“借一为十”，二进制减法则是“借一为二”。规则总结如下：0-0=0、0-1=1(借 1)、1-0=1、1-1=0。

表 2-5　二进制减法运算规则

-	0	1
0	0	1(借 1)
1	1	0

例 2-12　计算$(11101010)_2-1111)_2$

$$\begin{array}{r} 11101010 \\ -\quad 1111 \\ \hline 11011011 \end{array}$$

$(11101010)_2-(1111)_2=(11011011)_2$

(3)二进制乘法运算的规则见表 2-6。二进制乘法运算规则总结如下：0×0=0、0×1=0、1×0=0、1×1=1。

表 2-6　二进制乘法运算规则

×	0	1
0	0	0
1	0	1

例 2-13　计算$(1001)_2 \times (1010)_2$

$$
\begin{array}{r}
1001 \\
\times \quad 1010 \\
\hline
0000 \\
1001 \\
0000 \\
1001 \\
\hline
1011010
\end{array}
$$

$(1001)_2 \times (1010)_2 = (1011010)_2$

(4)二进制除法运算的规则见表 2-7。二进制除法运算规则总结如下:0÷0 出错、0÷1=0、1÷0 出错、1÷1=1。

表 2-7　二进制除法运算规则

÷	0	1
0	出错	0
1	出错	1

例 2-14　计算$(1110101)_2 \div (1001)_2$

$$
\begin{array}{r}
1101 \\
1001\overline{)1110101} \\
1001 \\
\hline
1011 \\
1001 \\
\hline
1001 \\
1001 \\
\hline
0
\end{array}
$$

$(1110101)_2 \div (1001)_2 = (1101)_2$

2.3.2　逻辑运算

常见的基本的逻辑运算有:与(and)、或(or)、非(not)和异或(xor)等。逻辑学中常用"∧"表示与运算、"∨"表示或运算、"¬"表示非运算、"⊕"表示异或运算。它们的运算规则如下。

(1)逻辑与运算规则见表 2-8。只有参与运算的两个数都是 1 的时候结果才为 1,其他情况均为 0。规则表示为:$0\wedge 0=0$、$0\wedge 1=0$、$1\wedge 0=0$、$1\wedge 1=1$。

表 2-8　逻辑与运算规则

A	B	A∧B
0	0	0
0	1	0
1	0	0
1	1	1

例 2-15　计算$(10101011)_2\wedge(11001111)_2$

$$\begin{array}{r} 10101011 \\ \wedge \quad 11001111 \\ \hline 10001011 \end{array}$$

$(10101011)_2\wedge(11001111)_2=(10001011)_2$

(2)逻辑或运算规则见表 2-9。只有参与运算的两个数都是 0 的时候结果才为 0,其他情况均为 1。规则表示为:$0\vee 0=0$、$0\vee 1=1$、$1\vee 0=1$、$1\vee 1=1$。

表 2-9　逻辑或运算规则

A	B	A∨B
0	0	0
0	1	1
1	0	1
1	1	1

例 2-16　计算$(10101011)_2\vee(11001111)_2$

$$\begin{array}{r} 10101011 \\ \vee \quad 11001111 \\ \hline 11101111 \end{array}$$

$(10101011)_2\vee(11001111)_2=(11101111)_2$

(3)逻辑非运算很容易理解,就是取反,运算规则见表 2-10。规则表示为:$\neg 0=1$、$\neg 1=0$。

表 2-10 逻辑非运算规则

A	¬ A
0	1
1	0

例 2-17 ¬ 10101011=01010100。

(4)逻辑异或运算规则见表 2-11。参与运算的两个数,如果不相同,结果为 1,否则为 0。规则表示为:0⊕0=0、0⊕1=1、1⊕0=1、1⊕1=0。

表 2-11 逻辑异或运算规则

A	B	A⊕B
0	0	0
0	1	1
1	0	1
1	1	0

例 2-18 计算$(10001011)_2 \oplus (11001111)_2$

$$\begin{array}{r} 10001011 \\ \oplus \quad 11001111 \\ \hline 01000100 \end{array}$$

$(10001011)_2 \oplus (11001111)_2 = (01000100)_2$

思考题

1. 试说出计算机中为什么采用二进制。

2. 将下列十进制数转化为二进制数。

108　1020　-259　-12.3125　0.0123　0.15625

3. 将下列二进制、八进制及十六进制数转化为十进制数。

(-0.00101)2　(111111.101)2　(235.0172)8　(-17)8　(2A.BC)16　(-45.101)16

4. 请将下列二进制数转化为八进制和十六进制数,八进制和十六进制数转化为二进制数。

(111111.101)2　(101010101.1)2　(24.72)8　(762.101)8　(ABC.234)16　(9E.11F)16

5. 一个字节包含(　　)个二进制位。

6. 1 KB 准确含义是(　　)。

A. 1 000 个二进制位　　B. 1 000 个字节

C. 1 024 个字节　　D. 1 024 个二进制位

7. 微机中 128 KB 表示的二进制位数为(　　)。

8. 4 TB=(　　)MB,256 MB=(　　)B=(　　)bit。

9. 求出下列二进制数算术运算和逻辑运算的结果。

101111.01+11.10101　10000.01−111.11　11.11×1000　10000.1÷1.1

11110101∧11000000　10111011∨11111111　¬10110101　10001011⊕11111111

第3章　信息数字化

计算机所处理的信息有两类,即数值型信息和非数值型信息。数值型信息指数字和数量,除此之外均属非数值型信息,如表示文字、图形、图像和声音的信息。

3.1　数值的表示

计算机中,利用0和1的各种组合来表示信息的方法统称为编码。数值型信息分为整数和实数两类,而整数又分为不带符号的整数和带符号的整数。无符号整数指的是计数系统中大于或等于0的数,没有负数,因此不需要表示符号。如用8位二进制数表示整数,其范围是00000000到11111111。不带符号的整数直接转化为与之对应的二进制数即可。对于带符号的整数常用原码、反码和补码表示,而实数则用浮点数表示。

3.1.1　无符号整数的表示

无符号整数是只包括零和正数的非负整数。

假设n是计算机中分配用于表示无符号整数的二进制位数,那么无符号整数的表示范围为

$$0 \sim (2^n - 1)$$

无符号整数表示的方法是:

(1)首先将整数变成二进制数;

(2)如果二进制位数不足n位,则在二进制数左边补0,使它总位数为n位。

例如,使用无符号表示法,用8位二进制对数字7进行编码:

(1)将7变为二进制数111。

(2)在左边补5个0,补齐8位,那么7的无符号表示法是:00000111。

3.1.2　原码、反码、补码

在学习原码、反码和补码之前,需要先了解机器数和真值的概念。数在计算机中的表示形式统称为机器数。机器数将正负号数值化,以0代表符号+,以1代表符号-。带有+或者-的数是真值。

例3-1　$(-68)_{10}=(-1000100)_2=(11000100)_2$

-1000100是真值,而11000100是机器数。

对于一个有符号整数,计算机要使用一定的编码方式进行存储。原码、反码、补码是

计算机存储一个有符号整数的编码方式。为了说明问题的方便,约定计算机的字长 n 为 8。

1. 原码、反码、补码基本概念

(1)原码。

原码的编码规则:

①最高为符号位,正数的符号位为 0,负数的符号位为 1;

②剩下的 $n-1$ 位用于对这个数的绝对值进行编码,如果不足 $n-1$ 位,则在高位补 0,补足至 $n-1$ 位。

例 3-2 原码示例。

$[+1]_{原}=(0000\ 0001)_2$ $[-1]_{原}=(1000\ 0001)_2$

$[+55]_{原}=(0011\ 0111)_2$ $[-55]_{原}=(1011\ 0111)_2$

$[+0]_{原}=(0000\ 0000)_2$ $[-0]_{原}=(1000\ 0000)_2$

十进制的+128 和-128 按照原码的编码规则不能用 8 位来表示,所以十进制+128 和-128 没有 8 位表示的原码。由上述计算可见 0 的原码不唯一。因为第一位是符号位,所以 8 位二进制数的取值范围就是[1111 1111,0111 1111],即十进制[-127 ,127]。原码是人脑最容易理解和计算的表示方式,简单直观、容易理解。IBM 是原码最初的支持公司之一,如 IBM 709 系列计算机就采用原码的编码方式。

(2)反码。

反码的编码规则:

①正数的反码和原码相同;

②负数的反码是在原码的基础上,符号位不变,其余各位按位取反。

例 3-2 反码示例。

$[+1]_{反}=(0000\ 0001)_2$ $[-1]_{反}=(1111\ 1110)_2$

$[+55]_{反}=(0011\ 0111)_2$ $[-55]_{反}=(1100\ 1000)_2$

$[+0]_{反}=(0000\ 0000)_2$ $[-0]_{反}=(1111\ 1111)_2$

0 的反码表示也不唯一。美国在 20 世纪 60 年代生产的 PDP-1 计算机、UNIVAC1100 系列计算机等都采用反码的编码方式。

(3)补码。

补码的编码规则:

①正数的补码和原码相同;

②负数的补码是在原码的基础上,符号位不变,其余各位按位取反,末尾加 1,也就是在反码的基础上加 1。

例 3-4 补码示例。

$[+1]_{补}=(0000\ 0001)_2$ $[-1]_{补}=(1111\ 1111)_2$

$[+55]_{补}=(0011\ 0111)_2$ $[-55]_{补}=(1100\ 1001)_2$

$[+0]_{补}=(0000\ 0000)_2$ $[-0]_{补}=(0000\ 0000)_2$

0 的补码表示是唯一的。

8 位二进制补码表示的数值范围是:-128~127。

2. 引入补码的原因

既然原码才是被人脑直接识别并用于计算的表示方式,为何还会有反码和补码呢?例如,7-5 的计算结果应为 2,使用原码计算出正确的结果需要符号位不参加运算,符号相同时,符号位不变,结果为两个加数的绝对值相加;符号位不同时,比较绝对值大小,符号位与绝对值大的相同,结果为大绝对值减小绝对值。硬件需要加法器、减法器、比较器共同实现。但是对于计算机来说,所有的运算都需要依靠电子电路来实现,所以当然希望电路设计尽可能简单。人们就希望有一种编码方式无须考虑符号位,无须考虑数值绝对值大小,符号位和数值同时参加运算,下面的竖式显示使用原码计算显然是行不通的。

```
     10000101   …………-5 的原码
+    00000111   ………… 7 的原码
-------------------------------
     10001100   ………… 运算结果为-12
```

下面我们使用反码计算看看是否能够得到正确的结果:

```
     11111010   …………-5 的反码
+    00000111   ………… 7 的反码
-------------------------------
    1 00000001  …………循环进位调整计算结果
    └──────▶ 1
-------------------------------
           10   ………… 运算结果为 2
```

反码需要使用循环进位调整计算结果。硬件需要加法器,不再需要减法器和比较器,反码计算较原码简化了电路,但是还需要循环进位计算结果。后来,人们又尝试新的编码,即补码用于运算。

```
     11111011   …………-5 的补码
+    00000111   ………… 7 的补码
-------------------------------
     00000010   …………运算结果为 2
```

结果 00000010 是补码,运算结果为 2,是正确的结果。

综上所述,使得补码成为整数在现代计算机中主要的编码方式的原因是:补码不仅解决了 0 的符号编码问题,而且无须考虑所谓的符号位,可以直接进行二进制的加法计算,从而简化了电路设计,还有一个最重要的原因是,引入补码后所有的减法运算都可以转换成加法运算。

从前面的讨论我们知道算术的加法和减法运算都能用补码实现,且结果的正负不需要通过判断两个操作数的绝对值的大小来决定。为什么补码能够实现,而其他码制不行。下面来了解一下补码的背景原理。

要想真正掌握补码的知识,首先要理解算术中模的概念。模是指一个计数系统的上界。如时钟的范围是 0~11,模为 12。当时针越过 12 时,又从 0 开始新的一轮计数。计算机计算能力也是有限的,它也有一个计数范围。我们常说这是一台 32 位的计算机,或者 64 位的计算机,其表示计算机一次性所能处理的最多的二进制的位数,32 位计算机的

范围是 $0\sim2^{32}-1$，模为 2^{32}，当数值超出了 2^{32}，又从 0 开始计数。

以时钟为例，假设当前时针指向 11 点，而准确时间是 6 点，调整时间有以下两种拨法：一种是倒拨 5 小时，即：$(11-5) \bmod 12=6$；另一种是顺拨 7 小时：$(11+7) \bmod 12=6$。也就是说在以模为 12 的系统中，加 7 和减 5 效果是一样的，因此凡是减 5 运算，都可以用加 7 来代替，因此说在模为 12 的计数系统中 -5 的补码是 7。所以可以得出一个结论，即在有模的计数系统中，减一个数等于加上它的补数，从而实现将减法运算转化为加法运算的目的。

在计算机中，八位二进制可以表示 256 个无符号整数，范围是 0~255。所有负数的补码其实就是其中的一部分无符号整数。下面我们以字长为 8 位来讨论负数的补码的表示方法是如何而来的。由上述的讨论，我们知道负数 a 的补码 = 模数 $+a$，那么利用这个公式，我们来计算一下 -1 的补码，字长是 8，那么模是 2^8。

$$[-1]_{补}=模数+a=2^8+(-1)=255=(11111111)_2$$

-1 的补码是 255，-2 的补码是 254，以此类推，-128 的补码是 128(10000000)。因此，8 位补码表示的数值范围是[-128,127]，比原码表示的数值范围多了一个数 -128。

如果使用二进制来计算，如果负数 a 可以用原码表示为 $(1a_6a_5a_4a_3a_2a_1a_0)_2$，那么

$$\begin{aligned}[a]_{补}&=(100000000)_2+(1a_6a_5a_4a_3a_2a_1a_0)_2\\&=(11111111)_2+(00000001)_2-(0a_6a_5a_4a_3a_2a_1a_0)_2\\&=(11111111)_2-(0a_6a_5a_4a_3a_2a_1a_0)_2+(00000001)_2\end{aligned}$$

由上述的公式很容易得出，最高位是 1-0 为 1，代表符号位，因为 $(i=0,1,\cdots,6)$ 或者为 0 或者为 1，所有(1-)是取反，最后在末尾处加 1。因此也就得到了我们常说的关于负数的补码变换规则：符号位不变，其余各位按位取反后末位加 1。但是上述二进制计算方式对于 -128 求解补码是行不通的，因为 -128 没有原码的表示，但是 -128 是有补码的。

3. 使用补码表示整数的加减法运算

引入补码后，所有的有符号整数都以补码的形式存储。计算 $A\pm B$ 时，计算机先判断进行的是加法运算，还是减法运算，如果是加法运算，则直接计算 $[A]_{补}+[B]_{补}$，如果是减法运算，则 $[B]_{补}=[-B]_{补}$，然后计算 $[A]_{补}+[-B]_{补}$，这样就将所有的减法运算都转换成加法运算了，如图 3-1 所示。由于计算的结果依然是补码存储，因此，要想获得计算结果对应的十进制整数，需要将计算结果的二进制补码还原成十进制整数的方法：首先，$[R]_{原}=[[R]_{补}]_{补}$，然后根据 $[R]_{原}$ 求十进制整数即可。

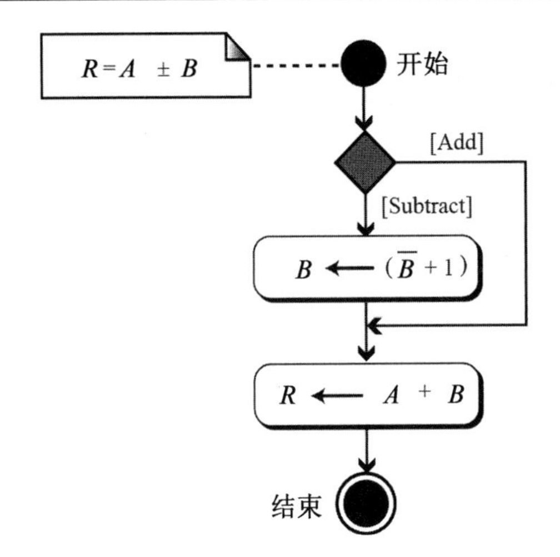

图 3-1 所有的减法运算都可以转换成加法运算

例如:

(1)整数 A 和 B 以二进制补码形式存储,$A=(+24)_{10}$,$B=(-17)_{10}$,计算 $A+B$。

$$A=(00011000)_2, B=(11101111)_2, A+B=(00000111)_2$$

1	1	1	1	1					进位
	0	0	0	1	1	0	0	0	A
+	1	1	1	0	1	1	1	1	B
	0	0	0	0	0	1	1	1	R

计算的结果依然是补码存储,因此,需要将计算结果$(00000111)_2$转换为对应的十进制整数,$(+24)_{10}-(-17)_{10}=(+7)_{10}$。

(2)整数 A 和 B 以二进制补码形式存储,$A=(+24)_{10}$,$B=(-17)_{10}$,计算 $A-B$。

$$A=(00011000)_2, B=(11101111)_2, A+B=(00101001)_2$$

			1						进位
	0	0	0	1	1	0	0	0	A
+	0	0	0	1	0	0	0	1	$(\overline{B}+1)$
	0	0	1	0	1	0	0	1	R

计算的结果依然是补码存储,因此,需要将计算结果$(00101001)_2$转换为对应的十进制整数,$(+24)_{10}-(-17)_{10}=(+41)_{10}$。

(3)整数 A 和 B 以二进制补码形式存储,$A=(-35)_{10}$,$B=(+20)_{10}$,计算 $A-B$。

$$A=(11011101)_2, B=(00010100)_2, A-B=(11001001)_2$$

1	1	1	1	1	1				进位
	1	1	0	1	1	1	0	1	A
+	1	1	1	0	1	1	0	0	$(\overline{B}+1)$
	1	1	0	0	1	0	0	1	R

计算的结果依然是补码存储,因此,需要将计算结果$(11001001)_2$转换为对应的十进

制整数,对$(11001001)_2$求补码得原码$(10110111)_2$,所以$(-35)_{10}-(+20)_{10}=(-55)_{10}$。

(4)整数 A 和 B 以二进制补码形式存储,$A=+127$,$B=+3$,计算 $A+B$。

$$A=(01111111)_2, B=(00000011)_2, A+B=(10000010)_2$$

		1	1	1	1	1	1	1	进位
	0	1	1	1	1	1	1	1	A
+	0	0	0	0	0	0	1	1	B
	1	0	0	0	0	0	1	0	R

预期结果 127+3=130,但答案是-126。127+3=130,因为最高位是符号位,只有 7 位是数值位,最大只能是 127,而实际结果是 130,超出了 8 位补码表示的范围 -128 到 +127,发生溢出。

所谓的“溢出”是指对两个数进行运算时,运算结果超出了补码能表示的范围。两个数做加法运算时,当两个数是正数,运算的结果符号位是 1,则溢出;当两个数是负数,运算的结果符号位是 0,则溢出。当两个数一个是正数一个是负数时,进行加法运算时,是不会出现溢出的。两个数做减法运算时,当两个数一正一负,运算的结果符号位是 1,则溢出;当两个数一负一正,运算的结果符号位是 0,则溢出。当两个数一个是正数一个是负数时,进行减法运算时,也是不会出现溢出的。

3.1.3　定点数和浮点数

在计算机中,带有小数点的实数可按照两种方式来处理。一种是小数点位置固定,采用这种方式描述的数称为定点数。另外一种是小数点是浮动的,采用这种方式描述的数称为浮点数。

1. 定点数

小数点位置固定,即约定机器中所有数据的小数点位置是固定不变的。如图 3-2 所示,用 32 位二进制数来表示实数,其中最高位为符号位,用 8 位来表示整数部分,23 位来表示小数部分,小数点的位置固定在 23 bit 前处。

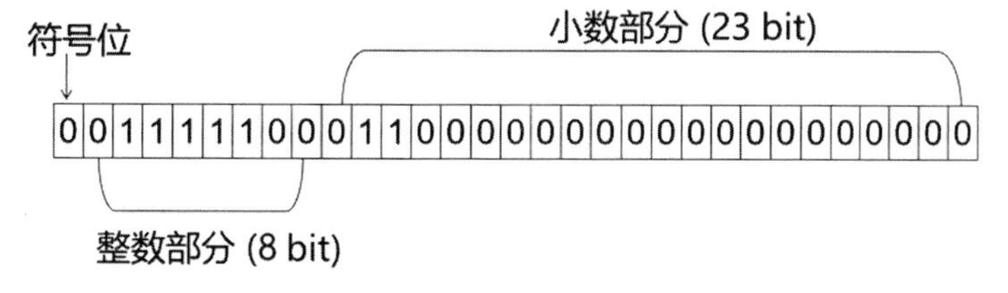

图 3-2　定点数表示形式

定点数表示方式的优点是小数点的位置固定,计算机容易区分一个数的整数部分和小数部分,方便计算。但是,定点数表示方式有明显的缺点:数据能够表示的范围和精度相互制约。范围越大,精度越小,反之亦然,如图 3-3 所示。

00111110001100000000000000000000

00111110001100000000000000000000

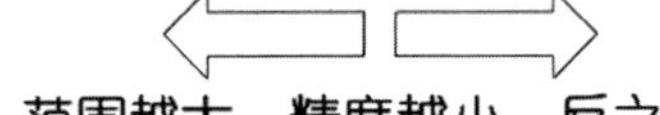

范围越大，精度越小，反之亦然

图 3-3 定点数表示的缺点

2. 浮点数

在绝大多数现代的计算机系统中对于带小数点的数采用浮点数的表示方法。浮点数的表示方法借鉴了科学记数法来表示实数,即用尾数 M 和指数 E 来表示,小数 X 表示为

$$X=M\times R^{E}$$

例如,123.45 用十进制科学记数法可以表示为 1.2345×10^{2},其中 1.2345 为尾数,2 为指数。浮点表示法实际上是二进制中的科学记数法,但是同样的数值可以有多种科学计数表达方式,例如,二进制数 11010.101 可以表示成 0.11010101×2^{5}, 1.1010101×2^{4}, 110101.01×2^{-1}, 11010010×2^{-3},因为这种多样性,有必要对其加以规范化以达到统一表达的目标。如果 X 是个非 0 数,通过左右移动小数点的方法,使其变成符合这一要求的表示形式,这称为浮点数的规格化表示。

在二进制数规格化后,我们只需要存储一个数的 3 部分信息:符号、指数和尾数。尾数部分因为是非零数,所以可以将尾数部分小数点及其最左边的位 1 不存储。

例 3-6 $+1000111.0101=+1.0001110101\times2^{6}$ 的浮点数表示形式,如图 3-4 所示。

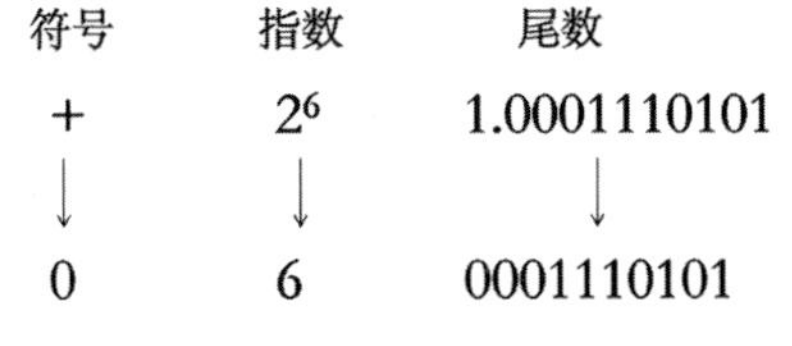

图 3-4 浮点数表示形式

因为指数部分可能是负数,在余码系统中,将一个正整数(即偏移量)加到每个数字中,将它们都移到非负的一边。偏移量的值等于 $2^{m-1}-1$,其中 m 是存储指数的位数。如果用 8 位存储指数,那么偏移量就是 127。例如,指数为-6,那么-6 的偏移量 127 偏移表示法就是:$-6+127=121=(01111001)_2$。

为了说明问题的方便,使用 32 位表示浮点数,符号位占用 1 位,指数部分占用 8 位,尾数部分占用 23 位。$+1.0001110101\times2^{6}$ 的浮点数表示如下:

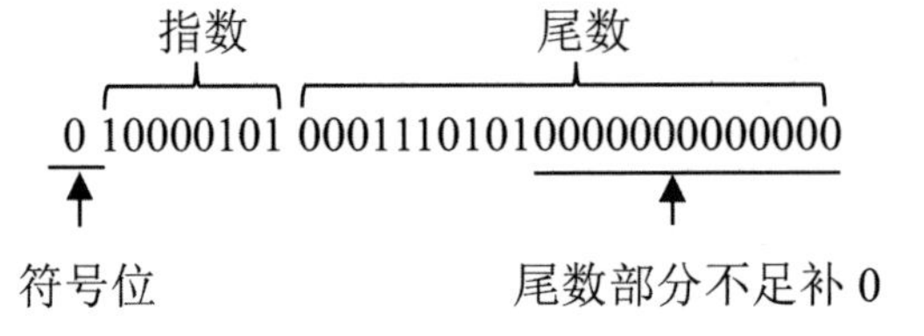

浮点数用有限的连续字节表示，分为符号位、指数和尾数3部分。这样符号位只有一位，通过尾数和可以调节的指数就可以表达给定的数值，正是因为可以调节，才称之为浮点数。

在计算机系统的发展过程中，曾经提出了多种方法来表示实数，业界没有一个统一的标准，很多计算机制造商都在设计自己的浮点数规则及运算细节。为了便于软件的移植，1985年，IEEE(Institute of Electrical and Electronics Engineers，美国电气和电子工程师协会)提出了IEEE-754标准，并以此作为浮点数表示格式的统一标准。几乎所有的计算机都支持该标准，从而大大改善了科学应用程序的可移植性。IEEE定义了多种浮点格式，但最常见的是3种类型：单精度、双精度、扩展双精度，分别适用于不同的计算要求。一般而言，单精度适合一般计算，双精度适合科学计算，扩展双精度适合高精度计算。单精度浮点数的有效位数是7位，双精度浮点数的有效位数是16位。一个遵循IEEE-754标准的系统必须支持单精度类型，最好也支持双精度类型。单、双精度在以后学习C语言数据类型时将会较为详细地介绍。单精度浮点数使用32位来表示，双精度浮点数则使用64位来表示。显然，相同的位数，浮点数能表示的数的范围比定点数大得多。这也就是现在绝大多数的计算机系统中使用浮点数来表示小数的原因。

例3-7　97.8125的单精度浮点数表示。

$$(97.8125)_{10}=(1100001.1101)_2=(1.1000011101\times2^{6})_2$$

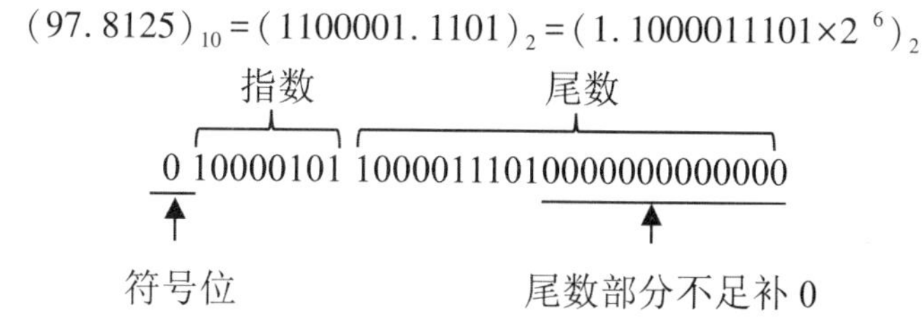

所以，十进制数97.8125浮点数的表示：01000010110000111010000000000000。

3.2　文本的数字化

文本是计算机系统最早能够处理的信息形式之一。文本是由若干字符构成的(一个字符是指独立存在的一个符号，如中文汉字、大小写形式的英文字母、日文的假名、数字和标点符号等)，所以文本数字化本质上就是进行字符的数字化。我们知道，在计算机中所有的数据在存储和运算时都要使用二进制数表示，而具体用哪些二进制数字表示哪个符号，虽然每个人都可以约定自己的一套编码规则，但是大家如果想要互相通信而不造成混乱，那么大家就必须使用相同的编码规则。例如，英文字符的ASCII编码、中国国家标准汉字编码、Unicode编码和UTF-8编码等，这些编码标准统一规定了上述常用符号用哪些二进制数来表示，是大家共同使用的标准编码规则。

3.2.1　西文编码

ASCII码(美国标准信息交换代码，American standard code for information interchange)

是由美国国家标准学会(American National Standard Institute,ANSI)制定的标准的单字节字符编码方案。它已被国际标准化组织(International Organization for Standardization,ISO)定为国际标准,称为 ISO 646 标准,适用于所有拉丁文字字母。

ASCII 码一般由八位二进制组成,实际只使用低 7 位来表示,最高位恒设为 0。所以,ASCII 码实际表示的字符个数为 $2^7=128$ 个,剩余的一半编码空置留作他用。见表 3-1,ASCII 码能够表示的字符中,0~31 及 127(共 33 个)是控制字符或通信专用字符,如控制符 LF(换行)、DEL(删除)等;32~126(共 95 个)是字符,其中 48~57 为 0 到 9 十个阿拉伯数字,65~90 为 26 个大写英文字母,97~122 为 26 个小写英文字母。

表 3-1 ASCII 码字符表

低位	高位							
	000	001	010	011	100	101	110	111
0000	NUL	DLE	SP	0	@	P	`	p
0001	SOH	DC1	!	1	A	Q	a	q
0010	STX	DC2	"	2	B	R	b	r
0011	ETX	DC3	#	3	C	S	c	s
0100	EOT	DC4	$	4	D	T	d	t
0101	ENQ	NAK	%	5	E	U	e	u
0110	ACK	SYN	&	6	F	V	f	v
0111	BEL	ETB	´	7	G	W	g	w
1000	BS	CAN	(	8	H	X	h	x
1001	HT	EM	)	9	I	Y	i	y
1010	LF	SUB	*	:	J	Z	j	z
1011	VT	ESC	+	;	K	[	k	{
1100	FF	FS	,	<	L	\	l	|
1101	CR	GS	-	=	M	]	m	}
1110	SO	RS	.	>	N	↑	n	~
1111	SI	US	/	?	O	←	o	DEL

表 3-1 中,第一列给出编码的低 4 位,第一行给出编码的高 4 位(因最高位恒为 0,所以在表格中未体现),一个字符所在行列的低 4 位编码和高 4 位编码组合起来,即为该字符的编码。例如,数字符号 0 的编码为 00110000,对应十进制为 48;大写字母 A 的编码为 01000001,对应十进制为 65;小写字母 a 的编码为 01100001,对应十进制为 97。

3.2.2　中文编码

汉字信息的输入不能像英文字母那样直接通过键盘完成，而是要用英文键盘上不同字母的组合对每个汉字进行编码输入，因此对于中文信息处理来说，除了与西文的 ASCII 码相对应的汉字内码外，还涉及汉字输入的输入编码。一般来说，汉字信息处理系统包括编码、输入、存储、编辑、输出和传输，其中编码是关键。

根据应用目的的不同，汉字编码分为输入码、交换码、机内码和字形码。

1. 输入码(外码)

输入码也叫外码，是用来将汉字输入计算机中的一组键盘符号。输入码分音码和形码，常用的音码有微软拼音、搜狗拼音等，常用的形码有五笔字型键位表(图 3-5)、郑码等，一种好的编码应有编码规则简单、易学好记、操作方便、重码率低、输入速度快等优点，每个人可根据自己的需要进行选择。

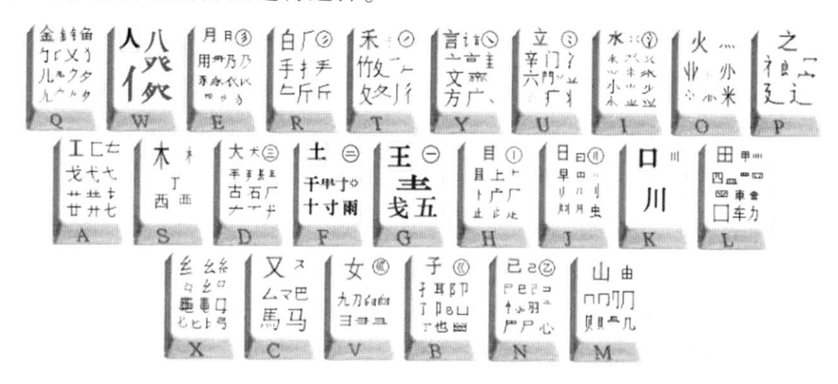

图 3-5　五笔字型键位表

2. 交换码(国标码)

汉字交换码是指不同的具有汉字处理功能的计算机系统在交换汉字信息时所使用的代码标准。中国标准总局 1981 年制定了中华人民共和国国家标准 GB/T 2312—80《信息交换用汉字编码字符集——基本集》，提出了中华人民共和国国家标准信息交换用汉字编码，简称国标码。GB/T 2312—80 标准包括了 6 763 个汉字，按其使用频率分为一级汉字 3 755 个和二级汉字 3 008 个。一级汉字按拼音排序，二级汉字按部首排序。此外，该标准还包括标点符号、数种西文字母、图形、数码等符号 682 个。国标码采用十六进制的 21H 到 7EH(数字后加 H 表示其为十六进制数)进行编码。

区位码是国标码的另一种表现形式，把国家标准 GB/T 2312—80 中的汉字、图形符号组成一个 94×94 的方阵，表 3-2。方阵分为 94 个“区”，每区包含 94 个“位”，其中“区”的序号由 01 至 94，“位”的序号也是从 01 至 94。94 个区中位置总数为 94×94 即 8 836 个，其中 7 445 个汉字和图形字符中的每一个占一个位置后，还剩下 1 391 个空位，这 1 391 个位置保留备用。

表 3-2 区位码表

列	行								
	01	……	19	20	21	22	23	……	94
01	……								
……	……								
16	啊	……	吧	笆	八	疤	巴	……	剥
17	薄	……	鄙	笔	彼	碧	篦	……	炳
……	……								
40	取	……	瘸	却	鹊	榷	确	……	叁
……	……								
94	……								

区位码和国标码的换算关系是:区码和位码分别加上十进制数 32。如“国”字在表中的 25 行 90 列,其区位码为 2590,国标码是 397AH。

3. 机内码

汉字机内码,简称“内码”,指计算机内部存储、处理加工和传输汉字时所用的由 0 和 1 符号组成的代码。输入码被接收后就由汉字操作系统的“输入码转换模块”转换为机内码,与所采用的键盘输入法无关。机内码是汉字最基本的编码且内码是唯一的,不管是什么汉字系统和汉字输入方法,输入的汉字外码到机器内部都要转换成机内码,才能被存储和进行各种处理。

4. 字形码

字形码是汉字的输出码,输出汉字时都采用图形方式,无论汉字的笔画多少,每个汉字都可以写在同样大小的方块中。通常用 16×16 点阵来显示汉字,图 3-6 所示为“汉”字的字形码。

因为汉字数量庞大、字形复杂、存在大量一音多字和一字多音等原因,致使汉字编码有诸多困难。比如 GB/T 2312—80 中包含的汉字数目大大少于现行使用的汉字,在实际使用中,就会出现某些汉字不能输入,从而不能被计算机处理的问题。为了解决这些问题,以及配合 Unicode 编码的实施,1995 年全国信息化技术委员会将 GB/T 2312—80 扩展为 GBK,可包含 20 902 个汉字,GBK2K 在 GBK 的基础上又做了进一步的扩充,增加了少数民族文字。

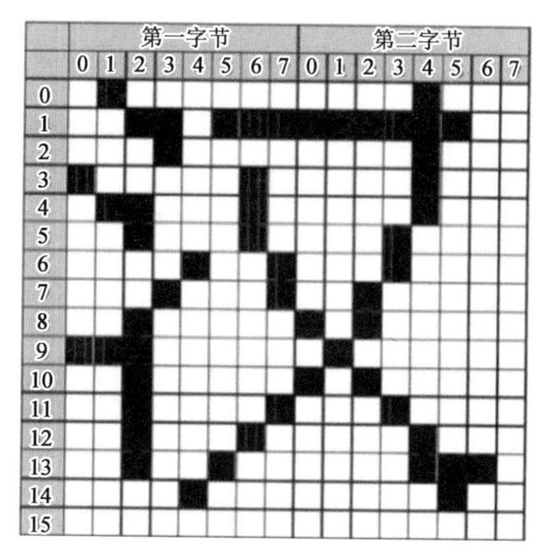

图 3-6　字形码

3.2.3　国际通用字符编码

Unicode 码又称统一码、万国码，是计算机科学领域里的一项业界标准。Unicode 码于 1990 年开始研发，1994 年正式公布，它是基于通用字符集（universal character set，UCS）的标准开发的，它为每种语言中的每个字符设定了统一并且唯一的二进制编码，以满足跨语言、跨平台进行文本转换、处理的要求，解决了传统的字符编码方案的局限。

Unicode 码将 0~0x10FFFF 之中的数值赋给 UCS 中的每个字符。Unicode 码由 4 个字节组成，最高字节的最高位为 0。Unicode 码体系具有较复杂的“立体”结构。首先根据最高字节将编码分成 128 个组（group），然后再根据次最高字节将每个组分成 256 个平面（plane），每个平面有 256 行（row），每行包括 256 个单元格（cell）。其中，group 0 的 plane 0 被称作 BMP（basic multilingual plane）。

UCS 中的每个字符被分配占据平面中的一个单元格，该单元格代表的数值就是该字符的编码。Unicode5.0.0 已使用 17 个平面，共有 17×28×28 = 1 114 112 个单元格，其中只有 238 605 个单元格被分配，它们分布在 plane 0、plane 1、plane 2、plane 14、plane 15 和 plane 16 中。在 plane 15 和 plane 16 上只是定义了两个各占 65 534 个单元格的专用区（private use area，PUA），分别是编码 0xF0000~0xFFFFD 和 0x100000~0x10FFFD。专用区预留给大家放置自定义字符。UCS 中包含 71 226 个汉字，plane 2 的 43 253 个字符都是汉字，余下的 27 973 个在 plane 0 上。例如，“汉”字的 Unicode 码是 0x6C49，“字”的 Unicode 码是 0x5b57。从编码可看出，“汉”和“字”都在 plane 0 上，因为其编码的高位两个字节都为 0。在 Unicode 编码中，汉字能够进一步扩充。目前相关专家正计划将《康熙字典》中包含的所有汉字汇入 Unicode 编码体系中。

如果你写的文本基本上全部是英文，用 Unicode 编码比 ASCII 编码需要多一倍的存储空间，在存储和传输上就十分不划算。所以，本着节约的精神，又出现了把 Unicode 编码转化为“可变长编码”的 UTF-8 编码。

UTF-8 编码把一个 Unicode 字符根据不同的数字大小编码成 1~6 个字节，常用的英文字母被编码成 1 个字节，汉字通常是 3 个字节，只有很生僻的字符才会被编码成 4~6 个字节。如果你要传输的文本包含大量英文字符，用 UTF-8 编码就能节省空间。

可以说，UTF-8 是针对 Unicode 的一种可变长度字符编码，是目前互联网上使用最广泛的一种 Unicode 编码方式，它的最大特点是可变长度。

3.3 声音的数字化

声音是多媒体信息的一个重要组成部分，是人们进行交流和认识自然的主要媒体。

3.3.1 基本知识

声音是由物体振动产生的声波，最初发出振动的物体叫声源，声音以波的形式通过弹性介质振动传播。声音随着时间连续变化，可以近似地看成一种周期性的函数。

声音可以用振幅、频率和波形 3 个物理指标来描述。

1. 振幅

振幅是指从基线到波峰的距离。振幅决定了响度，反映声音信号的强弱程度，振幅越大，声音越强。

2. 频率

频率是指每秒钟信号变换的次数，是周期的倒数，以赫兹（Hz）为单位。周期或频率决定了音调，频率越高（周期越小），音调越高。

3. 波形

波形又称音色，指的是声音的感觉特性。不同的物体振动都有不同的特性，不同的发音体由于其材料结构不同，发出的声音的音色也不同。

图 3-7 所示为 3 个物体指标在声音波形图上的含义。

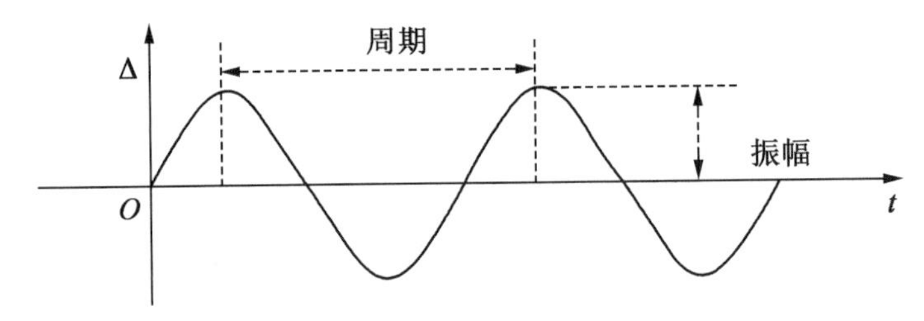

图 3-7 3 个物体指标在声音波形图上的含义

声音按照频率可分为 3 类：频率在 20 Hz~20 kHz 范围内的声音是可以被人耳识别的，称为音频。频率低于 20 Hz 的声音称为次声，而频率高于 20 Hz 的声音称为超音频（或超声）。振幅和频率不变的声音称为纯音，而包含了至少两个频率成分的声音则称为复音。在自然界中，语音、乐音等大多数都是复音，纯音一般都是由专用的电子设备产生的。在复音中,最低频率称为基频,其他频率称为谐音。基频是决定声音音调的基本因素,基频和谐音组合后即可形成不同音质和音色的声音。表 3-3 中给出了部分常见声源的频率范围。

表 3-3　部分常见声源的频率范围

声源类型	频率/Hz
男生	100~9 000
女生	150~10 000
电话声音	200~3 400
电台调幅广播(AM)	50~7 000
电台调频广播(FM)	20~15 000
高级音响设备声音	20~20 000
宽带音响设备声音	10~40 000

3.3.2　声音数字化与编码

声音信号是一种随时间连续变化的模拟信号,不能由计算机直接处理。因此,必须对连续的模拟信号进行一定的变化和处理,转换成二进制数据后,才能在计算机中进行进一步的加工处理。转换后的音频信号称为数字音频信号。模数转换与数模转换过程(1)如图 3-8 所示。

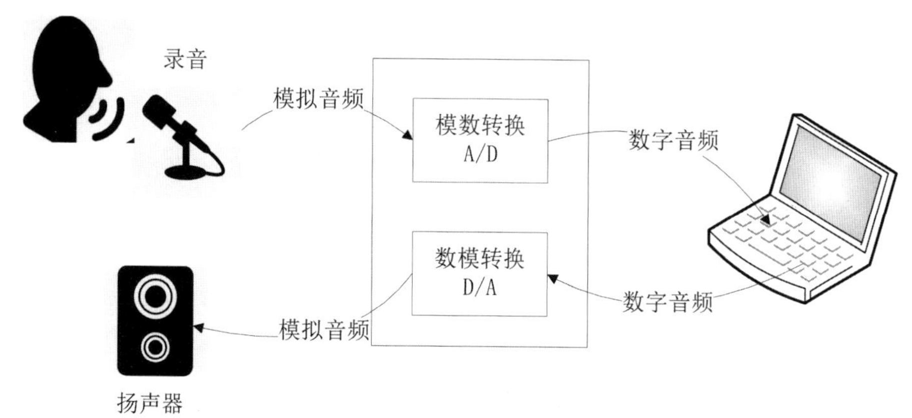

图 3-8　模数转换与数模转换过程(1)

将模拟声音信号转换成数字信号的过程称为声音的数字化,是通过对模拟声音信号进行采样、量化和编码来实现的,声音的数字化过程如图 3-9 所示。

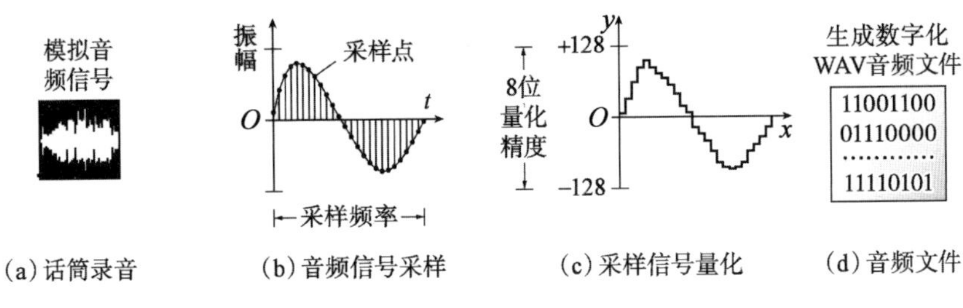

图 3-9 声音的数字化过程

1. 采样

所谓采样,就是每隔一个时间间隔在模拟信号的波形上取一个幅度值,这样就得到了一个时间段内的有限个幅值,把时间上的连续信号变成了时间上的离散信号。这里的时间间隔就称为采样周期 t,其倒数为采样频率 $f=1/t$。

2. 量化

所谓量化就是把采样得到的声音信号幅度值转换为数字值。采样只在时间坐标上把声音信号进行了离散化,但是每一个幅度值的大小理论上仍为连续值,因此需要把声音信号在幅度值上进行离散化,即用有限个幅值来表示实际采样的幅值,这个过程就叫量化。量化位数是指用来表示采样数据的二进制位数。例如,8 位量化级表示可以用 256(0~255)个不同的量化值来表示采样点的幅值。量化时,每个采样点的幅值被近似到最接近的整数。

3. 编码

所谓编码就是将量化后的幅值用二进制表示,这是声音数字化的最后步骤。

3.3.3 技术指标

衡量数字音频的主要技术指标有采样频率、量化位数和声道数。

1. 采样频率

采样频率即单位时间内采样的次数,单位为赫兹(Hz)。一般来讲,采样频率越高,即采样的时间间隔越短,计算机得到的声音样本数据就越多,则经过数字化的声音波形就越接近原始波形,对原始声音的表示就越精确、失真就越小,当然,所需的存储容量就越大。采样常采用的频率为 8 kHz、11.025 kHz、22.05 kHz、44.1 kHz。

在声音数字化的过程中,当采样频率大于模拟信号中最高频率的 2 倍时,就能够由采样信号还原成原来的声音,这就是著名的奈奎斯特采样定理。如果采样频率过低,则无法还原原来的声音,其原理如图 3-10 所示。

2. 量化位数

量化位数决定了模拟信号数字化后的动态范围。一般的量化位数为 8 位、12 位、16 位。量化位数越高,声音还原的层次就越丰富,音质就越好,但是数据量也就越大。量化位数为 4 位的量化结果如图 3-11 所示。

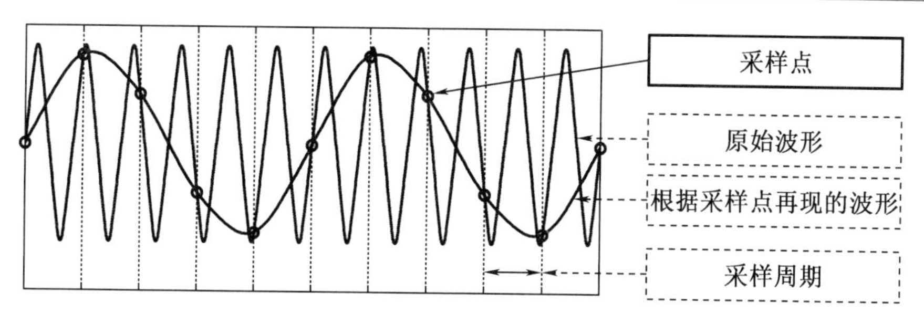

图 3-10　采样频率过低则无法还原声音

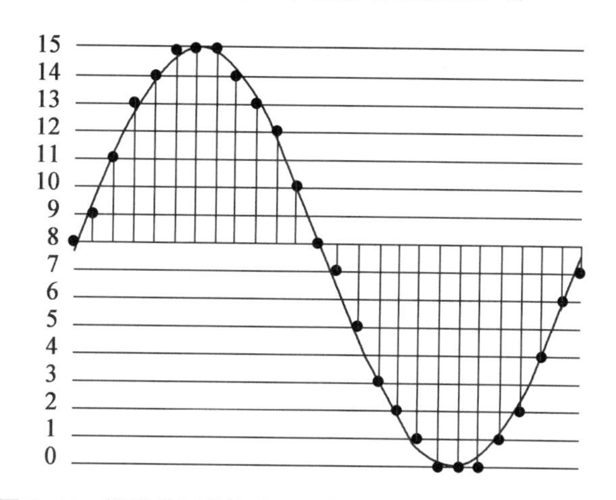

图 3-11　模拟信号转换为 4 位数字信号的采样和量化结果

量化会引入失真,并且量化失真是一种不可逆的失真,这就是通常所说的量化噪声。

3. 声道数

声道数是指所使用的声音通道的个数,它表明声音记录只产生一个波形(单声道),或是两个波形(立体声或双声道),或者是两个以上波形(环绕立体声)。

表 3-4 中给出了不同质量的声音的性能指标。其中我们常用的 CD 音质,其采样频率为 44.1 kHz,量化位数为 16 位,立体声。

表 3-4　不同质量的声音的性能指标

质量	采样频/kHz	量化位数/bit	声道	数据率/($kb \cdot s^{-1}$)	频率范围/Hz
电话	8	8	单声道	64.0	200~3 400
AM	11.025	8	单声道	88.2	50~7 000
FM	22.050	16	立体声	706	20~15 000
CD	44.1	16	立体声	1 411.2	20~20 000
DAT	48	16	立体声	1 536.0	20~20 000

通过上述对影响数字音频质量的技术指标的分析,可以得出声音数字化后数据量的

计算公式：

数据量(字节)=(采样频率×量化位数×声道数×持续时间(s))/8

例如：计算3分30秒的CD音质立体声歌曲所需的存储空间。已知：CD音质的采样频率为44.1 kHz，采样量化位数为16位，双声道，3分30秒为210秒。

根据公式可知：该长度的CD所需存储空间为

$$44.1\times1\ 000\times16\times2\times210/8=37\ 044\ 000\text{B}\approx36.2\ \text{MB}$$

3.3.4 常见文件格式

声音信号数字化后，需要以各种形式在存储器上存储，常见的数字音频文件格式有下面几种。

1. CD文件

CD文件扩展名为.cda。CD格式的是音质比较高的音频格式，在大多数播放软件的“打开文件类型”中，都可以看到*.cda格式。标准CD格式使用的是44.1 kHz的采样频率、16位量化位数、双声道。

2. WAVE文件

WAVE文件扩展名为.wav(波形文件)。WAVE是微软公司开发的一种声音文件格式，用于保存Windows系统的音频信息资源，被Windows系统及其应用程序所支持。WAVE格式支持多种量化位数、采样频率和声道，是个人多媒体计算机上最为流行的声音文件格式，但是WAVE文件通常占用很大的磁盘空间。其特点是：声音层次丰富、还原性好、表现力强。

3. MP3文件

MP3文件扩展名为.MP3。目前网络上的音乐格式以MP3最为常见。MP3使用MPEG音频编码，此编码具有很高的压缩率，比如1 min CD音质的音乐，未经压缩需要10 MB存储空间，而经过MP3压缩编码后只需要1 MB左右存储空间。虽然它是一种有损压缩，但是它的最大优势是以极小的声音失真换来了较高的压缩比。

4. WMA文件

WMA文件扩展名为.wma，是微软公司开发的新一代网上流式数字音/视频技术。WMA文件可以保证在只有MP3文件一半大小的前提下，保持相同的音质。

5. RealAudio文件

RealAudio文件扩展名为.RA/.RM/.RAM。RealAudio文件是RealNetWorks公司开发的一种新型流式音频文件格式，主要用于在低速率的广域网上实时传输音频信息。

6. MIDI文件

MIDI文件扩展名为.MID。MIDI文件是国际MIDI协会开发的乐器数字接口文件，是一种计算机数字音乐接口生成的数字描述音频文件。该格式文件本身并不记载声音的波形数据，只包含生成某种声音的指令。MIDI文件主要用于电脑声音的重放和处理，其特点是数据量小。

7. APE 文件

APE 文件扩展名为. ape。APE 是目前流行的数字音乐文件格式之一,采用先进的无损压缩技术,在不降低音质的前提下,大小只有传统无损格式 WAVE 文件的一半。

3.4　图像和视频的数字化

静态图像、视频、动态图像和动画等都是视觉数据类型,而视觉是人类感知外部世界的重要途径,所以视觉信息处理技术是多媒体应用的一个核心技术。

3.4.1　基本知识

颜色是人的视觉系统对可见光的感知结果。在物理上,可见光是一个狭窄频段内(波长为 380~780 nm)的电磁辐射。可见光波段中的每一频率对应一种单独的光谱颜色,在低频率端是红色(波长为 760 nm),在高频率端是紫色(波长为 380 nm)。从低频到高频的光谱颜色变化分别是红、橙、黄、绿、青、蓝和紫,见表 3-5。

表 3-5　可见光波长范围表

光色	波长 λ/nm	代表波长/nm
红(red)	780~630	700
橙(orange)	630~600	620
黄(yellow)	600~570	580
绿(green)	570~500	550
青(cyan)	500~470	500
蓝(blue)	470~420	470
紫(violet)	420~380	420

1. 颜色三要素

颜色含有极其丰富的内容,但归纳起来,它有三要素:亮度、色调和饱和度。我们看到的任一种彩色都是这 3 个要素的综合效果。

(1)亮度是光作用于人眼所引起视觉的明暗度的感觉,是人眼对光强度的感受。

(2)色调是由于某种波长的颜色光使观察者产生的颜色感觉,每个波长代表不同的色调。它反映颜色的种类,决定颜色的基本特性,例如,红色、蓝色等都是指色调。

(3)饱和度是颜色强度或纯度,表示色调中灰色成分所占的比例。对于同一色调的彩色光,饱和度越深颜色越鲜明或者越纯。例如,红色和粉红色,虽然这两种颜色有相同的主波长,但粉色是混合了更多的白色在里面,因此显得不太饱和。饱和度还与亮度有关,因为若在饱和的彩色光中添加白光的成分,这增加了光能,因而变得更亮了,但它的饱和度却降低了。

通常把色调、饱和度统称为色度，亮度表示某彩色光的明亮程度，而色度表示颜色的类别与深浅程度。

2. 颜色模型

颜色模型是对颜色量化方法的描述。在不同领域经常会使用不同的颜色模型，比如计算机显示采用 RGB 颜色模型，打印机一般使用 CMY 颜色模型，电视信号传输时采用 YUV 颜色模型。下面简单介绍计算机中常用的颜色模型。

(1) RGB 颜色模型。

基于三刺激理论，人类的眼睛通过光对视网膜的锥状细胞中的 3 种视色素的刺激来感受颜色，这 3 种色素分别对红、绿、蓝色的光最敏感。这种视觉理论是使用三基色——红(red)、绿(green)和蓝(blue)在视频监视器(电视机、显示器)上显示彩色的基础，称为 RGB 颜色模型。

我们可以使用由 R、G、B 坐标轴定义的单位立方体来描述这个模型，如图 3-12 所示。坐标原点(0,0,0)代表黑色，坐标点(1,1,1)表示白色。

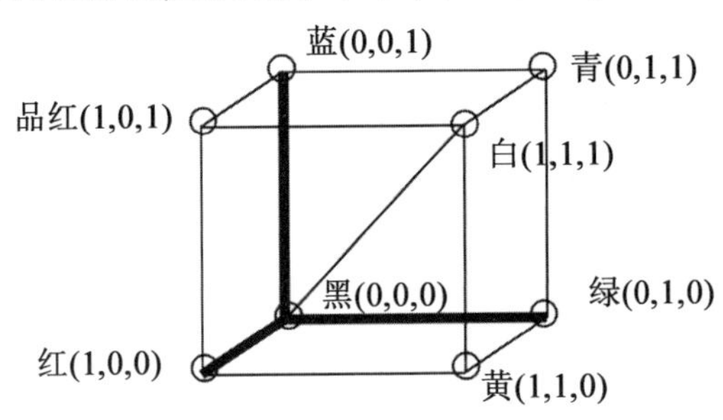

图 3-12 RGB 颜色立方体

RGB 颜色模型是加色模型，任何一种颜色都可以通过用红、绿、蓝 3 种基色按照不同的比例混合得到：

$$C = rR + gG + bB$$

其中混合比例 r、g、b 在 0~1.0 的范围内赋值。例如品红是通过将红色和蓝色相加生成即(1,0,1)。

(2) CMY 颜色模型。

CMY 颜色模型使用青色(cyan)、品红(magenta)和黄色(yellow)作为三基色，一般是打印机、绘图仪之类的硬拷贝设备使用的颜色模型。不同于 RGB 颜色模型的加色处理，打印机、绘图仪之类的设备往往通过往纸上涂颜料来生成彩色图片，我们通过反射光而看到颜色，这是一种减色处理，如图 3-13 所示。

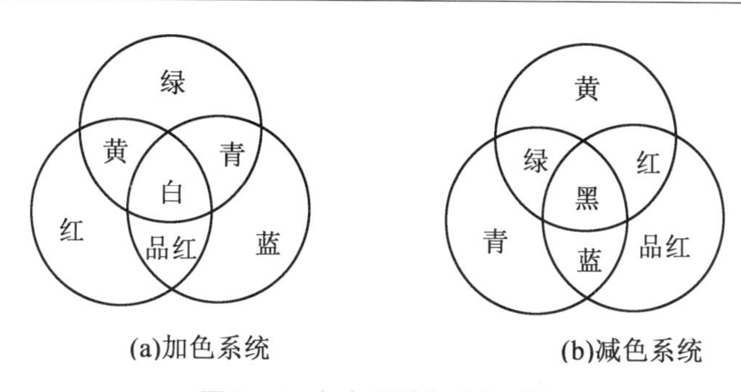

(a)加色系统 (b)减色系统

图 3-13 加色系统和减色系统

青色可由绿色和蓝色相加得到,因此,当白色光从青色墨水中反射出来时,红色被墨水吸收了。同样,品红墨水减掉白色光中的绿色成分,而黄色墨水减掉光中的蓝色成分。

在实际使用中,因为青色、品红和黄色墨水的混合通常生成深灰色而不是黑色,所以将黑色墨水单独包含在其中,CMY 颜色模型也称为 CMYK 颜色模型,其中 K 是黑色参数。

(3)HSL 颜色模型。

另一个基于直观颜色参数的模型是 HSL 颜色模型。HSL 颜色模型用 H、S、L 3 个参数描述颜色特性,其中 H 定义颜色的波长,称为色调;S 表示颜色的深浅程度,称为饱和度;L 表示强度或亮度。图 3-14 为计算机中通过 HSL 颜色模式设置颜色的对话框。

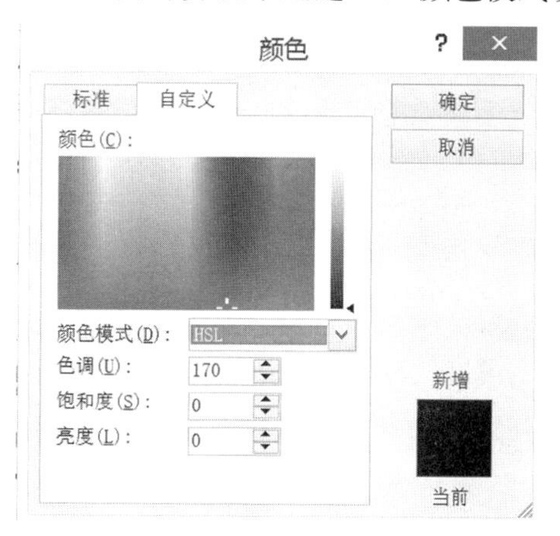

图 3-14 计算机中的 HSL 颜色模式

(4)Lab 颜色模型。

Lab 颜色模式是一种与设备无关的颜色模型,也是一种基于生理特征的颜色模型。Lab 颜色模型是所有模式中色彩范围最广的一种模型,在进行 RGB 与 CMYK 模式的转换时,系统内部会先转换成 Lab 模型,再转换成 CMYK 颜色模型。Lab 颜色模型由 3 个要素组成,一个要素是亮度(L),a 和 b 是两个颜色通道。a 包括的颜色是从深绿色(低亮度值)到灰色(中亮度值)再到亮粉色(高亮度值),b 是从蓝色(低亮度值)到灰色(中亮度值)再到黄色(高亮度值),其中 a 和 b 的取值范围都是-127~128。图 3-15 为计算机中通过 Lab 颜色模型设置颜色的对话框。

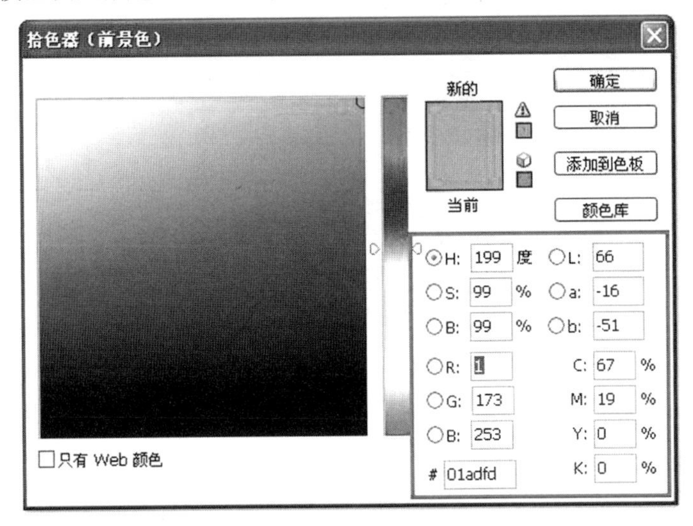

图 3-15 Lab 颜色模式

(5) YUV 颜色模型。

YUV 是被欧洲电视系统所采用的一种颜色编码方法,其中 Y 代表亮度(其实 Y 就是图像的灰度值),U 和 V 表示的则是色度,作用是描述影像色彩及饱和度,用于指定像素的颜色。YUV 颜色模型的亮度信号 Y 和色度信号 U、V 是分离的。如果只有 Y 信号分量而没有 U、V 信号分量,那么这样表示的图像就是黑白灰度图像。彩色电视采用 YUV 颜色模型正是为了用亮度信号 Y 解决彩色电视机与黑白电视机的相容问题,使黑白电视机也能接收彩色电视信号。

3.4.2 图像数字化与编码

图像是所有具有视觉效果的画面。图像是由二维平面上无穷多个点构成的,图像颜色的变化也可能会有无穷多个值。这种在二维空间中位置、颜色都是连续变化的图像叫作模拟图像。用计算机来处理图像首先就要把这种模拟图像转换为计算机能够表示和处理的数字图像,这个过程就是图像的数字化,主要包括对图像进行采样、量化和编码过程。

1. 采样

对图像在水平和垂直方向上等间距地分割成矩形网状结构,所形成的微小方格称为像素点。通过采样,就将二维空间上连续的灰度或者色彩信息转化为一系列有限的离散数值。被分割的图像,如果水平方向有 M 个间隔,垂直方向有 N 个间隔,图像就被采样为 $M\times N$ 个像素点构成的集合,$M\times N$ 即为图像分辨率。如图 3-16 所示,一幅 64×48 分辨率的图像,表示这幅图像由 64×48 = 3 072 个像素点组成。

图 3-16　图片采样图

2. 量化

采样后的每个像素的颜色值仍然是连续的,因此需要对颜色进行离散化处理,这个过程叫作量化。做法是将图像采样后的灰度或者颜色样本值划分为有限多个区域,把落入某区域内的所有样本用同一值表示,这样就可以用有限的离散数值来表示无限的连续模拟量,从而实现离散化。例如,如果以 4 位来存储一个像素点的颜色值,就表示图像只能有 $2^4=16$ 种颜色。

3. 编码

将量化后的每个像素的颜色值用不同的二进制编码表示。于是就得到了 $M\times N$ 的数值矩阵,把这些编码数据一行一行地存放到文件中,就构成了数字图像文件的数据部分。图 3-17 显示了一个黑白两色构成的简单图像对应的颜色矩阵。

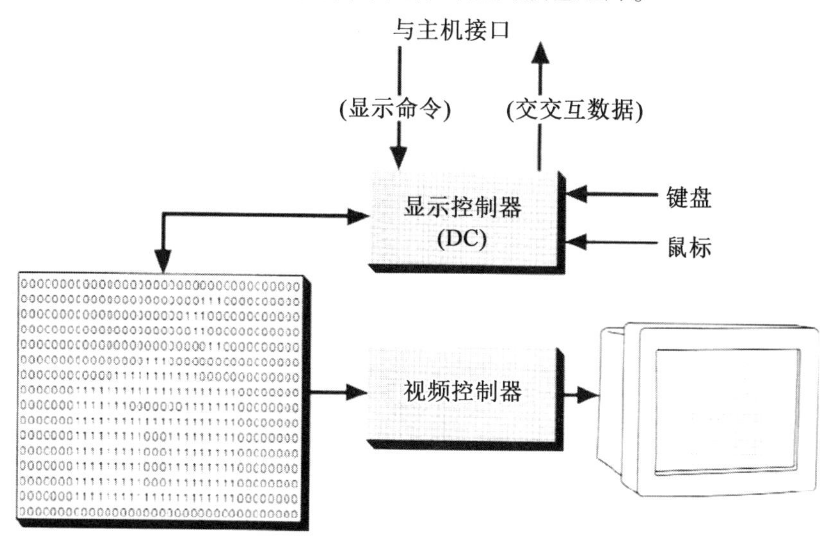

图 3-17　图像对应的颜色矩阵

3.4.3 技术指标

1. 图像分辨率

采样过程决定了图像的分辨率。例如图像的分辨率为 512×512，表示组成该图像的像素每行有 512 个，共有 512 行，它的像素总数为 512×512＝262 144 个。对于同样大小的一幅原图，如果数字化时图像分辨率高，则组成该图的像素点数目就越多，图像质量就越好，显示效果如图 3-18 所示。

图 3-18 分辨率与图像质量

我们经常接触到的另外两个分辨率是屏幕分辨率和扫描分辨率。屏幕分辨率是指一个显示屏幕上能够显示的像素数量，通常用横向和纵向的像素数量相乘来表示，比如，屏幕分辨率为 1 024×768。如果一个图像的图像分辨率为 1 024×1 024，那么将它显示在屏幕分辨率为 1 024×1 024 的显示器上，图像就是满屏显示。如果图像分辨率大于屏幕分辨率，则图像只能显示出局部。图像分辨率是图像的固有属性，屏幕分辨率体现显示设备的显示能力，它与显示器的硬件参数有关。

扫描分辨率指的扫描仪在扫描图像时每英寸（1 英寸＝25. 4 mm）所包含的像素点数。单位是 dpi，dpi 值越大，扫描的效果也就越好。如某款产品的分辨率标识为 600×1 200 dpi，就表示它可以将扫描对象每平方英寸的内容表示成水平方向 600 点、垂直方向 1 200 点，两者相乘共 720 000 个点。

2. 像素深度

像素深度是指记录每一个像素点颜色值所使用的二进制位数。像素深度决定了彩色图像中出现的最多颜色数，像素深度越大，则数字图像中可以表示的颜色越多。

在 RGB 颜色模式中，如果分别用 8 位来表示三基色分量的强度，则图像的像素深度为 24 位，图像可容纳 $2^{24}=16\ 777\ 216$ 种颜色。这样得到的颜色可以反映原图的真实颜色，所以称为真彩色。

如果图像的亮度信息有多个中间级别，但是不包括彩色信息，这样的图像称为灰度图像。例如，把由黑-灰-白连续变化的灰度值量化为 256 个灰度值，即每个像素点的灰度值用一个字节来表示，称为 256 级（8 位）灰度。图像也可以有 16 级、65 536 级（16 位）灰度。

在不进行压缩的情况下，一个图像的数据量可以通过下面的公式计算：

图像数据量(字节)=(图像的总像素×像素深度)/8

例如:一幅分辨率为 640×480 的真彩色图像,其数据量大小为

640×480×24/8=900 KB

图像分辨率越高、像素深度越大,则数字化后的图像效果越逼真,图像的数据量也越大。由于图像数据量很大,所以数据的压缩就成为图像处理的重要内容之一。

3.4.4　常见文件格式

数字图像在计算机中有多种存储格式,常用的有 BMP、JPEG、GIF、PNG、TIFF 等。

1. BMP 格式

BMP 文件扩展名为. bmp。BMP 是 Windows 操作系统的标准图像文件格式,得到多种 Windows 应用程序的支持。其特点是:包含的图像信息丰富,不进行压缩,文件占用的存储空间较大。

2. JPEG 格式

JPEG 文件扩展名为. jpg。JPEG 既是一种文件格式,又是一种压缩技术。JPEG 应用广泛,大多数图像处理软件均支持此格式。目前各类浏览器也都支持 JPEG 格式,其文件尺寸较小,下载速度快,使 Web 网页可以在较短的时间下载大量精美的图像。

3. GIF 格式

GIF 文件扩展名为. gif。GIF 文件是网页上常使用的图像文件格式。其特点是:压缩比高,存储空间占用较小,下载速度快,可以存储简单的动画。网络上的大量彩色动画多采用此格式。

4. PNG 格式

PNG 文件扩展名为. png。PNG 格式用来存储彩色图像时,其颜色深度可达 48 位,存储灰度图像时可达 16 位。PNG 格式具有很高的显示速度,是一种新兴的网络图像格式。PNG 格式的缺点是不支持动画。

5. TIFF 格式

TIFF 文件扩展名为. tif。TIFF 格式被广泛应用于图像扫描、打印、传真以及桌面出版等领域,是一种主流的图像存储和交换格式。TIFF 格式的文件大小通常比 JPEG 或 PNG 等格式大,因为它采用不压缩或使用无损压缩来保存图像数据。因此它在需要高图像质量的场合非常有用,但在网络传输或需要减小文件大小时不太适用。

3.4.5　视频数字化

人眼在观察景物时,当看到的影像消失后,人眼仍能够继续保留其影像 0.1~0.4 s 的时间,这种现象被称为视觉暂留现象。那么将一幅幅独立的图像按照一定的速率连续播放(一般速度为 25~30 幅/s),在眼前就形成了连续运动的画面,这就是动态图像或运动图像,其中每一幅图像称为一帧。

动态图像序列根据每一帧图像的生成形式,又分为不同的种类。当每一帧图像都是

通过摄像机等设备实时捕捉的自然景物时,就称其为动态影像视频,简称视频。如果每一帧图像都是通过人工或者计算机生成时,就称其为动画。

视频是运动图像与连续的音频信息在时间轴上同步运动的混合媒体。音频信息的数字化过程在3.3节中已详细介绍,本节所述的视频数字化仅指运动图像的数字化。

1. 模拟视频与数字视频

模拟视频是指每一帧图像是实时获取的自然景物的真实图像信号,并以连续的模拟信号方式存储、处理和传输。传统的视频信号都是以模拟方式进行存储和处理的。模拟视频信号具有成本低和还原性好等优点,视频画面往往会给人一种身临其境的感觉。但它的最大缺点是不论被记录的图像信号有多好,经过长时间的存放之后,信号和画面的质量将大大地降低;或者经过多次复制之后,画面的失真就会很明显。与数字视频相比,模拟视频不便于编辑、检索和分类,且不适合网络传输。

常用的模拟视频标准有3个:NTSC、PAL和SECAM,不同标准之间的主要区别在于刷新速度、颜色编码系统和传送频率等有所差异。我国和大多数欧洲国家使用PAL标准,美国和日本使用NTSC标准,而法国等一些国家使用SECAM标准。

数字视频信号是基于数字技术记录的视频信息,以离散的数字信号方式进行表示、存储、处理和传输。通过视频采集卡将模拟视频信号进行模/数转换,将转换后的数字信号采用数字压缩技术存入计算机存储器中就形成了数字视频。

2. 视频信息的数字化

高质量的原始素材是获得高质量视频产品的基础。视频信息的获取主要有两种方式:一种方式是利用数字摄像机拍摄实际景物,从而直接获得无失真的数字视频信号。另外一种是将模拟视频信号数字化,即对模拟视频信号进行采样、量化、编码,然后将数据存储起来。

要在多媒体计算机系统中处理视频信息,就必须对不同信号类型、不同标准格式的模拟信号进行数字化处理。同时由于模拟视频信号既是空间函数,又是时间函数,而且是采用隔行扫描的显示方式,所以视频信号的数字化过程远比静态图像的数字化过程复杂。

通常,视频数字化由复合数字化和分量数字化两种方法。复合数字化是指先用一个高速的模/数转换器对真彩色电视信号进行数字化,然后在数字域中分离亮度和色度,以获得YUV分量,最后再转换成RGB分量。分量数字化是指先把视频信号中的亮度和色度进行分离,得到YUV分量,然后用3个模/数转换器对3个分量分别进行数字化,最后再转换成RGB分量(此过程称为彩色空间转换)。分量数字化是采用较多的一种模拟视频数字化的方法。采用分量数字化的视频数字化过程如图3-19所示。

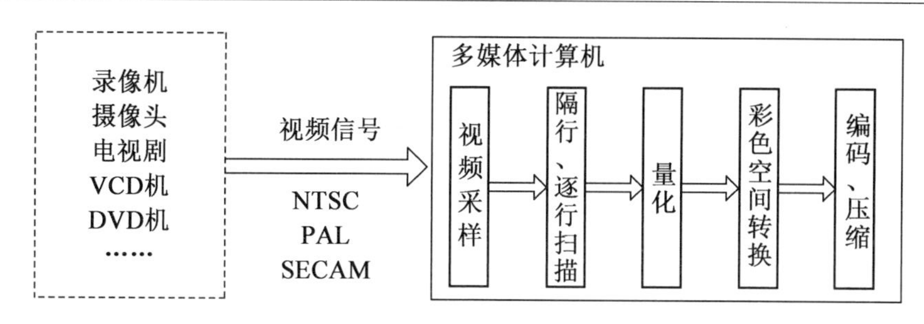

图 3-19　采用分量数字化的视频数字化过程

视频数字化过程就是将模拟信号经过采样、量化、编码后变成数字视频信号的过程。计算机上有一个用于处理视频信息的设备卡——视频卡，视频卡负责将模拟视频信号进行数字化或将数字信号转换为模拟信号。

3. 常见视频文件格式

常见的视频文件格式有 AVI、MPEG、WAV、RM、RMVB、MOV 等，视频文件的使用一般与标准有关。

(1) AVI 格式。

AVI 文件扩展名为. avi。AVI 格式是一种视频信息与同步音频信号结合在一起存储的多媒体文件格式。它以帧为单位存储动态视频，在每一帧中，都是先存储音频数据，再存储视频数据。整体看来，音频数据和视频数据相互交叉存储。AVI 格式的动态视频可以嵌入任何支持对象链接与嵌入的 Windows 应用程序中。

(2) MPEG 格式。

MPEG 文件扩展名为. mp4。它是采用 MPEG 方法进行压缩的运动视频图像文件格式，目前许多视频处理软件都支持此格式。

(3) WAV 格式。

WAV 文件扩展名为. wav。该格式是一种可以直接在网上实时观看视频节目的文件压缩格式。在同等视频质量下，WAV 格式的文件体积非常小。同样 2 h 的 HDTV 节目，MPEG-2 最多能压缩到 30 GB，而使用 WAV 格式，可以在画质丝毫不降低的前提下压缩到 15 GB 以下。

(4) RM/RMVB 格式。

RM/RMVB 文件扩展名为. rm/. rmvb。RM 格式的主要特点是用户使用 Realplayer 播放器可以在不下载音频/视频内容的条件下实现在线播放。RMVB 格式是由 RM 视频格式升级而来，改变了 RM 格式平均压缩采样的方式，对静止和动作场面少的画面场景采用较低的编码速率，而在出现快速运动的画面场景时采用较高的编码速率，所以 RMVB 格式可称为可变比特率的 RM 格式。

(5) MOV 格式。

MOV 文件扩展名为. mov。MOV 是 Apple 公司开发的一种用于保存音频和视频信息的视频文件格式，称为 QuickTime 视频格式。QuickTime 格式基本上成为电影制作行业的通用格式。QuickTime 可储存的内容相当丰富,除了视频、音频以外还可以支持图片、文字(文本字幕)等。

(6)MKV 格式。

MKV 文件扩展名为.mkv。MKV 格式是一种新的多媒体封装格式,这个格式可把多种不同编码的视频及 16 条或以上不同格式的音频和语言不同的字幕封装到一个 Matroska Media 文档内。它也是一种开放源代码的多媒体封装格式。MKV 格式同时还可以提供非常好的交互功能,比 MPEG 更方便、强大。

3.5 数据压缩技术

多媒体信息的特点之一就是数据量大,提高音频、图像或者视频质量,势必带来数据量的急剧增加,给存储和传输都造成极大的困难。数据压缩技术是解决上述问题的有效方法,能够在保证一定质量的同时,减少数据量。

3.5.1 数据压缩的主要指标

虽然从不同的角度可以把数据压缩方法分成不同的类别,但衡量不同压缩方法优劣的技术指标却是相同的,主要包括以下几个方面。

1.压缩比

压缩比是指压缩前后的数据量之比,它反映了使用某种压缩方法后,数据量减少的比例。就单一指标而言,压缩比越高越好。

2.恢复效果

恢复效果是指经解压缩对压缩数据处理后得到的数据与其表示的原信息的相似程度。解压缩数据的相似程度越高,则表明对应压缩算法的恢复效果越好。理论上,应该尽可能实现完全恢复压缩前的原始数据。

3.算法简单、速度快

算法简单、速度快主要指实现算法的复杂度。这里强调要在满足压缩功能要求的前提下,算法应该尽可能地简单,容易用硬件实现,处理速度快。

3.5.2 数据压缩的方法

数据压缩的目标是去除各种冗余。根据压缩后是否有信息损失,多媒体数据压缩技术可分为两种类型:一种是有损压缩,一种是无损压缩。数据压缩方法分类如图 3-20 所示。

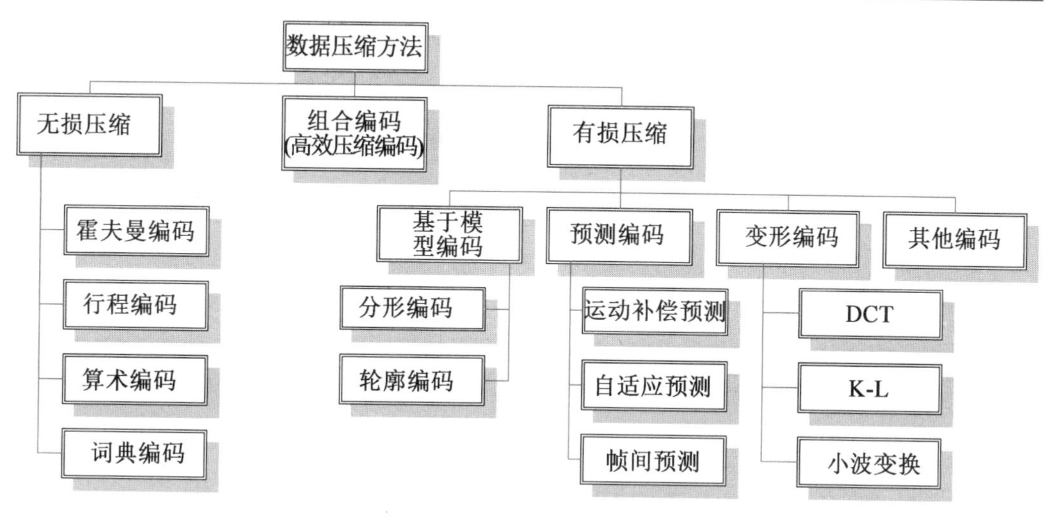

图 3-20　数据压缩方法分类

1. 无损压缩

无损压缩可以精确无误地从压缩数据中恢复出原始数据。无损压缩通常用于对信息还原要求比较高的情况。常用的无损压缩技术有霍夫曼编码、行程编码、算术编码和词典编码等。下面主要介绍比较直观的行程编码压缩方法。

行程编码又称为 RLE(run length encoding)编码,是通过统计信源符号中的重复个数,并以<重复个数><重复符号>格式来编码,适用于压缩包含大量重复信息的数据。比如,在很多图片中都具有许多颜色相同的图块,在这些图块中,有许多连续的像素具有相同的颜色值。在这种情况下,行程编码就不需要存储每一个像素的颜色值,而仅仅存储一个像素的颜色值及具有相同颜色的像素数目即可。在行程编码中,重复的数据符号个数称为行程长度。

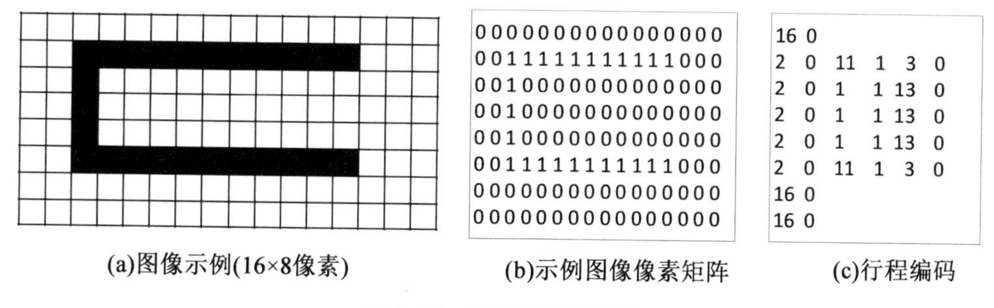

(a)图像示例(16×8像素)　(b)示例图像像素矩阵　(c)行程编码

图 3-21　行程编码示例图

在图 3-21 中,图 3-21(a)是一个分辨率为 16×8 的黑白图像,如果不进行编码压缩,而是直接存储(图 3-21(b)),则需要 16×8=128(bit)的存储量。如果采用行程编码进行压缩(图 3-21(c)),则只需要 36 bit 的存储量。

行程编码是一种直观、简单且非常经济的压缩方法,其压缩比主要取决于图像本身的特点。图像中相同颜色的图块越大,图块数目越小,获得的压缩比就越高。解码时按照与编码相同的规则进行,还原后的数据与压缩前数据完全相同,因此行程压缩是一种无损压缩技术。

2. 有损压缩

尽管人们总是期望无损压缩,但冗余度很少的信息对象用无损压缩技术并不能得到可接受的结果。有损压缩是以丢失部分信息为代价来换取高压缩比的技术,有损压缩是不可逆的,其损失的信息是不能再恢复的。如果丢失部分信息后造成的失真是可以容忍的,则压缩比增加是有效的。有损压缩适用于重构信号可以和原始信号不完全相同的场景,一般用于对图像、声音、动态视频等数据的压缩。比如,后文介绍的 JPEG 压缩标准,它对自然景物的灰度图像,一般可压缩几倍到十几倍,而对于自然景物的彩色图像,压缩比将达到几十倍甚至上百倍。

3.5.3 图像视频数据压缩标准

1. 静态图像压缩标准 JPEG

JPEG 是 joint photographic experts group 的缩写,即 ISO 和 IEC 联合图像专家组,负责静态图像压缩标准的制定,这个专家组开发的算法就被称为 JPEG 算法,并且已经成为通用的标准,即 JPEG 标准。JPEG 压缩是有损压缩,但损失的部分是人的视觉不容易察觉到的部分,它充分利用了人眼对计算机色彩中的高频信息部分不敏感的特点,大大减少了需要处理的数据信息。

JPEG 算法主要存储颜色变化,尤其是亮度变化,因为人眼对亮度变化要比对颜色变化更为敏感。只要压缩后重建的图像与原图像在亮度和颜色上相似,在人眼看来就是相同的图像。因此 JPEG 压缩原理是不重建原始画面,丢掉那些未被注意的颜色,生成与原始图像类似的图像。

随着多媒体应用领域的扩大,传统的 JPEG 压缩技术越来越显现出许多不足,无法满足人们对多媒体图像质量的更高要求。为了在保证图像质量的前提下进一步提高压缩比,1997 年 JPEG 又开始着手制定新的方案,该方案于 1999 年 11 月公布为国际标准,被命名为 JPEG 2000。与传统的 JPEG 相比,JPEG 2000 有如下特点。

(1)高压缩比。

JPEG 2000 的图像压缩比与传统的 JPEG 相比提高了 10%~30%,而且压缩后的图像更加细腻平滑。

(2)无损压缩。

JPEG 2000 同时支持有损压缩和无损压缩。

(3)渐进传输。

传统的 JPEG 标准下,网络上下载图像是按块传输的,只能一行一行地显示,而 JPEG 2000 格式的图像支持渐进传输,先传输图像的轮廓数据,然后再传输其他数据,这样可以不断提高图像质量,有助于快速浏览和选择大量图片。

2. 运动图像压缩标准 MPEG

MPEG(moving picture experts group,动态图像专家组)是 ISO 与 IEC 联合图像专家组于 1988 年成立的组织,专门针对运动图像和语音压缩制定国际标准。

MPEG 组织最初得到的授权是制定用于"活动图像"编码的各种标准,随后扩充为"伴随的音频"及其组合编码,后来针对不同的应用需求,解除了"用于数字存储媒体"的限制,成为制定"活动图像和音频编码"标准的组织。MPEG 组织制定的各个标准都有不同的目标和应用,已提出 MPEG-1、MPEG-2、MPEG-4、MPEG-7 和 MPEG-21 标准。

(1)数字声像压缩标准 MPEG-1。

MPEG-1 标准是 1991 年制定的,是数字存储运动图像及伴音压缩编码标准。MPEG-1 标准主要由视频、音频和系统这 3 个部分组成。系统部分说明了编码后的视频和音频的系统编码层,提供了专门数据码流的组合方式,描述了编码流的语法和语义规则。视频部分规定了视频数据的编码和解码。音频部分规定了音频数据的编码和解码。

MPEG-1 标准主要是针对 20 世纪 90 年代初期数据传输能力只有 1.4 Mb/s 的 CD-ROM 开发的。因此该标准主要用于在 CD 光盘上存储数字影视、在网络上传输数字视频以及存放 MP3 格式的数字音乐。

(2)通用视频图像压缩编码标准 MPEG-2。

MPEG-2 标准是 1994 年制定的,是对 MPEG-1 标准的进一步扩展和改进,主要是针对数字视频广播、高清晰度电视和数字视盘等制定的 4~9 Mb/s 运动图像及其伴音的编码标准。

MPEG-2 的目标与 MPEG-1 相同,仍然是提高压缩率,提高音频、视频质量。MPEG-2 相较 MPEG-1 增加了很多功能,如支持高分辨率的视频、多声道的环绕声、多种视频分辨率、隔行扫描以及最低为 4 Mb/s,最高为 100 Mb/s 的数据传输速率。

(3)低比特率音视频压缩编码标准 MPEG-4。

MPEG-4 标准在 1995 年 7 月开始研究,1998 年被 ISO/IEC 正式批准为国际标准。MPEG-4 是为了满足交互式多媒体应用而制定的通用的低比特率(64 Mb/s 以下)的音频/视频压缩编码标准,具有更高的压缩比、灵活性和扩展性。MPEG-4 标准主要应用于数字电视、实时媒体监控、低速率下的移动多媒体通信和网络会议等。

相对于 MPEG-1 标准、MPEG-2 标准,MPEG-4 标准已经不再是一个单纯的音视频编码解码标准,它将内容与交互性作为核心,更多的定义的是一种格式、一种框架,而不是具体的算法,这样人们就可以在系统中加入许多新的算法。

(4)多媒体内容描述接口 MPEG-7。

MPEG-7 标准并不是一个音视频压缩标准,而是一套多媒体数据的描述符和标准工具,用来描述多媒体内容及它们之间的关系,以解决多媒体数据的检索问题。MPEG-1、MPEG-2、MPEG-4 标准只是对多媒体信息内容本身的表示,而 MPEG-7 标准则是建立在这些标准基础之上,并可以独立于它们使用。MPEG-7 标准支持用户对那些感兴趣的图像、声音、视频及它们的集成信息做快速且高效的搜索。

(5)MPEG-21 标准。

MPEG-21 标准是 MPEG 专家组在 2000 年启动开发的多媒体框架,它是一些关键技术的集成,通过这种集成环境对全球数字媒体资源增强透明度和加强管理,实现内容描述、创建、发布、使用、识别、收费管理、产权保护、用户隐私权保护、终端和网络资源抽取、事件报告等功能,为未来多媒体的应用提供一个完整的平台。

表 3-6 为视频压缩标准的内容特征。

表 3-6 视频压缩标准的内容特征

标准名	特点	算法与描述	数据率	应用
MPEG-1	运动图像和伴音合成的单一数据流	帧内:DCT 帧间:预测法和运动补偿	1.5 Mb/s	VCD 和 MP3
MPEG-2	单个或多个数据流,框架与结构更加灵活	同上	3~15 Mb/s	DVD 和数字电视
MPEG-4	基于对象的音/视频编码	增加 VOP 解码	5 kb/s~5 Mb/s	多种行业
MPEG-7	多媒体内容描述	多媒体信息描述规范	不涉及	基于内容检索
MPEG-21	多媒体内容管理	多媒体内容管理规范	不涉及	网络多媒体

思考题

1. 试说出原码、反码以及补码的转换规则,并且求出下列十进制数的原码、反码、补码。假设字长是 8 位。

127　　-127　　-76　-64　-128　　92

2. 使用补码表示有符号整数,求下列十进制表达式运算结果,如果有溢出请说明依据。假设字长是 8 位。

96-43　-107-48　87-123　55+76　76+102

3. 请写出二进制数-11.011 和 0.000101 的浮点数表示。

4. 简述声音信号的数字化过程,以及影响数字音频质量的几个主要因素。

5. 选择采样频率为 44.1 Hz、量化位数为 16 位的录音参数,在不采用压缩技术的情况下,计算录制 3 min 的立体声需要多少 MB 存储空间。

6. 选择采样频率为 22.05 Hz、量化位数为 8 位的录音参数,在不采用压缩技术的情况下,计算录制 1 min 的立体声需要多少 MB 存储空间。

7. 什么是真彩色?

8. 简述图像数字化过程的基本步骤。

9. 一幅 640×480 分辨率的真彩色的图片,未经压缩的数据量为多少 MB?

10. 一帧 640×480 分辨率的真彩色图像,按每秒 30 帧计算,在数据不压缩的情况下,播放 1 min 的视频信息需要占据多少存储空间? 一张容量为 650 MB 的光盘,最多能播放多长时间?

11. 举例说明数据压缩的必要性。

12. 设有一段信息为 AAAAAACTEEEEEHHHHHHHSSSSSSSS,使用行程编码对其进行数据压缩,计算其压缩比。(假设行程长度用 1 个字节存储)

第4章　信息获取

在全球信息化的时代背景下，具备较高的信息素养水平，才能够在学习和工作中合理、有效地评价和利用信息，养成批判性和创造性思维习惯。信息素养是在信息社会中，个体在生活、学习和工作中所需要具备的信息意识、信息知识、信息技能和信息伦理等多个方面的素质，是意识、知识和能力的有机统一。其中，信息意识是个人信息素养的先导，信息知识是基础，信息技能是核心，在个人信息素养培养中具有重要地位和作用。本章从认识信息意识出发，介绍多种信息技能，包括信息检索方法与信息下载方法，引申讨论信息获取中产生的信息伦理问题，帮助大家储备信息技能，提升信息素养。

4.1　信息意识

信息意识是指个人对各种信息的自觉心理反应，包括对信息的感受力、注意力以及对信息价值的判断力等。良好的信息意识是具有较高信息素养的前提。信息意识与信息技能相辅相成、共同发展。信息意识的强弱在某种程度上决定了获取、判断和利用信息能力的自觉程度。一个对信息的重要作用具有深刻认识的人，一般能对自身的信息需求有明确的认识，能够确定何时需要信息，并具备检索、获取、评价和有效使用所需信息的能力。

无论何时何地，我们每个人都需要始终保持对信息的高度敏感，不断加强信息意识培育。信息意识的培育是终身学习的过程，它与信息能力相辅相成，共同发展。

4.2　信息检索

信息检索(information retrieval)是用户进行信息查询和获取的主要方式，是查找信息的方法和手段。狭义的信息检索仅指信息查询(information search)，即用户根据需要，采用一定的方法，借助检索工具，从信息源中找出所需要信息的查找过程。广义的信息检索是信息按一定的方式进行加工、整理、组织并存储起来，再根据用户特定的需要将相关信息准确地查找出来的过程。本书中讨论的是狭义的信息检索，信息检索的基本步骤如图4-1所示，主要包括以下几步。

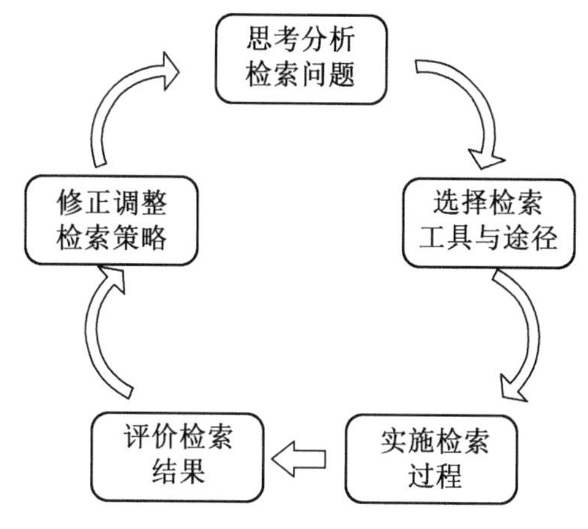

图4-1 信息检索的基本步骤

1. 思考分析检索问题

首先明确检索目的与要求,确定所需信息的用途、类型、数量和时间等。问题分析得越全面、深入,越能够迅速、便捷地获取想要的检索结果。比如,在查询歌曲时,如果希望听特定歌手的歌曲,那么会选择歌手名作为查询的关键词。如果希望听某一类型歌曲,如军歌,就将“军歌”作为关键词。

2. 选择检索工具与途径

检索工具种类繁多,可分为综合性和专业性检索工具。最典型的综合性检索工具是通用检索引擎,例如百度、必应等。专业性检索工具则是特定领域的网站、机构、论坛等,如央视频、网易云音乐等。

3. 实施检索过程

分析检索问题和选择工具后,就可以开始检索了。利用检索工具,在检索框中输入关键词,根据实际情况添加筛选条件,从而获取信息。

4. 评价检索结果

在进行信息检索后,需要对信息检索的效果和过程进行评价,分析是否达到目的、检索结果是否准确,否则就需要调整检索策略,以满足信息检索的需求。检索效果一般可以从是否查全、查准、漏检、误检4个方面衡量。

5. 修正调整检索策略

在实际的检索过程中,往往会出现信息过多或过少,或没有找到所需信息的情况。这时需要调整检索策略,完善检索结果。例如,利用高级检索语法排除无关信息。

4.2.1 综合性资源搜索

网络信息检索工具主要包括搜索引擎、网络正式出版物系统、开放获取网络资源、学科信息门户、问答式网络咨询工具等。最早的现代意义上的搜索引擎是1994年7月由迈克尔·莫尔丁(Michael Mauldin)创建的Lycos。搜索引擎在一定程度上解决了网络信息的无序化问题。目前,搜索引擎功能逐渐强大,对自然语言识别能力大大提升,使得搜索引擎已经成为大众最常用的信息检索工具。综合型搜索引擎是相对于垂直搜索引擎而定义的,它就是我们传统意义上的搜索引擎,用户可以通过在搜索栏中输入检索词来检索几乎任何类型、任何主题的资源。日常常用的综合搜索引擎有百度、必应、搜狗等。

4.2.2 专门资源搜索

由于综合搜索引擎收录的资源范围广,"死"链接较多,易出现检索相关度较低情况,人们提出了垂直搜索引擎。垂直搜索引擎也被称为专业或专用搜索引擎,是专为查询某一学科或主题的信息而产生的查询工具,专门收录某一方面、某一行业或某一主题的信息,在解决某些实际查询问题的时候比综合搜索引擎更有效。利用综合型搜索引擎和垂直搜索引擎搜索结果的比较见表 4-1。

表 4-1 利用综合型搜索引擎和垂直搜索引擎搜索结果的比较

—	搜索结果的形式	搜索结果的排列方式	搜索结果的查全率	搜索结果的查准率	搜索结果的描述内容
综合搜索引擎	网页的简单描述和链接	系统设定的相关度排序算法	数量庞大	相对较低	标题、描述、url 链接
垂直搜索引擎	结构化数据	可由用户设定	数量有限	相对较高	密切相关的全部信息

1. 学术搜索

大家可以利用图书馆网站或中国知网等进行学术搜索,检索相关文献信息。可查找的文献类型包括专著、教材、论文和报告等,论文包括学位论文、会议论文、期刊论文等。在检索前,我们需要明确是否确定要找的是某一部著作、某篇文章或论文,是否掌握一定的信息,如题名、作者、报纸或期刊名称、会议名称、学位论文授予单位等,这些信息可以作为检索关键词或条件进行检索。在尚不明确以上信息,只是想查找某个领域或专题的著作、文章或论文时,可通过相关专题的主题词或关键词进行查找。

随着科技发展,传统的学术传播方式已无法满足需求,这催生出了更为方便快速的科学交流形式,如采取以预印本形式发表著作或共享数据及公开同行评审等,共享与交流正成为推动科学进步的重要力量。arXiv 网站正是一种收录预印本著作的网站。arXiv 网站(http://arXiv.org)由物理学家 Ginsparg 建立于 1991 年,收录领域已扩大至数学、物理学、计算机、非线性科学、定量生物学、定量财务及统计学等领域。

2. 图片搜索

对于搜索图片的需求,我们可以利用百度等综合搜索引擎进行搜索。如果希望查找已有图片的出处或者相似图片,可以使用百度图片的按图片搜索功能,搜索图片出处及相似图片,如图 4-2 所示。

图 4-2 百度识图搜索页及结果页

3. 音频搜索

搜索音频文件的途径多种多样,日常采用以下途径查找音乐。

(1)音乐类专业机构网站。

该类网站主要包括具有权威性的国家或地方各种音乐类专业组织网站,如中国音乐家协会官网等。

(2)商业类音乐网站。

该类网站提供音乐搜索、歌曲下载服务,如酷狗音乐等;此外,还可以通过录音、哼唱搜索对应的乐曲。

4. 视频搜索

对于视频资源的搜索,可以通过以下类型的视频网站实现。

(1)视频资源网站。

此类网站汇集了世界各地的创作者提供的动画视频资源,可以提供下载使用,如新片场素材(https://stock.xinpianchang.com/)等。

(2)影视网站。

该类网站通常提供丰富多样的视频或音频,包括各种影视剧、音乐、文化等视频或音频,如优酷网(https://youku.com/)、哔哩哔哩(https://www.bilibili.com/)等。

(3)慕课网站。

对于课程视频资源,可以通过慕课网站或影视网站,如中国大学 MOOC(https://www.icourse163.org/,图 4-3)、哔哩哔哩搜索相关课程进行学习。

图 4-3 慕课网页面

5. 网络百科

网络百科,如百度百科、维基百科,是了解陌生事物的有效渠道,其覆盖面广,采用众包编辑形式,因此更新比较及时。例如,我们可以通过百度百科检索“星火”,搜索结果如图 4-4 所示,可查看百度百科中词条的详细资料,包括定义、发展历程、主要功能等,还可通过词条统计查看更新时间和历史。

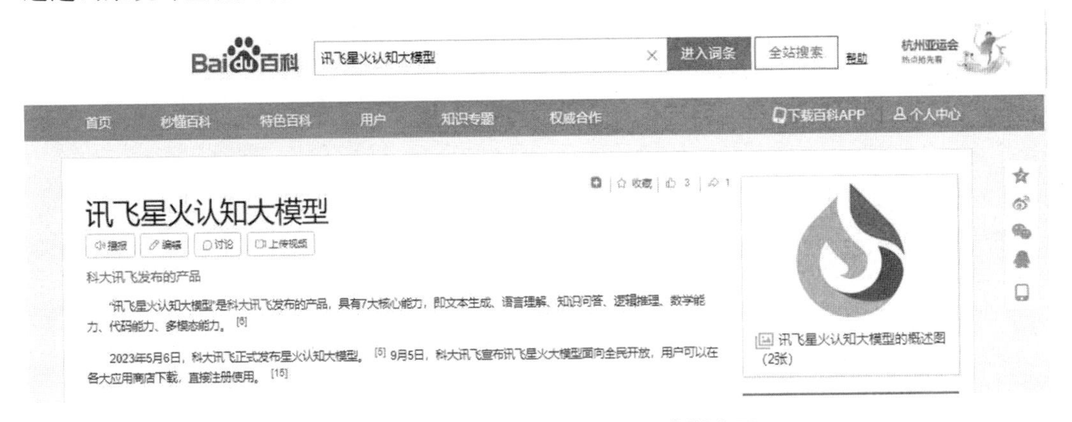

图 4-4 百度百科搜索结果页及历史版本页

6. 微信公众号

作为重要的信息传播平台,微信公众号逐渐成为我们获取信息的一个重要入口。在关注微信公众号之前,我们可以通过查看微信公众号的认证主体,判断是否是合法合规的公众号,确保信息来源的安全可靠。

4.2.3　搜索技巧

1. 检索词的设计

在实际检索过程中,检索需求所涉及的概念往往不止一个,同一概念之间又存在同义词等特殊情况,因此在检索词设计时需要能够概括要检索内容,检索词需要精心设计,以免出现漏检。

为了准确表达检索需求,在检索系统中可以采用布尔逻辑算符将不同的检索词连接起来,使表达简单概念的检索单元组合成能够表达特定复杂概念的检索式。

逻辑“与”(and),表示各检索词之间的交集,检索结果同时包含两个检索概念。

逻辑“或”(or),表示包含任一检索词。只要含有两个检索概念之一即满足检索条件。

逻辑“非”(not),表示只包含位于 not 算符之前的检索概念,排除紧随 not 之后的检索概念。

2. 检索点的妙用

检索点又称为检索途径,是我们检索信息时选择的角度。如图 4-5 所示,在知网中,我们输入“人民日报”,选择检索点“主题”或“文献来源”,搜索到的文献是不同的。文献检索中常用的检索点有“主题”“题名”“作者”“作者单位”等。

图 4-5　知网检索点示例

3. 二次检索

在搜索时,有时不能够一次就准确获得想要的信息。因此,可以使用二次检索功能,以百度为例,如图 4-6 所示,点击“搜索工具”按钮,可以选择限制“时间”“文件类型”“网址”进行检索。

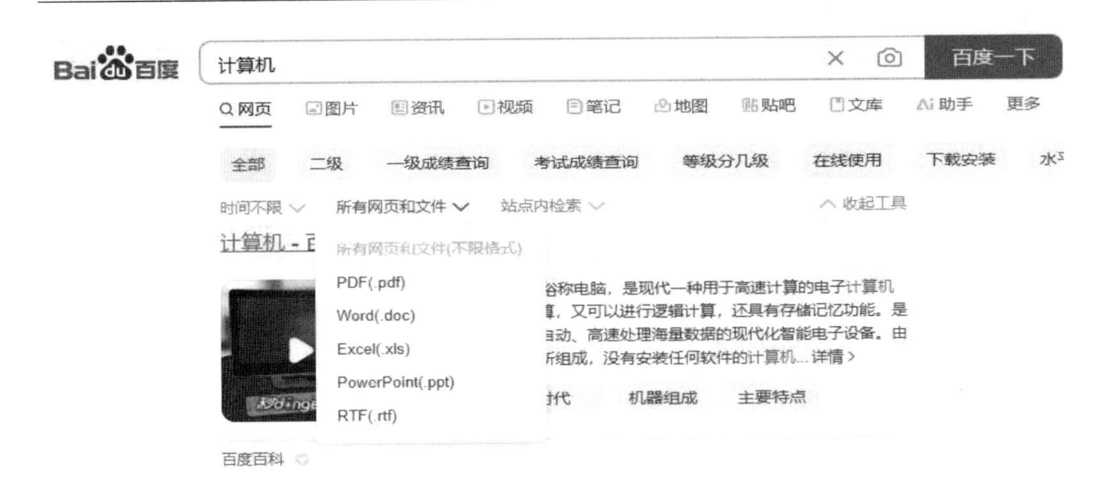

图 4-6　百度二次检索示例

4. 高级搜索语法

限制检索即限定字符检索，是指限定检索词在数据库记录中的一个或多个字段范围内查找的一种检索方法。这种方法能够控制检索结果的相关性，提高检索效率。表 4-2 提供了常用的高级搜索语法。

表 4-2　高级搜索语法

高级搜索语法	含义	用法
filetype	限定搜索范围在某种文件格式，对检索结果的文件类型进行限定，提高信息的查准率	检索词 filetype：文件格式（pdf/doc/xls/ppt）
site	把搜索范围限定在特定站点，对搜索结果的范围进行限定	检索词 site：域名
intitle	把搜索结果限定在检索结果的标题之内	intitle：检索词
inurl	把搜索范围限定于 url 链接	检索词 1 inurl：检索词 2
“”	限制检索词不被拆分	“检索词”
-	表示逻辑非的关系，在检索结果中获取检索词的补集	检索词 1-(检索词 2)
|	表示逻辑或的关系，可扩大检索结果的范围，提高查全率	检索词 1|检索词 2
空格、+或 &	表示逻辑与的关系，可缩小检索结果范围，提高查准率	检索词 1 检索词 2

以上高级搜索语法也可以使用高级搜索界面进行可视化编辑，由搜索引擎自动生成检索语句进行检索。

4.2.4 生成式 AI

在信息获取领域，生成式 AI 以其独特的优势正在逐步改变传统的信息检索方式。生成式 AI 不仅能够自动化处理和分析海量数据，还能通过深度学习、自然语言处理等技术，实现对用户需求的精准理解和高效响应。国内外也涌现出了大批优秀的生成式 AI，如 OpenAI 的 GPT 系列、百度文心一言、阿里巴巴的通义大模型等。这些技术巨头们不断推陈出新，引领着生成式 AI 的潮流。以下是一些具有代表性的国内生成式 AI 工具：

(1)百度的文心一言：https://yiyan.baidu.com/welcome。

(2)橙篇(百度)：https://cp.baidu.com/#/?ref=aihub.cn。

(3)阿里的通义千问：https://qianwen.aliyun.com/chat。

(4)讯飞的星火大模型：https://xinghuo.xfyun.cn/desk。

(5)WPS AI：https://ai.wps.cn/。

(6)抖音的豆包 AI：https://www.doubao.com/chat/。

(7)kimi chat：https://kimi.moonshot.cn/chat/cnpr091hmfr1icstkb00。

(8)智谱清言 https://chatglm.cn/detail。

(9)腾讯的混元大模型：https://hunyuan.tencent.com/bot/chat。

(10)360 智脑：https://copilot.360.cn/writting/?src=360se_platform_1。

(11)可灵 AI：https://klingai.kuaishou.com/。

(12)即梦：https://jimeng.jianying.com/ai-tool/home。

(13)天工 AI：https://www.tiangong.cn/music。

下面从几个方面介绍生成式 AI 在信息获取方面的优势。

(1)高效处理大规模数据。

生成式 AI 技术通过先进的算法和强大的计算能力，能够高效地处理和分析大规模数据集。在信息获取过程中，生成式 AI 能够自动从海量数据中提取有价值的信息，帮助用户快速定位所需内容，节省大量时间和人力成本。

(2)智能化筛选与推荐。

基于机器学习和自然语言处理技术，生成式 AI 能够深入理解用户需求和偏好，实现智能化的信息筛选和推荐。无论是新闻报道、学术论文还是市场分析报告，生成式 AI 都能根据用户的兴趣点和需求，提供个性化的信息推荐，提高信息获取的针对性和效率。

(3)实时更新与动态监测。

生成式 AI 支持实时数据处理和分析，能够实时更新信息库，并动态监测相关领域的最新动态。这使得用户在获取信息时能够保持与时俱进，及时把握市场动态和行业趋势，为决策提供有力支持。

(4)多模态信息处理能力。

随着技术的发展,生成式 AI 已经具备处理多模态信息的能力,包括文本、图像、音频和视频等。这种多模态信息处理能力使得生成式 AI 在信息获取方面更加全面和深入,能够为用户提供更加丰富和多元的信息资源。

百度推出的文心一言大模型如图 4-7 所示,作为中文自然语言处理领域的佼佼者,在信息获取方面展现了强大的实力。以下是文心一言在信息获取方面的具体应用实例。

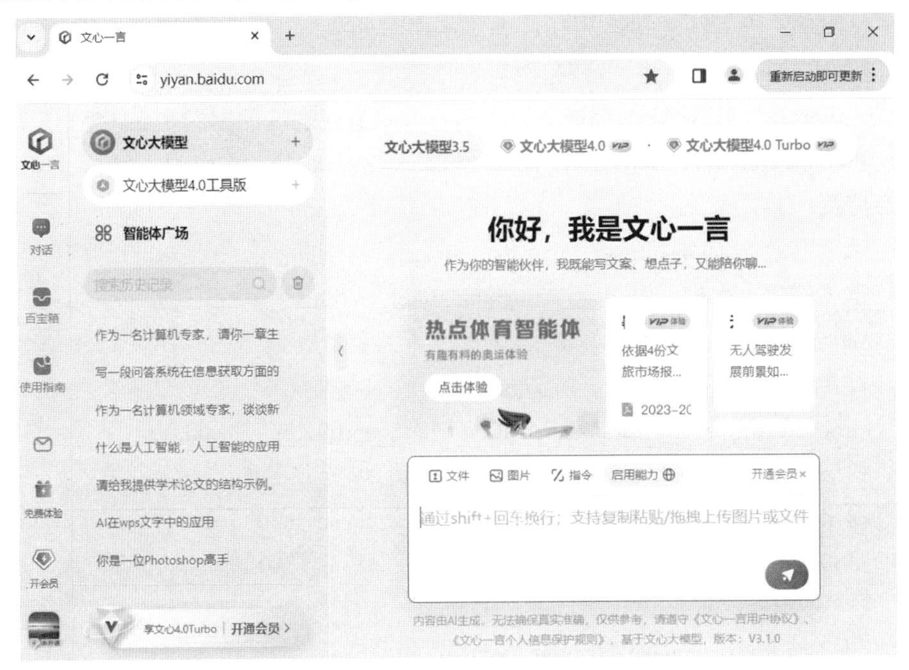

图 4-7 文心一言大模型

(1)智能搜索与推荐。

文心一言能够根据用户的查询意图和历史行为,智能地搜索和推荐相关信息。无论是新闻资讯、学术论文还是商品信息,文心一言都能快速提供精准的搜索结果,并根据用户的兴趣点进行个性化推荐,提高信息获取的效率和满意度。

(2)内容生成与创作。

除了信息搜索和推荐外,文心一言还能根据用户需求生成高质量的内容。例如,企业可以利用文心一言快速生成新闻稿、产品介绍、活动策划等文案内容,节省大量时间和人力成本。同时,文心一言还能对已有文案进行优化,提高其吸引力和传播力,为企业营销提供有力支持。

(3)数据分析与洞察。

文心一言具备强大的数据分析能力,能够实时监控新媒体平台的数据变化,如阅读量、点赞量和评论量等。通过对这些数据的分析,文心一言可以为企业提供精准的用户画像和行为分析报告,帮助企业更好地了解用户需求和喜好,优化运营策略。

(4)个性化定制服务。

基于大数据分析和机器学习算法,文心一言能够为用户提供个性化的信息定制服务。例如,在购物领域,文心一言可以根据用户的购物历史和偏好推荐相关商品;在阅读领域,文心一言可以根据用户的阅读习惯推荐感兴趣的书籍和文章。这种个性化定制服务提高了信息获取的针对性和用户满意度。

4.2.5 生成式 AI 提问技巧

1. 指令式提问

在向 AI 提问时,给出的指令越清晰和具体,得到的结果越接近自己的期望。指令式提问,就是提问者明确设定问题范围及对回答的要求,通过精确、具体的指令引导 A1 生成符合预期的、更有针对性的信息。

什么样的指令才是好的指令呢?一般应满足以下 4 大原则。

(1)结构清晰。

下达指令前,可以借助一些经典的结构:5W,见表 4-3,让自己的表达更有逻辑、更顺畅,从而形成清晰的指令。

表 4-3 参考结构:5W

英文单词	中文解释	提问启发
Why	何故	做这件事的原因是什么
What	何事	这件事具体是什么事
Who	何人	这件事有哪些人参与或者面向谁
When	何时	这件事什么时候做或者何时截止
Where	何地	在哪里做这件事

(2)重点突出。

清晰地表达需求,可能会导致指令的内容较多。指令复杂,不利于 AI 理解提问者的需求。这时可以通过换行,突出每一条重要的指令信息。

(3)语言简练。

多用短句,少用长句,有助于精简信息。

(4)易于理解。

尽量使用表示量化或具体场景的词汇,尤其是在表达期望达到某一种效果的时候。例如当希望控制篇幅时,比起“不要太长”,明确给出“控制在 200 字以内”更容易让 A1 理解。

案例:请帮我写一个会议议程要求按照以下格式:

①会议开场。

②上半年工作总结。

③项目进展汇报。

④活动介绍。

⑤会议讨论。

⑥会议决议。

最后请用表格呈现。

2. 角色扮演式提问

如果说指令式提问适合很了解自己需求的专业用户,那么使用角色扮演式提问,就是让AI变成专家。AI拥有强大的数据库,当用户在同AI对话时,用户发出的每次指令,其实都是在调用AI数据库中的信息。用户发出的指令越明确,AI调用的信息越精准。当用户赋予AI特定身份时,AI也会匹配更符合该身份的数据库信息。因此,如果想要AI更好地完成一项特定任务,可以先赋予它专家身份。提问者可以使用一些句式帮助AI理解它将要扮演的角色,如:我想让你扮演一名×××,假设你是×××,请你担任×××,你是一位×××。

例如:请你扮演一位心理咨询师,和我聊聊天,帮我解决一些烦恼。我最近学习压力非常大,学习成绩不理想,总是担心老师和同学们不认可我,这导致我经常睡不好。

3. 关键词提问

关键词提问是通过将关键词放在问题或指令中,帮助AI更准确地理解提问者的问题,让AI的回答更具针对性。好的关键词提问通常是清晰、具体、明确的,这可以让AI更准确地理解提问者的意图,同时也能更精准地回答问题。

如何确定关键词、进行好的关键词提问呢?以下是体的建议。

(1)确定问题核心。

首先思考问题的核心是什么。好的关键词通常可以直接反映问题的主要内容。

(2)保持简洁。

避免使用过多的关键词。选择最相关、最能描述问题的关键词,以简洁明了的方式提问。

(3)使用专业术语。

如果适用,请使用相关领域的专业术语提问。这可以提高提问的准确性,让回答更具针对性。

(4)避免歧义。

确保所选关键词在语境中清晰无误,避免使用容易引起误解的关键词。

(5)结合具体情景。

尽量将关键词与具体的情景、案例或背景相结合,以便AI更好地理解问题。

(6)尝试使用同义词。

如果发现关键词不够准确或没有得到满意的回答,可以尝试使用同义词或其他相关词汇。

(7)适度细化问题。

如果问题过于宽泛,尝试将其细化,使用更具体的关键词来描述问题。

例如:帮我生成一张长宽比为4:6、油画风格的星空照片。

4. 示例式提问

和AI沟通,除了给出清晰的指令或者要求,如果提问者能给出示例,那么AI给出的回答将会更加贴合提问者的需求。

例如:请给我提供学术论文的结构示例。

AI回答:略。

请你按照上述结构示例,帮写一篇学术论文,论文题目是“计算机与人工智能”。

5. 引导提问

通过头脑风暴,我们可以获得更多的新思路与创意。有了AI的帮助,我们就不用再拉着很多人一起开会了,因为AI就可以帮我们进行头脑风暴,而且它的知识面更广,审视问题的视角也更多。

那么,怎么让AI帮我们进行头脑风暴呢?

要引导AI“思考”。想要让AI提供更多的创意,只需要在我们想讨论的主题、问题前面加上“让我们思考一下”。这个提示可以让AI生成经过“深度思考”的文本,这对经常需要写作的人来说很有帮助。

引导提问就是一种鼓励回答者提供细、完整和主观看法的提问方式。这类问题通常没有标准答案,回答者需要根据他们的经验、观点和想法来表达自己的看法。通常以“为什么”“怎么样”“请描述”“让我们想一想”“让我们讨论一下”等开头以引导回答者进行深入思考。你可以说“不管想法有多疯狂,我都想听听”“想些天马行空的主意”等,这可以让AI跳出常规思维,提供更有创意的想法。

例如:假设我的智囊团内有3名专家,这3名专家分别是爱因斯坦、苏格拉底和孔子,他们都有自己的个性、世界观和价值观对同一问题有不同的视角、看法和建议,我会在这里说出我的处境和我的决策,请你分别以这3名专家的身份和思维模式来审视我的决策,并给出评判和建议,听明白了吗?

6. 发散提问

发散提问是指尽可能从多个角度提出问题,从而获得更多的信息和思路,避免视角单一带来的局限性。在借助AI创作的过程中,使用发散提问可以让AI帮助我们拓展思路、打破常规思维,从而能更具创新性和创造性地思考问题。

发散提问时强调AI所需的关键提示,主要包括3个方面:背景信息、所需内容和具体要求,把这3点合并为一个整体,即为一个好的发散问题。

例如:当想要借助AI生成一些具有创意的文章标题时,我们需要给AI以下关键提示。

(1)背景信息:文章内容。

(2)所需内容:n个文章标题。

(3)具体要求:能引起读者好奇心,吸引读者点击阅读。

由此我们就能提出一个好的发散问题:“请阅读以下文章,帮我生成 10 个文章标题,要求:能引起读者好奇心,吸引读者点击阅读。”

4.3 信息下载

4.3.1 文本下载

如果需要下载网页中的文本,可采用选定复制、截图后识别文字、限制网页加载 JavaScript、删除网页脚本 4 种方法实现。

方法一:选定复制。选定文本后复制粘贴。

方法二:截图后文字识别。对于无法复制或无法选定的文本,可截图进行文字识别。

方法三:限制网页加载 JavaScript。某些网站通过脚本对网页的复制进行限制,我们可以通过限制浏览器加载 JavaScript,实现网页文本的复制。

方法四:删除网页脚本。此外,可通过删除禁止复制粘贴脚本,实现网页文本复制。

(1)在网页空白处点击鼠标右键,选择“查看网页源代码”,显示如图 4-8 页面。

(2)复制粘贴全文至编辑器,全局搜索正文第一个词语,删除从起始位置至第一个词语的内容。

(3)将删除后的文件另存为“. html”文件。

(4)用浏览器打开文件,即可复制文字。

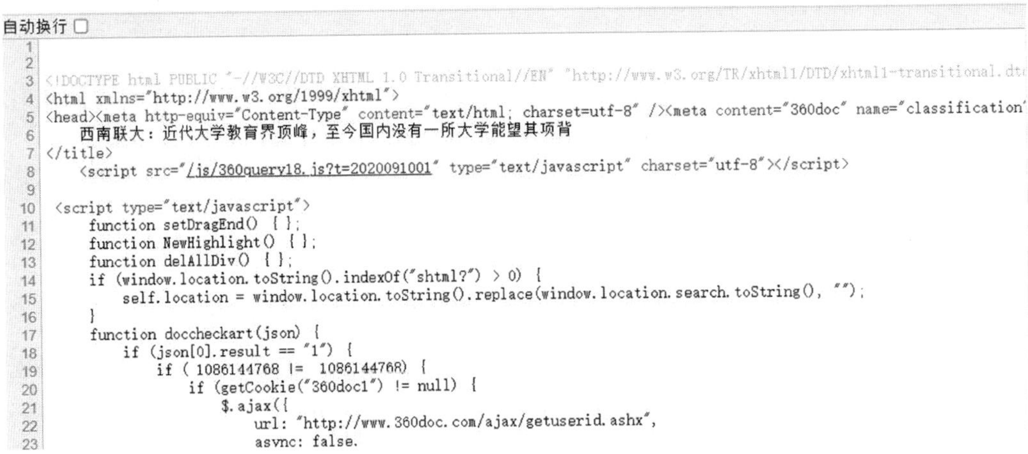

```
自动换行 ☐
1
2
3  <!DOCTYPE html PUBLIC "-//W3C//DTD XHTML 1.0 Transitional//EN" "http://www.w3.org/TR/xhtml1/DTD/xhtml1-transitional.dt
4  <html xmlns="http://www.w3.org/1999/xhtml">
5  <head><meta http-equiv="Content-Type" content="text/html; charset=utf-8" /><meta content="360doc" name="classification'
6      西南联大：近代大学教育界顶峰，至今国内没有一所大学能望其项背
7  </title>
8      <script src="/js/360query18.js?t=2020091001" type="text/javascript" charset="utf-8"></script>
9
10  <script type="text/javascript">
11      function setDragEnd() { };
12      function NewHighlight() { };
13      function delAllDiv() { };
14      if (window.location.toString().indexOf("shtml?") > 0) {
15          self.location = window.location.toString().replace(window.location.search.toString(), "");
16      }
17      function doccheckart(json) {
18          if (json[0].result == "1") {
19              if ( 1086144768 != 1086144768) {
20                  if (getCookie("360doc1") != null) {
21                      $.ajax({
22                          url: "http://www.360doc.com/ajax/getuserid.ashx",
23                          async: false.
```

图 4-8 删除网页脚本操作流程

4.3.2 图片下载

对于图片文件,可通过直接复制、屏幕截图、保存网页等方式下载,并保存为所需格式。

方法一:复制图片。在图片上单击右键,选择“复制图片”,将图片复制到图片编辑软件,如画图,然后将图片保存为需要的格式。

方法二:另存为。在图片上单击右键,选择“图片另存为”,将图片保存为需要的格式。

方法三:批量保存。如果需要下载网页中多张图片,可以通过如下步骤实现:

(1)使用浏览器打开网页,点击右上角自定义和控制按钮,选择“保存网页”,将网页保存为“网页,全部”类型。

(2)在网页保存的文件夹中打开以网页名命名的文件夹,即可查看网页中的图片。

4.3.3 音频下载

对于音频文件,可使用音乐软件进行下载,如酷狗音乐、网易云音乐等。在下载过程中,软件可提供多种音质的音频文件供选择。

4.3.4 视频下载

网页中的视频部分可以直接下载或保存到本地,如图 4-9 所示。

图 4-9 视频下载保存页面

但是,某些视频网站仅提供了视频缓存功能。以哔哩哔哩网站为例,其缓存后的视频为 M4S 格式,无法正常播放,需要进行转码后才可进行播放,操作流程如下所示。

(1)安装哔哩哔哩客户端软件。搜索视频,进入视频播放页,点击右侧缓存按钮,选择清晰度等参数,缓存视频。缓存后的视频可在离线缓存页面查看。在缓存视频时,尽量选择清晰度较高的视频。

(2)在设置中查看缓存目录,进入缓存目录,可查看存放的缓存数据。将文件大小较小的 M4S 文件重命名为“audio. m4s”,此文件为音频文件。另一个文件为视频文件,重命名为“video. m4s”。使用文本编辑器打开文件,删除文件头部的“000000”,保存。

(3)安装 FFmpeg。FFmpeg 下载地址:https://ffmpeg.org/download.html#build-windows。选择“Windows builds from gyan.dev”,下载“ffmpeg-2023-06-26-git-285c7f6f6b-full_build.7z”。

(4)解压缩后进入 bin 文件夹,可以看到“ffmpeg”“ffplay”“ffprobe”3 个文件。将缓存视频目录下文件扩展名为“.m4s”的文件拷贝至 bin 文件夹。在 bin 文件夹中按住 Shift,同时单击鼠标右键,点击“在此处打开 Powershell 窗口”。

(5)输入命令“.\ffmpeg -i video.m4s -i audio.m4s -codec copy video.mp4”,回车确认。

(6)返回 bin 文件夹中可以看到生成的“video.mp4”文件,即为完整的视频文件。

4.4 信息道德

信息道德又称信息伦理,它是调整人与人之间,以及个人和社会之间信息关系的行为规范的总和,包括信息开发、信息传播、信息管理和信息利用等方面的伦理要求、伦理准则、伦理规约,以及在此基础上形成的新型伦理关系。

近年来,“维基解密”事件、“窃听门”事件、“棱镜门”事件的相继发生,2005 年 12 月 16 日,《纽约时报》率先披露美国总统布什擅自允许国家安全局对美国境内居民的国际通信实施监听。2006 年 6 月 23 日,《纽约时报》和《洛杉矶时报》披露美国国家财政部对国际银行账户实施监视。随着全球信息化进程的飞速推进,此类信息伦理失范现象频发。

信息伦理失范包括以下 4 个方面。

(1)信息犯罪。

信息犯罪是指以信息技术为犯罪手段,故意实施的、有社会危害性的,依据相关法律规定应当予以处罚的行为。

(2)信息侵权。

信息侵权包括个人隐私权侵权和知识产权侵权。

(3)网络舆论伦理失范。

网络舆论伦理失范包括网络炒作、网络造谣、网络恶搞和网络暴力等。

(4)信息污染。

信息污染是指媒介信息中混入了有害性、欺骗性、误导性信息元素,或者媒介信息中含有有毒、有害的信息元素超过传播标准或道德底线,对传播生态、信息资源,以及人类身心健康造成破坏、损害或其他不良影响。

4.4.1 信息评价

由于网络信息分散无序、鱼龙混杂,在检索和利用网络信息时,应从以下几个方面对信息进行甄别、分析和评价。

（1）准确性。

准确性的评价内容包括：信息是否可靠，是否有错误，是否经过校对。

（2）权威性。

权威性的评价内容包括：信息的责任者是否清晰，是否在该专业领域具有声望和权威性，信息是否被其他权威站点摘引、链接或推荐过，是否权威机构的正式站点，是否提供著者、网站创始人等的联系信息。若涉及版权，是否提供版权所有人的姓名等。

（3）时效性。

时效性的评价内容包括：网站注明的最后一次更新时间等。

（4）安全性。

安全性的评价内容包括：网页是否感染病毒或带有恶意软件（代码）。

4.4.2 信息获取相关的法律问题

1. 知识产权保护

《中国法院知识产权司法保护状况（2022年）》显示，全国法院2022年新收一审、二审、申请再审等各类知识产权案件526 165件，审结543 379件（含旧存）。知识产权案件中技术类案件持续上升，中西部等地知识产权保护需求强劲，知识产权司法服务高质量发展作用进一步凸显。

随着大数据、人工智能等数字技术持续更新迭代，知识产权保护的新客体不断涌现。我国现有知识产权单行法未对数据确权、数据使用等关键问题进行相应规定，也未对数据保护客体和侵权行为进行明确界定。因此，权利人在遭遇数据侵权时，通常面临法律适用难题。随着数字化进程加快，版权问题和原创者权益受损问题愈发突出。

当前，对文献数据库未经授权、超授权使用传播他人作品，未经授权对视听作品删减切条、改编短视频，未经授权通过网站、社交平台、浏览器、搜索引擎传播网络作品等侵权行为时常发生，我们应当以身作则，杜绝此类行为。

此外，认知智能大模型创作作品等人工智能生成物是否享有著作权的问题也存在争议。著作权又称版权，是指自然人、法人或非法人组织对文学、艺术和科学作品依法享有的财产权利和人身权利的总称，是一种非常重要的知识产权。著作权的主体是对文学、艺术和科学作品享有著作权的自然人、法人或者非法人组织。著作权的客体是指文学、艺术和科学领域内具有独创性并能以某种有形形式复制的智力成果。根据《著作权法》的概念可以得出，在我国，目前人工智能还无法成为作品的著作权所有者。因为著作权主体必须是自然人、法人或者非法人组织。但这也并非意味着著作权自然归属于使用者，这还取决于人工智能生成物能否构成“作品”。

2. 个人信息保护

《中华人民共和国个人信息保护法》于2021年11月1日正式施行，这标志着我国个人信息保护立法体系进入新的阶段。在日常个人信息保护方面，我们需要做到以下几点。

(1)增强自我保护意识。

增强个人安全保护意识,如果遭遇信息泄露或被非法利用,及时向有关部门进行投诉举报。

(2)保护手机中的个人信息。

手机作为承载较多个人信息的载体,已成为失泄密的重灾区。在使用手机时,不要随意散播个人账号,不随意安装来历不明的软件,不随意点击链接不明的网站。

(3)谨慎使用公共设备。

谨慎连接公共无线网络或公共手机充电桩,以防个人账号、密码等信息泄露。

(4)个人密码设定。

采用中高强度密码,不要使用简单重复的密码。

思考题

1. 什么是信息素养,它包括哪些素质?

2. 信息检索过程包括(　　)、选择检索工具与方法、实施检索过程、调整检索策略、评价检索结果。

A. 利用搜索引擎　　B. 分析检索问题

C. 利用互联网检索　　D. 下载软件

3. 利用百度搜索信息时,需要将检索范围限制在网页标题中,使用的语法是(　　)。

A. site　　B. intitle

C. inurl　　D. info

4.【多选】逻辑运算符号"与"的作用是(　　)。

A. 增加限制条件　　B. 缩小检索范围

C. 提高检索的专指性　　D. 提高查准率

5.【多选】信息伦理失范常见现象有(　　)。

A. 网络舆论伦理失范　　B. 信息侵权

C. 信息污染　　D. 信息犯罪

6. 下列违背网络道德规范的行为是(　　)。

A. 爬取他人网站数据自用　　B. 在论坛上宣传家乡的秀丽风光

C. 上网搜索二十大报告内容　　D. 在慕课网站上下载需要的课件

第5章 信息分析与处理

大数据时代,人们所面对的信息量达到了前所未有的规模。在商业、经济、医疗等各个领域中,人们往往要将获取的信息进行有效的分析与处理,便于做出更明智的决策,从而提高生产力和竞争力。现代计算机技术的发展为信息分析与处理提供了更快捷、更有效的方法,使得信息分析与处理更准确和高效。根据信息表现形式的不同,信息分析与处理分为:数据分析与处理和多媒体信息处理。

5.1 数据分析与处理

数据分析与处理是将数据进行采集、存储、检索、加工、变换和传输的过程,包括数据集成、数据管理和数据应用。数据分析与处理是对数据进行分析和加工的技术过程,包括对各种原始数据的分析、整理、计算、编辑等的加工和处理。

5.1.1 数据分析与处理流程及常用软件

1. 数据分析与处理流程

数据分析和处理的流程通常包括以下几个步骤。

(1)问题的定义。明确目的和思路,即具有数据思维。

(2)数据收集。一般数据来源于4种方式:内部数据、外部数据、公开数据和第三方数据。

(3)数据预处理。数据处理主要包括:数据清洗、数据转换、数据规约和数据集成等。

(4)数据分析。在这个部分需要了解基本的数据分析方法、数据挖掘算法,了解不同方法适用的场景和适合的问题。常用的数据分析工具如Excel、WPS表格等,掌握其数据分析与处理,就能解决大多数的问题。

(5)数据展现。一般情况下,数据是通过表格和图形的方式来呈现的。常用的数据图表包括饼图、柱形图、条形图、折线图、气泡图、散点图和雷达图等。

(6)报告撰写。数据分析报告不仅是分析结果的直接呈现,还是对相关情况的一个全面的认识。

2. 数据分析与处理常用软件

数据分析与处理软件很多,用户可以根据自己的需求选择适合的工具,下面简单介绍几种常用的数据分析与处理软件。

(1)WPS表格是免费的数据分析与处理软件,操作简单、容易上手。WPS表格可以进行各种数据的处理、统计分析和辅助决策操作，广泛地应用于管理、统计财经、金融等众多领域。大家使用频率最高的通常是其数据透视功能，其次是统计分析功能，它包含在数据透视中，还有就是图表功能与自动汇总功能。

(2)Excel 是目前流行的电子表格软件，各行各业使用较为普遍。Excel 功能强大，与数据处理相关。它可以用于数据分析、财务管理、统计学、图表绘制等方面。

(3)SPSS 是世界上最早的统计分析软件，也是适用于学术数据分析和学术图表制作数据处理的软件，如相关性分析、主成分分析、聚类分析等专业统计分析。

(4)九数云是一款在线数据分析工具，旨在满足企业业务人员的数据分析需求。利用九数云的高效计算引擎与便捷操作，用户无须编程，即可完成复杂的数据处理、可视化工作，让分析简单高效。

(5)Python 是一种代表简单主义思想的语言。它简单、易学、高效、免费，它使人们能够专注于解决问题而不是去学习语言本身。Python 既支持面向过程的编程也支持面向对象的编程。在面向过程的语言中，程序是由过程或仅仅是可重用代码的函数构建起来的。在面向对象的语言中，程序是由数据和功能组合而成的对象构建起来的。

(6)R 是一个免费的数据处理的软件，R 的思想是：它可以提供一些集成的统计工具，但更大量的是它提供各种数学计算、统计计算的函数，从而使使用者能灵活机动地进行数据分析，甚至创造出符合需要的新的统计计算方法。它有 UNIX、LINUX、MacOS 和 WINDOWS 版本，都是可以免费下载和使用的。

5.1.2 认识 WPS 表格

WPS 表格是一款功能强大的电子表格软件，它具有多种实用的功能和优点，使得它成为许多用户处理数据的首选工具。WPS 表格提供了丰富的数据处理和分析功能，包括排序、筛选、查找和替换等基本操作，以及各种高级函数和计算公式。这些功能可以帮助用户快速地整理和分析数据，提高工作效率，具有良好的数据可视化能力。它支持多种图表类型，如柱状图、折线图、饼图等，可以直观地展示数据之间的关系和趋势，帮助用户更好地理解数据。此外，WPS 表格还具有易用性和兼容性的优点。它的界面简洁明了，操作简单易学。同时，它支持多种文件格式的导入导出，可以方便地与其他软件进行数据交换。

WPS 表格界面可以大致分为 3 个部分，如图 5-1 所示。

第一个部分为功能区。WPS 表格的功能区是一组工具栏，用于执行各种操作。它包括“开始”选项卡、数据工具选项卡、格式化选项卡、公式选项卡、图表选项卡和视图选项卡等。

第二个部分为编辑区。WPS 表格的编辑区是指在 WPS 表格中，用户可以输入、修改和删除单元格的内容。编辑区位于工具栏下方，左端为单元格名称区，可以用来定义或指定编辑的单元格名称。右端为编辑区，显示当前单元格的内容供编辑。

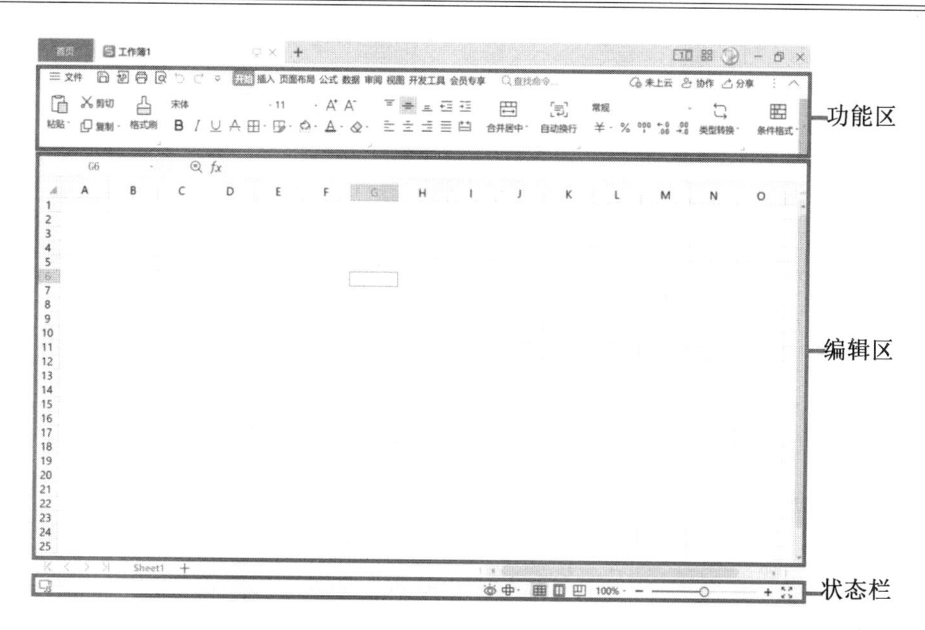

图 5-1　WPS 表格界面

第三个部分为状态栏。WPS 表格的状态栏位于窗口的最下端，用于显示工作表当前的操作状态和进行快速地计算。用户可以在左上角的“WPS 表格”菜单上，单击右下角的“选项”，然后选择“视图”选项卡，勾选或取消“状态栏”复选框来显示或隐藏状态栏。

5.1.3　数据管理与分析

WPS 表格具有强大的数据处理与分析能力，熟练运用排序、筛选、条件格式、分类汇总等工具能够将复杂的数据处理与分析变得简单化，从而大大缩短工作时间，提高工作效率。

1. 数据的排序

排序是数据分析过程中最常用的操作之一，将数据按照一定的要求或规律重新排列可以为数据的观察和后期的数据处理提供便利。

(1) 简单排序。

对指定字段进行简单的升序或降序排序，称为简单排序。下面将介绍如何执行简单排序。

选中需要排序的字段中的任意一个单元格，打开“数据”选项卡，单击“升序”按钮。所选字段中的数据随即按照从低到高的顺序重新排列。

若要对指定字段执行降序排序，则在“数据”选项卡中单击“降序”按钮。“降序”按钮在“升序”按钮下方。

(2) 复杂排序。

对多个字段同时排序称为复杂排序，复杂排序通常在“排序”对话框中进行，下面介绍具体操作方法。选中数据区域中的任意一个单元格，打开“数据”选项卡，单击“排序”

按钮。打开“排序”对话框,设置“主要关键字”—“排序依据”—“排序方式”—“添加条件”,单击“确定”,即可完成复杂排序。

(3)按笔画排序。

对于汉字 WPS 表格默认按照拼音首字母进行排序,用户可根据需要让汉字按照笔画顺序排序。选中表格中任意一个单元格,在“数据”选项卡中单击“排序”按钮,打开“排序”对话框,将需要排序的字段设置成主要关键字,并设置好排序依据和排序方式,单击“选项”按钮。弹出“排序选项”对话框,选中“笔画排序”单选按钮,单击“确定”按钮。所选字段即可按照笔画顺序排序,当第一个字符的笔画相同时,便以第二个字符进行比较,以此类推。

(4)按颜色排序。

WPS 表格除了按数值大小、拼音或字母排序外,还可以按照字体颜色或单元格颜色排序。选中表格中的任意一个单元格,单击“排序”按钮,打开“排序”对话框,设置好需要排序的字段,单击排序依据下拉按钮,从下拉列表中选择“字体颜色”选项,此时排序依据右侧会新增一个选项,单击该选项,在下拉列表中会显示所选字段中的所有字体颜色,选择需要的颜色。

单击“复制条件”按钮,向对话框中复制一个次要关键字。设置好该次要关键字的字体颜色。随后再次添加一个次要关键字,设置好最后一个字体颜色,保持对话框中的所有字段排序方式均为默认的“在顶端”,设置完成后单击“确定”按钮。

表格中的“分类”字段随即按照“排序”对话框中指定的字体颜色顺序进行排序。其中黑色的字体会自动在所有颜色的下方显示。

2. 数据的筛选

数据筛选功能可以筛选出工作表中的重要信息,将无关紧要的数据隐藏起来。不同的数据类型,其筛选方法也稍有不同,下面将详细介绍不同类型数据的筛选方法。

(1)数字筛选。

数字筛选是数字独有的筛选方式,用户可以筛选指定的数字、筛选大于或小于某值的数据、筛选高于平均值或低于平均值的数据等。

选中数据表中的任意一个单元格,打开“数据”选项卡,单击“筛选”按钮,对当前数据表启用筛选,此时每个标题的右侧均出现了一个下拉按钮,然后根据需要单击右侧的下拉按钮,从筛选器中单击“数字筛选”按钮,选择“高于平均值”选项。数据表中随机筛选出高于平均值的数据,如图 5-2 所示。

(2)文本筛选。

文本筛选是文本型数据特有的筛选方式,在筛选器中可以直接选择想要筛选的文本,也可以通过“文本筛选”功能进行模糊筛选。

①快速筛选指定文本。

用户为表格创建筛选后,单击文本字段的标签右侧下拉按钮,在筛选器中取消“全选”复选框的勾选,只勾选“键盘”复选框,如图 5-3 所示。报表中随即筛选出键盘的销售记录。

图 5-2　数字筛选

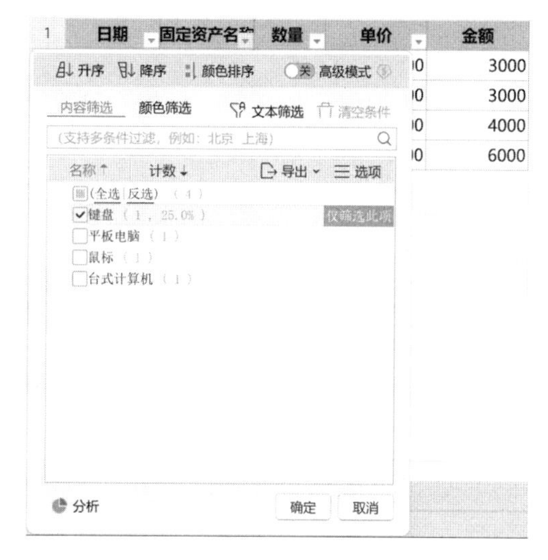

图 5-3　快速筛选指定文本

②模糊筛选文本。

单击文本字段标签中的筛选按钮，在筛选器中单击“文本筛选”按钮，在展开的列表中选择“包含”选项，如图 5-4 所示。

在“自定义自动筛选方式”对话框中输入关键字，输入完成后单击“确定”按钮。工作表中即可筛选出包含指定关键字的所有产品信息。

(3) 日期筛选。

因日期型数据的特殊性，用户可以筛选指定的年份、月份或指定时间段的日期。单击日期字段标题中的筛选按钮，在筛选器中可以通过勾选复选框筛选指定的年份。单击某个年份选项，展开该年份中所包含的月份，勾选需要的月份可以筛选出该年份中对应的月份信息。

筛选器的底部包含“上月”“本月”“下月”按钮，单击相应按钮可筛选以当前月为参照的上个月、本月及下个月的信息。单击“更多”按钮，在展开的列表中还能看到更多日期筛选选项。在筛选器中单击“日期筛选”按钮，展开的列表中包含“等于”“之前”“之后”“介于”等选项，通过这些选项在对话框中设置好要筛选的准确日期或日期范围即可实现相应筛选，如图 5-5 所示。

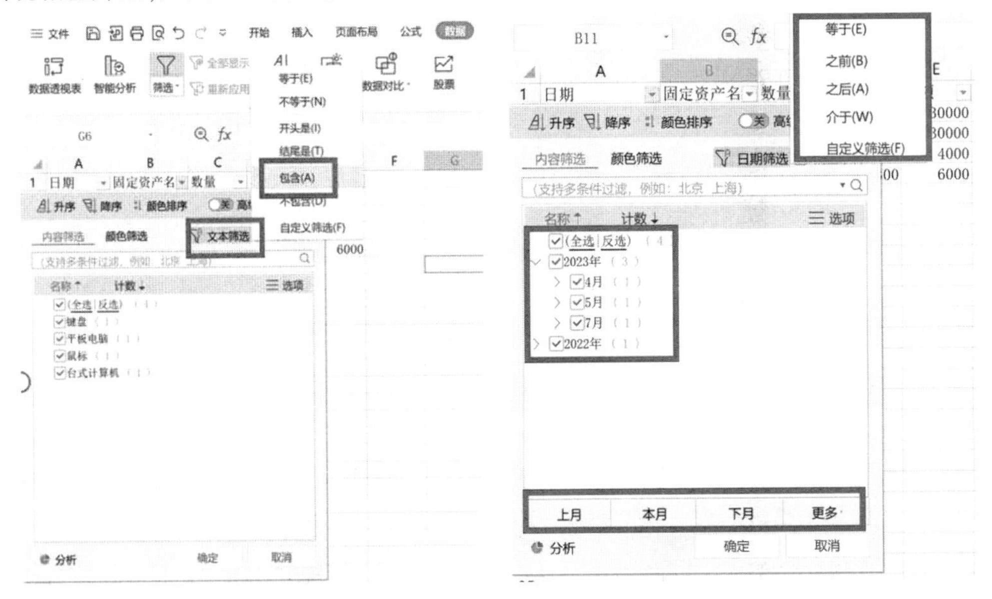

图 5-4 模糊筛选文本　　　　图 5-5 日期筛选

(4)高级筛选。

高级筛选一般用于条件比较复杂的筛选操作，筛选结果可在原数据表中显示，也可在其他位置显示。下面将介绍如何使用高级筛选设置多个筛选条件。

在原数据表下方创建筛选条件(筛选条件的标题必须和原数据表中的标题完全相同，否则将无法返回正确的筛选结果)。选中原数据表中的任意一个单元格，打开“数据”选项卡，单击“高级筛选”对话框启动器按钮，打开“高级筛选”对话框，将光标定位在“条件区域”文本框中，选择表格中的条件区域(A7:B8)，该区域的地址即可自动输入文本框中，保持其他选项为默认，单击“确定”按钮。原数据表中随即显示出筛选结果，若要清除高级筛选，则在“数据”选项卡中单击“全部显示”按钮，如图 5-6 所示。

3. 用颜色或图标直观展示数据

WPS 表格的“条件格式”功能可以使用数据条、颜色或图标直观地突出显示重要的数据，让数据趋势变得更直观。本节将介绍“条件格式”的使用方法。

(1)突出显示重要值。

使用“开始”选项卡中条件格式的“突出显示单元格规则”或“项目选取规则”可以将指定的数据突出显示。具体操作方法如图 5-7 所示。

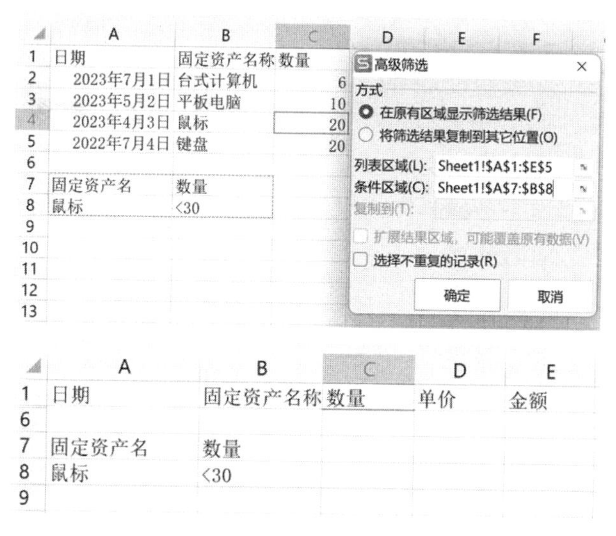

图 5-6　高级筛选

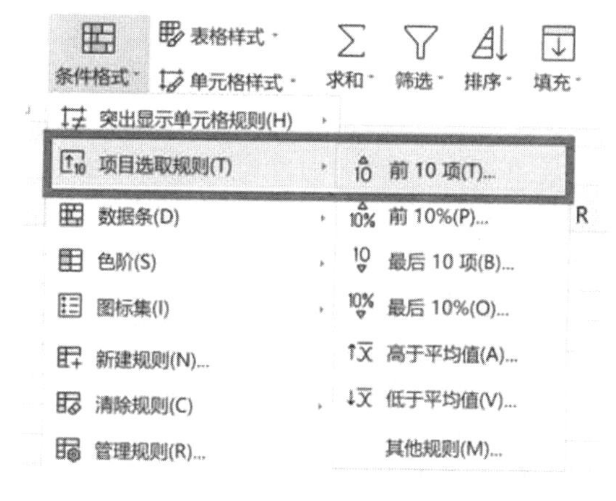

图 5-7　突出显示重要值设置

(2)数据条的应用。

使用“开始”选项卡中条件格式的数据条,能够以条形直观展示一组数据的大小,为数据的比较提供了很大的便利。

选中需要使用数据条的单元格区域,打开“开始”选项卡,单击“条件格式”下拉按钮,选择“数据条”选项,在下级列表中选择合适的数据条样式。所选单元格区域中随即被添加相应样式的数据条,数据越大数据条越长,数据越小数据条越短,如图 5-8 所示。

(3)色阶和图标集的应用。

通过“条件格式”下拉列表还可为单元格区域设置色阶及图标集。“色阶”通过为单元格区域添加渐变颜色,指明单元格中的值在该区域内的位置。“图标集”则是用一组图标来表示单元格内的值,如图 5-9 所示。

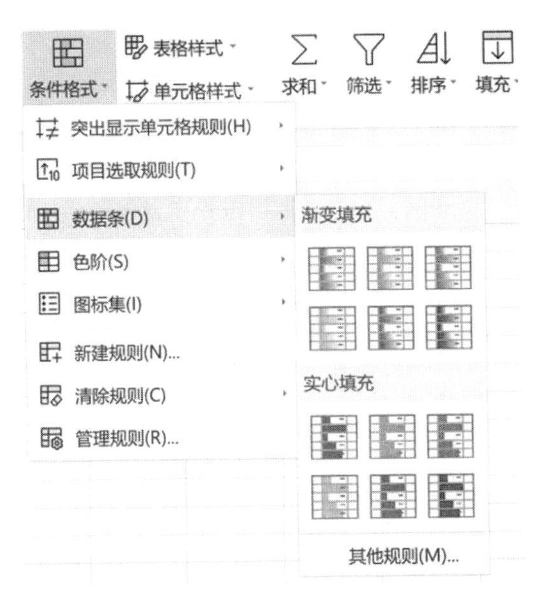

图 5-8　数据条设置

日期	固定资产名称	数量	单价	金额
2023年7月1日	台式计算机	6	5000	30000
2023年5月2日	平板电脑	10	3000	30000
2023年4月3日	鼠标	20	200	4000
2022年7月4日	键盘	20	300	6000

日期	固定资产名称	数量	单价	金额
2023年7月1日	台式计算机	6	5000	30000
2023年5月2日	平板电脑	10	3000	30000
2023年4月3日	鼠标	20	200	4000
2022年7月4日	键盘	20	300	6000

图 5-9　色阶和图标集设置

(4)管理条件格式规则。

为单元格设置条件格式后,可根据需要修改条件格式规则,让其更符合当前的数据分析需要,可通过设置"条件格式"中的"管理规则"实现。选中设置了条件格式的单元格区域,设置"开始"—"条件格式"—"管理规则",在弹出"条件格式规则管理器"对话选中需要设置规则的选项,单击"编辑规则"选项,在弹出的对话框中可修改格式样式、图标样式、隐藏单元格中的值,重新设置每个图标的取值范围等。设置好后单击"确定"按钮即可。

4. 数据的分类汇总

分类汇总可以按类别对数据进行分类和汇总,是 WPS 表格中十分常用的数据分析工具,分类汇总分为单项分类汇总和嵌套分类汇总,下面分别介绍这两种分类汇总的操作方法。

(1)单项分类汇总。

单项分类汇总即只对一个字段进行一种方式的汇总。进行分类汇总之前需要先对分类字段进行简单的排序,升序或降序都可以,排序的目的是让同类数据集中在同一个区域显示。排序完成后单击"分类汇总"按钮。打开"分类汇总"对话框,设置好分类字段、汇总方及汇总项,单击"确定"按钮。表格中随即对指定的字段完成了分类汇总。

(2)嵌套分类汇总

嵌套分类汇总也可称为多项分类汇总,表示同时对多个字段进行多种方式的汇总。嵌套分类汇总之前同样需要对分类字段进行排序。

选中数据表中的任意一个单元格,在"数据"选项卡中单击"排序"按钮,打开"排序"对话框,对需要进行分类的字段进行排序。单击"分类汇总"按钮,打开"分类汇总"对话框,先设置第一个分类字段、汇总方式及汇总项。随后再次单击"分类汇总"按钮,打开"分类汇总"对话框,设置第二个分类字段、汇总方式及汇总项(用户可同时选择多种汇总方式),取消"替换当前分类汇总"复选的勾选,最后单击"确定"按钮,表格中的数据随即完成嵌套分类汇总。若要取消分类汇总需要再次单击"分类汇总"按钮,在"类汇总"对话框中单击"全部删除"按钮。

5. 数据透视表

(1)创建数据透视表。

下面介绍创建数据透视表的具体操作方法。选中数据源中的任意一个单元格,打开"插入"选项卡,单击"数据透视表"按钮。工作表中随即自动新建一个工作表,并在该工作表中创建数据透视表,此时该数据透视表中没有任何字段,在工作表右侧会打开"数据透视表"窗格,在该窗格中的"字段列表"中可向数据透视表中添加指定字段,如图 5-10 所示。

图 5-10　在工作表中创建数据透视表

(2)设置数据透视表字段。

数据透视表实现多方位的数据分析和计算,主要是通过添加不同的字段和不断组成新的报表布局。灵活掌握数据透视表字段的添加和各种设置方法,是学好数据透视表的第一步。

①添加或删除字段。默认情况下,选中数据透视表中的任意一个单元格,工作表右侧便会显示出“数据透视表”窗格,如图 5-10 所示,在“字段列表”中勾选字段选项右侧的复选框,即可将该字段添加到数据透视表中,继续勾选其他选项复选框,可继续向数据透视表中添加字段。在“字段列表”中取消指定复选框的勾选可将该字段从数据透视表中删除。

②移动字段。用户若觉得字段在数据透视表中默认的显示位置不合适,可移动字段的位置。字段的位置可在不同区域间移动,也可在当前区域间移动。单击“数据透视表”窗格中的“数据透视表区域”按钮,如图 5-10 所示,展开“数据透视表区域”面板,选中需要移动到其他区域中的字段,按住鼠标左键,将该字段项目标区域拖动,当目标位置出现一条绿色的粗实线时松开鼠标即可,单击指定字段,在展开的列表中选择“上移”“下移”“移动到首端”或“移至尾端”选项,可在当前区域中实现相应移动。

③修改字段名称。选中指定字段名称所在单元格,打开“分析”选项卡,单击“活动字段”文本框,文本框中的内容会被自动选中输入新的字段名称,输入完成后按“Enter”键,字段名称即可被修改。

④修改值显示方式。右击求和字段中的任意一个单元格,在弹出的菜单中选择“值显示方式”选项,在其下级菜单中选择“总计的百分比”选项,求和字段中的数据随即被转换成总计的百分比形式显示。

(3)数据透视表的必要操作。

①更改数据源。引用了错误的数据源,是创建数据透视表时容易出现的情况,可通过创建完成后更改数据源。先选中数据透视表中任意单元格,打开“分析”选项卡,单击“更改数据源”按钮,弹出“更改数据透视表数据源”对话框,在“请选择单元格区域”文本框中重新选择数据源区域,最后单击“确定”按钮即可。

②刷新数据透视表。当数据源中插入了新的数据记录后,需要刷新数据透视表,让新增的数据同步更新到数据透视表中,刷新数据透视表的方法非常简单。选中数据透视表,打开“分析”选项卡,根据需求单击“刷新”按钮下的“刷新数据”和“全部刷新”两个选项即可。

③修改数据透视表布局。创建的数据透视表默认是以大纲形式布局的,用户可根据需要修改数据透视表的布局。选中数据透视表中的任意一个单元格,打开“设计”选项卡,单击“报表布局”下拉按钮,在展开的列表中选择需要的报表布局即可。

④美化数据透视表。为数据透视表套用内置的表格样式,可以快速美化数据透视表外观。下面介绍具体操作方法。选中数据透视表中的任意单元格,打开“设计”选项卡,单击“其他”按钮,展开数据透视表外观和样式列表,从中选择需要的数据透视表样式,数

据透视表随即应用所选样式。

⑤删除数据透视表。若完成了数据分析，不再需要使用数据透视表，也可选择将数据透视表删除。选中数据透视表中任意单元格，打开“分析”选 项卡，单击“删除数据透视表”按钮，即可删除当前数据透视表。

6. 图表

(1) 创建图表。

WPS 表格包含了十几种类型的图表，比较常见的图表类型有柱形图、折线图、饼图、条形图、点散图和雷达图等，下面将介绍如何在表格中创建需要的图表类型。

选中数据区域中的任意一个单元格，打开“插入”选项卡，单击“全部图表”按钮，弹出“插入图表”对话框，选择需要的图表分类，此处选择“折线图”，在打开的界面中选中需要的图表类型，单击“插入”按钮，即可向工作表中插入相应类型的图表，如图 5-11 所示。

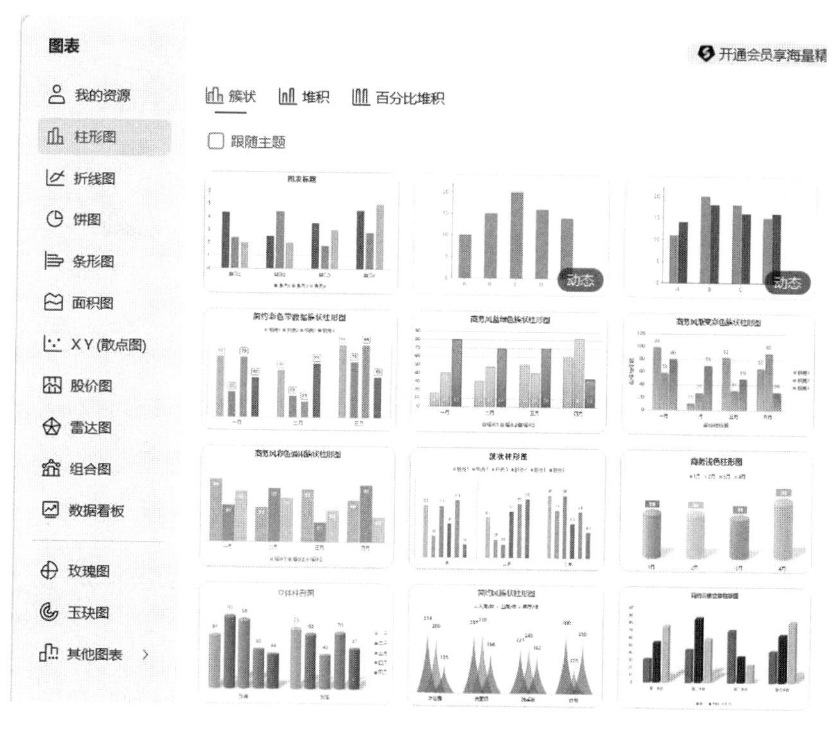

图 5-11　插入图表类型

(2) 调整图表大小和位置。

插入图表后可根据需要适当调整图表的大小及位置。接下来介绍具体操作方法。

①调整图表大小。选中图表后图表周围会出现 6 个圆形的控制点，将光标放在任意控制点上方，光标会变成双向箭头的形状，按住鼠标左键，拖动鼠标即可调整图表大小。

②移动图表。将光标放在图表上方的空白处，当光标变成带星的鼠标指针形状时按住鼠标左键，拖动段标，将图表拖动到需要的位置时松开鼠标即可。

(3)更改图表类型。

插入图表后若对图表的样式不满意,不必删除图表重新创建,可更改图表类型,其操作方法非常简单。选中图表,打开"图表工具"选项卡,单击"更改类型"按钮,弹出"更改图表类型"对话框,重新选择需要的图表类型,单击"插入"按钮即可。

(4)添加或删除图表元素。

默认创建的图表一般包含标题、图例、坐标轴、数据标签等元素,但是不同类型的图表所显示的图表元素并不相同。为了更好地用图表展示数据,可增加或删除图表中的元素。

①添加图表元素。选中图表后,图表右上角会出现5个按钮,单击最上方的"图表元素"按钮,在展开的列表中勾选指定复选框可向图表中添加相应元素,如图5-12所示。单击该元素选项右侧的小三角按钮,在其下级列表中还可选择该元素的显示位置。

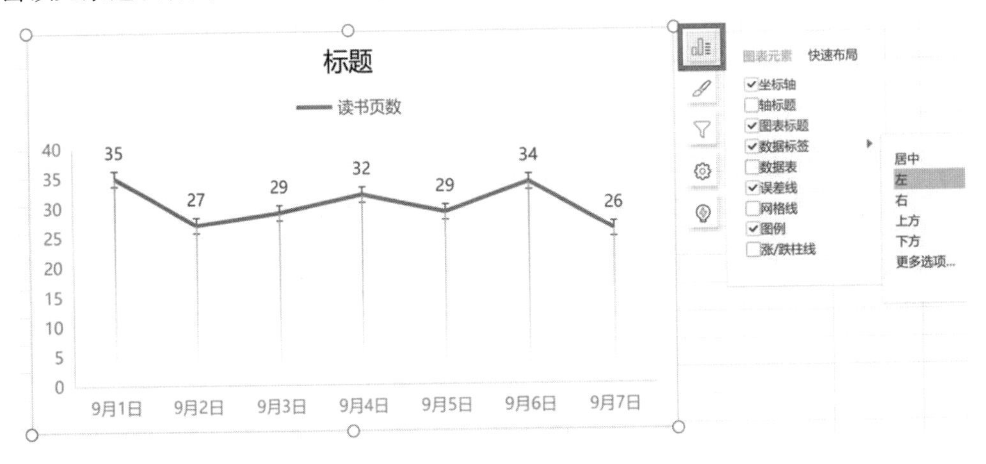

图5-12 添加图表元素

②删除图表元素。删除图表元素的方法和添加图表元素相反,在"图表元素"列表中取消指定复选框的勾选可从图表中删除相应元素。

(5)设置图表格式。

① 设置图表标题格式。

图表标题用来指明图表的作用,可根据需要修改标题名称及设置标题格式。选中图表标题,将光标定位在标题文本框中,即可输入新的标题名称,如图5-13所示。单击图表标题文本框,保持标题为选中状态,在"开始"选项卡中可设置标题的字体、字号、字颜色等。

②设置坐标轴格式。

用户可以对图表标轴进行设置,右击图表纵坐标轴,在弹出的菜单中选择"设置坐标轴格式"选项,打开"属性"对话框,在"坐标轴"界面中对数据进行设置后修改边界的"最大值"为"40",修改"主要"单位为"10",如图5-14所示。图表中的纵坐标轴随即发生更改。

周读书计划
读书页数
40
35
30
25
20
15
10
5
0
35
27
29
32
29
34
26
9月1日
9月2日
9月3日
9月4日
9月5日
9月6日
9月7日

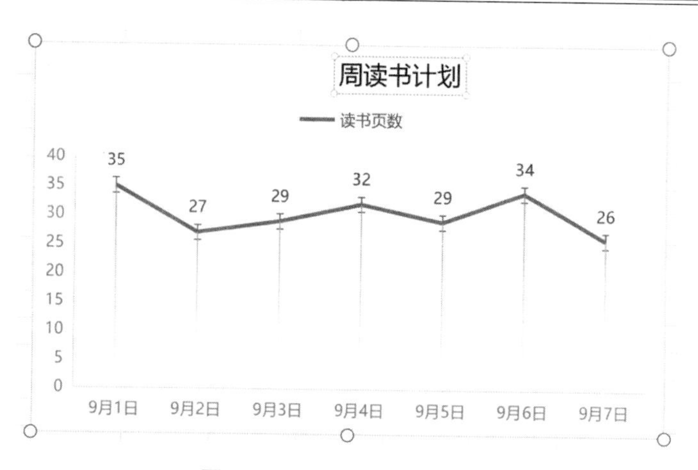

图 5-13　输入新的标题名称

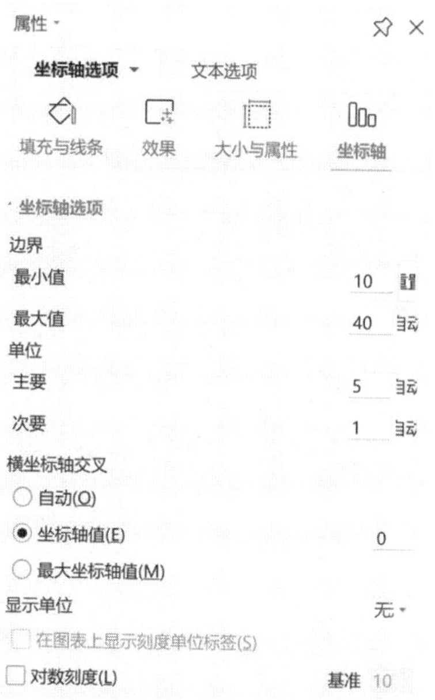

属性
坐标轴选项
文本选项
填充与线条
效果
大小与属性
坐标轴
坐标轴选项
边界
最小值
10
最大值
40
单位
主要
5
次要
1
横坐标轴交叉
自动(O)
坐标轴值(E)
0
最大坐标轴值(M)
显示单位
无
在图表上显示刻度单位标签(S)
对数刻度(L)
基准
10

图 5-14　选择“设置坐标轴格式”坐标轴选项设置

图表的格式还可以对数据标签、数据系列、图表区格式进行设置。在任意数据标签上方右击，在弹出的菜单中选择“设置数据标签格式”“设置数据系统格式”选项，如图 5-15 所示。同样，在绘图区上方右击，可以对图表区格式进行设置，如图 5-16 所示。

图 5-15　数据标签、数据系列格式设置

删除(D)
重设以匹配样式(A)
更改图表类型(Y)...
另存为模板(S)...
选择数据(E)...
三维旋转(R)...
设置绘图区格式(F)...

图 5-16　绘图区格式设置

(6)更改图表布局与样式。

WPS 表格提供了一些图表布局及图表样式,若创建图表后不想手动布局或设置图表样式,可直接使用内置的布局或样式。

①更改图表布局。

要想快速更改图表的整体布局,可选中该图表,打开“图表工具”选项卡,单击“快速布局”下拉按钮,从展开的列表中选择需要的布局选项,图表布局随即发生更改。

②设置图表样式。

套用内置的图表样式方法非常简单,也是快速美化图表,节约工作时长,提高工作效率的方法。选中图表,打开“图表工具”选项卡,单击图表样式组右侧的下拉按钮,在展开的列表中选择需要的图表样式,图表即可应用所选样式。

5.1.4　公式与函数

WPS 表格的计算能力十分强大,使用公式和函数能够快速计算出复杂数据的结果,对提高工作效率会有很大的帮助。本章对 WPS 表格公式和函数的应用进行详细介绍。

1. 熟悉公式

WPS 表格公式是对工作表中的数据进行计算的工具,也是一种数学运算式。即使是复杂的数据使用公式也能轻松计算出结果。

(1)公式的构成。

WPS 表格公式的等号是写在公式的开始处的。一个完整的 WPS 公式通常是由等号、函数、括号、单元格引用、常量、运算符等构成。其中常量可以是数字、文本或其他符号,当常量不是数字时必须要使用双引号。

①公式的主要组成部分。

下面是一个从身份证号码中提取性别的公式,那么这个公式由哪些部分组成呢?除了图上标注出的这些主要组成部分外,这个公式中还包含括号、分隔符及双引号,如图 5-17 所示。

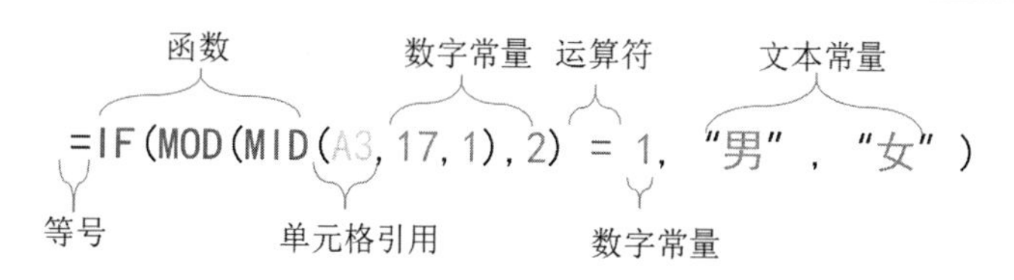

图 5-17 公式的主要组成部分

②运算符的类型和作用。

运算符是公式中十分重要的组成部分,共分为 4 种类型,分别是算术运算符、比较运算符、文本运算符及引用运算符。

a. 算术运算符。算术运算符用来完成基本的数学运算,例如加(+)、减(-)、乘(*)、除(/)等,各种算术运算符的作用见表 5-1。

表 5-1 各种算术运算符的作用

算术运算符	名称	含义	示例
+	加号	进行加法运算	A1+B1
-	减号	进行减法运算	A1-B1
	负号	求相反数	-30
*	乘号	进行乘法运算	A1 * 3
/	除号	进行除法运算	A1/2
%	百分号	将值缩小 100 倍	50%
^	乘方	进行乘方运算	2^3

b. 比较运算符。比较运算符用来对两个数值进行比较,产生的结果为逻辑值 TRUE(真)或 FALSE(假)。比较运算符有等于(=)、大于(>)、小于(<)、大于或等于(>=)、小于或等于(<=)、不等于(<>),各种比较运算符的用法见表 5-2。

表 5-2 各种比较运算符的用法

比较运算符	名称	含义	示例
=	等号	判断左右两边的数据是否相等	A1=B1
>	大于号	判断左边的数据是否大于右边的数据	A1 > B1
<	小于号	判断左边的数据是否小于右边的数据	A1 < B1
>=	大于或等于号	判断左边的数据是否大于或等于右边的数据	A1 >=B1
<=	小于或等于号	判断左边的数据是否小于或等于右边的数据	A1 <=B1
<>	不等于	判断左右两边的数据是否不相等	A1 <> B1

c. 文本运算符。文本运算符“&”用来将一个或多个文本连接成为一个组合文本，见表 5-3。

表 5-3　文本运算符

文本运算符	名称	含义	示例
&	连接符号	将两个文本连接在一起形成一个连续的文本	A1 & B1

d. 引用运算符。引用运算符用来将单元格区域合并运算，具体用法见表 5-4。

表 5-4　引用运算符的用法

文本运算符	名称	含义	示例
:	冒号	对两个引用之间，包括两个引用在内的所有单元格进行引用	A1 : D5
空格	单个空格	对两个引用相交叉的区域进行引用	(B2:B4 B3:D3)
,	逗号	将多个引用合并在一个引用	(A1:D5,B3:F7)

(2) 输入和编辑公式。

输入公式看似简单，其实有很多的技巧，掌握了公式的输入技巧，不仅可以提高输入速度，还能够降低出错率。

①输入公式。

选中 E2 单元格，先输入等号“=”将光标移动到 C2 单元格上方并单击，即可将该单元格地址输入到公式中，如图 5-18 所示。手动输入运算符号，继续向公式中引用单元格，直到公式输入完成。

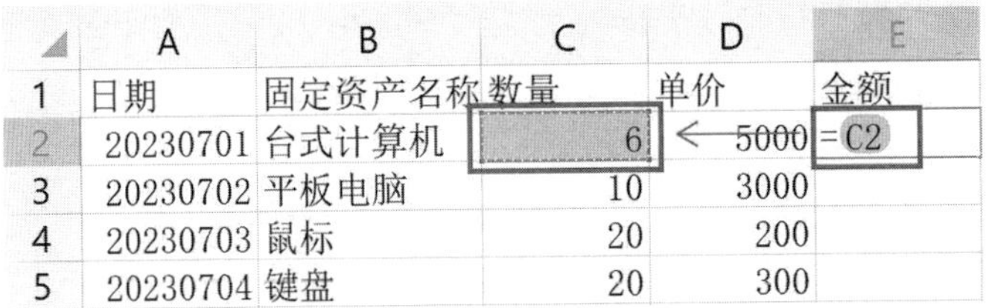

	A	B	C	D	E
1	日期	固定资产名称	数量	单价	金额
2	20230701	台式计算机	6	5000	=C2
3	20230702	平板电脑	10	3000	
4	20230703	鼠标	20	200	
5	20230704	键盘	20	300	

图 5-18　输入公式

公式输入完成后按“Enter”键即可返回计算结果。随后再次选中 E2 单元格，将光标放在单元格右下角，光标变成黑色“+”形状时按住鼠标左键向下拖动，拖动到最后一个具有相同计算规律的单元格后松开鼠标，鼠标拖动过的单元格即被自动填充了公式，如图 5-19 所示。

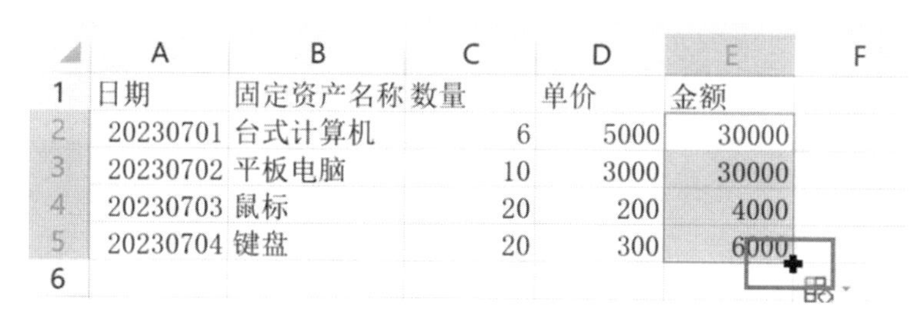

	A	B	C	D	E	F
1	日期	固定资产名称	数量	单价	金额	
2	20230701	台式计算机	6	5000	30000	
3	20230702	平板电脑	10	3000	30000	
4	20230703	鼠标	20	200	4000	
5	20230704	键盘	20	300	6000	
6						

图 5-19　自动填充了公式

②编辑公式。

如果公式的编写存在错误,可对公式进行重新编辑,启动公式的编辑状态有多种方法,下面逐一进行介绍。

a. 双击公式所在单元格可进入公式编辑状态。

b. 选中公式所在单元格,按“F2”键进入公式编辑状态。

c. 选中公式所在单元格,将光标定位在编辑栏中对公式进行编辑。

(3)单元格的引用形式。

单元格的引用分为相对引用、绝对引用和混合引用。其中最常用的是相对引用,初学公式的用户接触最多的也是相对引用,下面对这 3 种单元格引用形式进行详细介绍。

①相对引用。

下面举个最简单的例子来说明什么是引用。选中 D2 单元格,输入公式“=B2”这个公式中的“B2”即是相对引用。将公式向下填充至 D3 单元格。则公式中引用的单元格自动变成了“B3”。若将 D2 单元格中的公式向右侧填充至 E2 单元格,则公式中引用的单元格自动变成“E2”。由此可见,相对引用时公式与单元格的位置是相对的,单元格会随着公式的移动自动改变。

②绝对引用。

通常单元格地址是由行号和列号组成的,而绝对引用的单元格,行号和列标前都有“$”符号。不管公式移动到什么位置,公式中的绝对引用单元格都不会发生变化,如选中 D2 单元格,输入公式“=$B$2”,将公式向下填充至 D3 单元格,则公式中引用的单元格也是 B2。

③混合引用。

混合引用是相对引用和绝对引用的混合使用,只在行号或列号前面添加“$”符号。如“=$A2”为绝对列相对行的混合引用,“=A$2”为相对列绝对行的混合引用。当公式被移动的时候,所引用的单元格只有未被锁定的部分会发生变化。

2. 认识函数

函数就是预定的公式,它们用参数按照特定的结构进行计算。在复杂的计算时函数可以有效地简化公式。

(1)函数的类型。

根据运算类别及应用行业的不同,WPS 表格中的函数可分为财务函数、逻辑函数、文本函数、日期和时间函数、查找与引用函数、数学和三角函数、统计函数、工程函数、信息函数等。

在“公式”选项卡中可查看不同类型的函数。单击任意类型的函数按钮,在展开的下拉列表中可以查看该类型的所有函数。

(2)函数的输入方法。

在 WPS 表格中输入函数的方法不止一种,下面对常用函数的输入方法进行介绍。

①在“公式”选项卡中输入函数。选中需要输入公式的单元格,打开“公式”—“查找与引用”,如图 5-20 所示,在下拉按钮中选择“ADDRESS”选项,系统会弹出“函数参数”对话框,在该对话框中设置好各项参数,单击“确定”按钮。此时,所选单元格中已经被插入了由 VLOOKUP 函数编写的公式,并自动返回了计算结果,在编辑栏中可查看完整的公式。

②使用“插入函数”对话框中输入函数。选中需要输入公式的单元格,单击编辑栏左侧的“插入函数”按钮。弹出“插入函数”对话框,选择数类型为“查找与引用”,在“选择函数”列表框中选择 ADDRESS 选项,单击“确定”按钮。打开“函数参数”对话框,设置好各项参数,单击“确定”按钮即可,如图 5-21 所示。

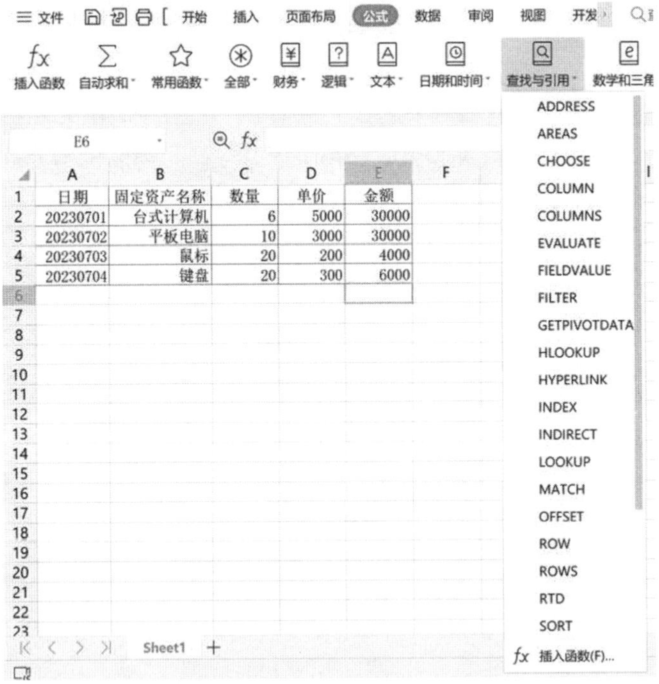

图 5-20 “公式”选项卡

③手动输入函数。若能准确拼写需要使用的函数(或至少能拼写出该函数的前几个字母),且对该函数的参数有足够的了解,也可手动输入函数。

选中需要输入公式的单元格,先输入“=”,接着手动输入函数名称,当输入第一个字母后,单元格下方会出现以该字母开头的函数列表(若列表中的函数比较多,不容易找到需要的函数,可再多输入几个字母),双击“ADDRESS”选项。所选函数随即被输入到公式中,函数后面自动添加一对括号,此时,公式下方会显示该函数的参数提示。根据参数提示在括号中依次设置参数,每个参数之间都要用“.”符号隔开,设置到某些参数时,下方还会出现相应的选择列表,用户可从列表中选择该参数。所有参数设置完成后按“Enter”键即可返回计算结果。

(3)自动计算。

一些常用的简单计算,例如求平均值、求和、最大值或最小值等可以使用 WPS 表格中的自动计算功能进行计算。具体操作方法如下。

选中 E6 单元格,打开“公式”选项卡,单击“自动求和”按钮,所选单元格中随即自动输入求和公式,如图 5-22 所示。按“Enter”键即可返回计算结果。

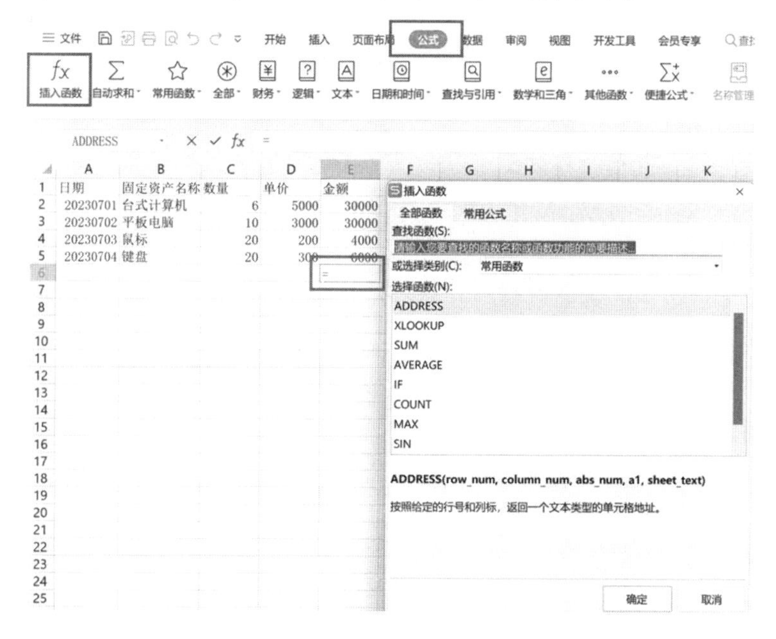

图 5-21　“插入函数”对话框

3. 常用的函数

函数种类虽多,但在实际应用中经常用到的并不多,用户可以根据函数的类型学习这些常见函数的用法。

(1)求和函数。

在实际应用中,数据的统计和汇总都会使用求和函数。求和函数的种类非常多,其中使用率最高的包括 SUM、SUMIF、SUMIFS 等。

①SUM 函数。

SUM 函数是最基础的求和函数,它的作用是返回指定单元格区域中的所有数据之和。如果参数中有错误值或不能转换成数字的文本,将会返回错误值。

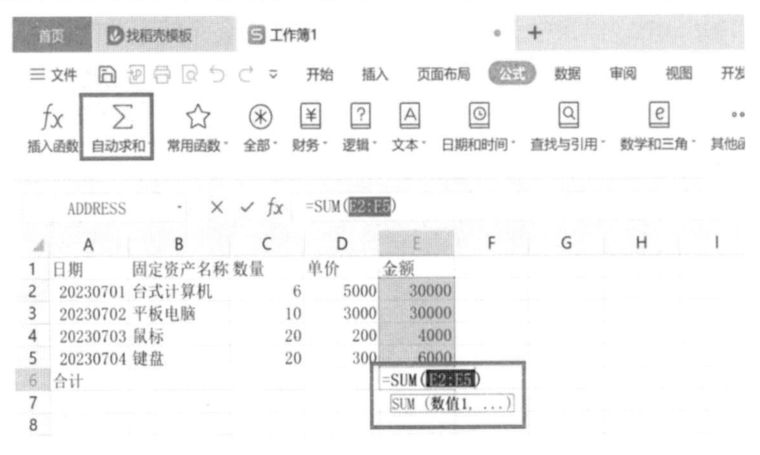

图 5-22 自动计算

②语法格式:SUM(数值 1,…)

示例:根据各市饮品销量明细表,计算矿泉水销量,以及南京和重庆两市的总销量。选中 B9 单元格,输入"=SUM",按"Enter"键,函数后面会自动输入一对括号,此时光标自动定位在括号中间。将光标移动到表格上方,拖动鼠标选择"B2:E2"单元格区域,所选区域地址随即被引用到了公式中,按"Enter"键即可计算出矿泉水的销量,如图 5-23 所示。

当要对多个区域中的数据进行求和时,可将这些区域依次设置成 SUM 函数的参数。接下来计算南京和重庆的销售总和。

选中 B10 单元格,输入公式"=SUM(B2:B7,E2:E7)",公式输入完成后按"Enter"键即可返回计算结果,如图 5-24 所示。

ADDRESS =sum()

	A	B	C	D	E
1	饮品	南京	上海	北京	重庆
2	矿泉水	¥1,057.00	¥734.00	¥890.00	¥630.00
3	纯净水	¥923.00	¥560.50	¥939.00	¥952.00
4	运动型饮料	¥929.00	¥577.00	¥1,102.00	¥1,027.00
5	咖啡饮品	¥1,360.00	¥786.00	¥592.00	¥817.00
6	碳酸饮料	¥592.00	¥1,389.00	¥1,098.00	¥496.00
7	乳制饮品	¥987.00	¥560.50	¥745.00	¥1,252.00
8					
9	矿泉水销量	=sum()			
10	南京+重庆销量	SUM (数值1, ...)			

(a)

图 5-23 SUM 函数

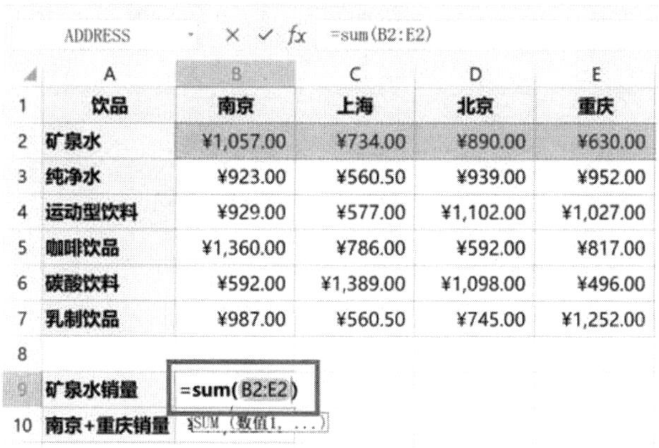

ADDRESS　×　✓　fx　=sum(B2:E2)

	A	B	C	D	E
1	饮品	南京	上海	北京	重庆
2	矿泉水	¥1,057.00	¥734.00	¥890.00	¥630.00
3	纯净水	¥923.00	¥560.50	¥939.00	¥952.00
4	运动型饮料	¥929.00	¥577.00	¥1,102.00	¥1,027.00
5	咖啡饮品	¥1,360.00	¥786.00	¥592.00	¥817.00
6	碳酸饮料	¥592.00	¥1,389.00	¥1,098.00	¥496.00
7	乳制饮品	¥987.00	¥560.50	¥745.00	¥1,252.00
8					
9	矿泉水销量	=sum(B2:E2)			
10	南京+重庆销量	SUM（数值1，...）			

（b）

图 5-23（续）

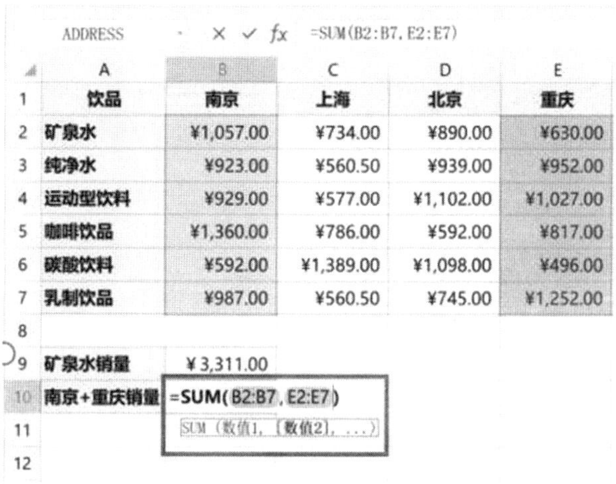

ADDRESS　×　✓　fx　=SUM(B2:B7,E2:E7)

	A	B	C	D	E
1	饮品	南京	上海	北京	重庆
2	矿泉水	¥1,057.00	¥734.00	¥890.00	¥630.00
3	纯净水	¥923.00	¥560.50	¥939.00	¥952.00
4	运动型饮料	¥929.00	¥577.00	¥1,102.00	¥1,027.00
5	咖啡饮品	¥1,360.00	¥786.00	¥592.00	¥817.00
6	碳酸饮料	¥592.00	¥1,389.00	¥1,098.00	¥496.00
7	乳制饮品	¥987.00	¥560.50	¥745.00	¥1,252.00
8					
9	矿泉水销量	¥3,311.00			
10	南京+重庆销量	=SUM(B2:B7,E2:E7)			
11		SUM（数值1，[数值2]，...）			
12					

（a）

B10　fx　=SUM(B2:B7,E2:E7)

	A	B	C	D	E
1	饮品	南京	上海	北京	重庆
2	矿泉水	¥1,057.00	¥734.00	¥890.00	¥630.00
3	纯净水	¥923.00	¥560.50	¥939.00	¥952.00
4	运动型饮料	¥929.00	¥577.00	¥1,102.00	¥1,027.00
5	咖啡饮品	¥1,360.00	¥786.00	¥592.00	¥817.00
6	碳酸饮料	¥592.00	¥1,389.00	¥1,098.00	¥496.00
7	乳制饮品	¥987.00	¥560.50	¥745.00	¥1,252.00
8					
9	矿泉水销量	¥3,311.00			
10	南京+重庆销量	¥11,022.00			

（b）

图 5-24　SUM 函数计算结果

提示:在公式中设置文本条件或比较条件时,需要使用英文双引号,否则公式无法正常返回计算结果。

②SUMIF 函数。

SUMIF 函数可以对指定范围内符合条件的数据求和,该函数共有 3 个参数。

语法格式:SUMIF(区域,条件,求和区域)

示例:根据工作人员佣金表,计算单个人佣金总和。

选中 F2 单元格,打开“公式”选项卡,单击“插入函数”按钮,弹出“插入函数”对话框,选择函数类型为“数学与三角函数”,在列表框中选中“SUMIF”选项,单击“确定”按钮,如图 5-25 所示。

	A	B	C	D	E	F
1	订单号	人员	佣金		人员	佣金总额(元)
2	A0001	邓昌达	12230		邓昌达	
3	A0002	刘双瑜	11897		刘双瑜	
4	A0003	李冬	11345		李冬	
5	A0004	闫嘉琦	12000		邓皓文	
6	A0005	邓皓文	12230			
7	A0006	邓皓文	12000			
8	A0007	邓昌达	11345			
9	A0008	李冬	12000			

(a)

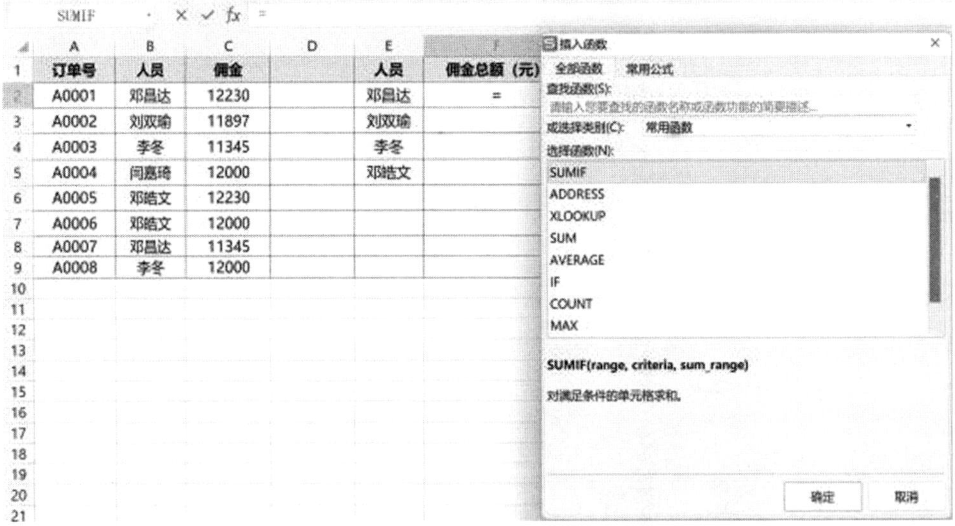

(b)

图 5-25 SUMIF 函数

打开“函数参数”对话框,依次设置参数为“B2:C9”“邓昌达”“C2:C9”,单击“确定”按钮,如图 5-26 所示。返回工作表,此时 F2 单元格中已经显示出了计算结果,为“23575”,在编辑栏中可查看完成的公式。

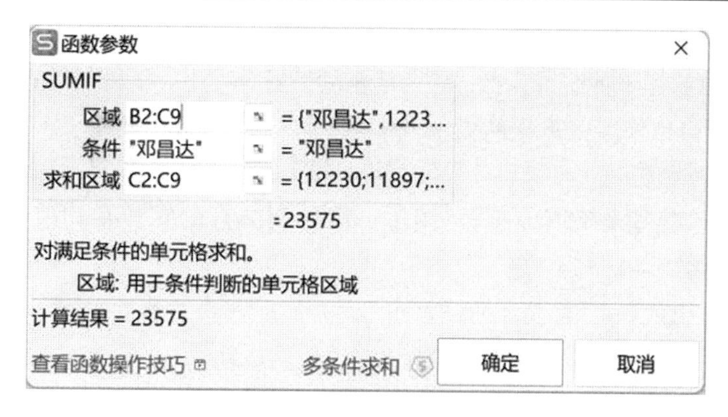

图 5-26　“函数参数”对话框

提示：在这个公式中，每个参数的含义如图 5-27 所示，其中第 3 个参数中的“ * 开关”部分中的“ * ”是通配符，表示任意个数的字符。

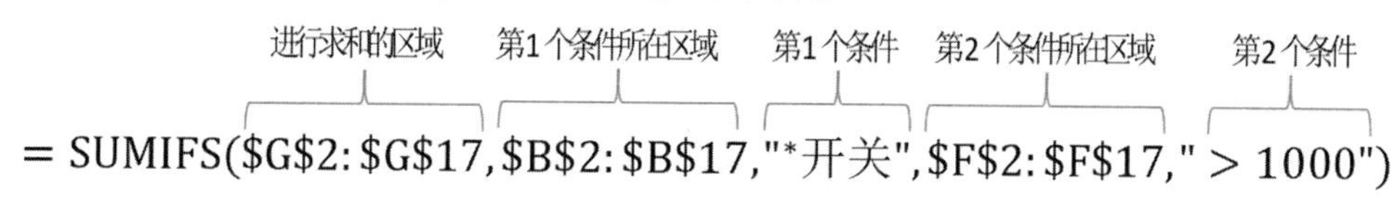

图 5-27　参数含义

③SUMIFS 函数。

SUMIFS 函数用于计算满足多个条件的全部参数的总和，该函数最多可以输入 127 个区域/条件。

语法格式：SUMIFS(求和区域，区城 1，条件 1…)

示例：计算报价单中产品名称最后两个字是“开关”且单价大于 1 000 的产品总价之和。选中 K4 单元格，输入公式“ = SUMIFS($H$2: $H$17, $C$2: $C$17, " * 开关", $G$2: $G$17, ">1000")”，输入完成后按“Enter”键返回求和结果“6374”，如图 5-28 所示。

	A	B	C	D	E	F	G	H
1	工号	生产工人	产品名称	型号规格	单位	数量	单价	总价
2	A0001	邓昌达	刀熔开关	QSA-630/30 DIN630	只	2	¥1,537.20	¥3,074.40
3	A0002	刘双瑜	电流互感器	LMZJ1-0.5 500/5	只	6	¥42.00	¥252.00
4	A0003	李冬	接地开关	JN15-12/31.5-210	套	2	¥830.00	¥1,660.00
5	A0004	闫嘉琦	多功能仪表	HD194E-9SY	只	3	¥1,440.00	¥4,320.00
6	A0005	邓皓文	熔断器	NH00-63A	只	20	¥36.00	¥720.00
7	A0006	周拉加	10KV隔离开关	GN30-10KV/630	只	2	¥1,650.00	¥3,300.00
8	A0007	李浩月	无功补偿控制器	KDJKW-18FD	只	2	¥990.00	¥1,980.00
9	A0008	朱路飞	共补电容器	KDBC450-18/3	只	10	¥290.40	¥2,904.00
10	A0009	周睿	分补电容器	KDBC250-9*3/1	只	2	¥726.00	¥1,452.00
11	A0010	姚致远	补偿复合开关	KDFK-400/20S	只	5	¥369.60	¥1,848.00
12	A0011	惠文宇	补偿复合开关	KDFK-230/30F	只	4	¥396.00	¥1,584.00
13	A0012	王昱为	避雷器	FYS-0.22	只	5	¥31.20	¥156.00
14	A0013	林博易	主铜排	TMY-100*8	M	2.5	¥495.55	¥1,238.88
15	A0014	吴浩哲	主铜排	TMY-50*5	M	0.6	¥154.86	¥92.92
16	A0015	李佳一	分支铜排	TMY-50*5	M	5	¥154.86	¥774.30
17	A0016	耿植	柜壳	800W*1000D*2200H	台	1	¥1,080.00	¥1,080.00

条件1：产品名称最后两个字是“开关”

条件2：单价“大于1000”

求和项：总价

求和结果：=SUMIFS($H$2:$H$17,$C$2:$C$17,"*开关",$G$2:$G$17,">1000")

函数参数
SUMIFS
求和区域 $H$2:$H$17 = {3074.4;252;...
区域1 $C$2:$C$17 = {"刀熔开关";"...
条件1 "*开关" = "*开关"
区域2 $G$2:$G$17 = {1537.2;42;8...
条件2 ">1000" = ">1000"
= 6374.4
对区域中满足多个条件的单元格求和。
求和区域：用于求和计算的实际单元格
计算结果 = 6374.4
查看函数操作技巧　按条件区间求和　确定　取消

图 5-28　SUMIFS 函数

(2)统计函数。

WPS 表格中有几十种统计函数,除了专业的统计人员,一般情况下只要了解一些常用的统计函数就足以解决工作中的大部分问题。

①AVERAGE 函数。

AVERAGE 函数是求平均值函数,用于计算所有参数的算数平均值,参数可以是数值、名称、数组或引用。

语法格式:AVERAGE(数值 1…)

示例:在学生考核成绩表中计算每位学生的平均成绩。

选中 G2 单元格,输入公式"=AVERAGE(B2:F2)",如图 5-29 所示。公式输入完成后按"Enter"键返回计算结果,随后再次选中 G2 单元格,向下拖动填充柄、完成公式的填充,计算出其他员工的平均分。

②AVERAGEIF 函数。

AVERAGEIF 函数可以返回指定区域内满足给定条件的所有单元格的算数平均值。

语法格式:AVERAGEIF(区域,条件,求平均值区域)

示例:在学生成绩表中计算 2 班"高数"的平均分数。

选中 B20 单元格,单击编辑栏右侧的"插入函数"按钮。弹出"插入函数"对话框,如图 5-30 所示,设置函数类型为"统计",在列表框中选择"AVERAGEIF"选项,如图 5-31 所示,单击"确定"按钮。

G2 fx =AVERAGE(B2:F2)

	A	B	C	D	E	F	G
1	姓名	高数	大学语文	英语	马克思	总分	平均分
2	邓昌达	73.70	93.30	76.20	89.30	332.50	133.00
3	刘双瑜	95.20	77.60	77.40	83.50	333.70	
4	李冬	95.20	78.30	75.20	67.40	316.10	
5	闫嘉琦	90.00	60.30	91.80	97.40	339.50	
6	邓皓文	53.50	67.80	71.20	92.60	285.10	
7	周拉加	70.90	89.30	75.30	70.20	305.70	
8	李浩月	90.90	86.20	78.90	80.50	336.50	
9	朱路飞	87.00	67.70	90.20	91.20	336.10	
10	周睿	95.20	78.30	75.20	67.40	316.10	
11	姚致远	89.00	89.30	75.30	70.20	323.80	
12	惠文宇	87.00	65.80	75.20	89.60	317.60	
13	王昱为	88.00	92.10	73.40	83.30	336.80	
14	林博易	93.00	91.30	80.20	86.30	350.80	
15	吴浩哲	90.20	80.30	71.20	70.40	312.10	
16	李佳一	89.00	65.80	75.20	89.60	319.60	
17	耿植	73.70	93.30	76.20	89.30	332.50	
18	肖浩月	79.50	78.00	94.20	88.20	339.90	
19	李林	76.30	80.30	89.00	68.30	313.90	

图 5-29 输入公式

K20　fx 插入函数

	A	B	C	D	E	F	G	H
1	班次	姓名	高数	大学语文	英语	马克思	总分	平均分
2	1班	邓昌达	73.70	93.30	76.20	89.30	332.50	
3	1班	刘双瑜	95.20	77.60	77.40	83.50	333.70	
4	2班	李冬	95.20	78.30	75.20	67.40	316.10	
5	1班	闫嘉琦	90.00	60.30	91.80	97.40	339.50	
6	2班	邓皓文	53.50	67.80	71.20	92.60	285.10	
7	2班	周拉加	70.90	89.30	75.30	70.20	305.70	
8	2班	李浩月	90.90	86.20	78.90	80.50	336.50	
9	1班	朱路飞	87.00	67.70	90.20	91.20	336.10	
10	2班	周睿	95.20	78.30	75.20	67.40	316.10	
11	1班	姚致远	89.00	89.30	75.30	70.20	323.80	
12	2班	惠文宇	87.00	65.80	75.20	89.60	317.60	
13	2班	王昱为	88.00	92.10	73.40	83.30	336.80	
14	2班	林博易	93.00	91.30	80.20	86.30	350.80	
15	1班	吴浩哲	90.20	80.30	71.20	70.40	312.10	
16	2班	李佳一	89.00	65.80	75.20	89.60	319.60	
17	1班	耿植	73.70	93.30	76.20	89.30	332.50	
18	1班	肖浩月	79.50	78.00	94.20	88.20	339.90	
19	2班	李林	76.30	80.30	89.00	68.30	313.90	
20	各科平均分							

图 5-30　“插入函数”按钮

插入函数

全部函数　常用公式

查找函数(S):

请输入您要查找的函数名称或函数功能的简要描述...

或选择类别(C):　统计

选择函数(N):

AVEDEV

AVERAGE

AVERAGEA

AVERAGEIF

AVERAGEIFS

BETADIST

BETAINV

BINOM.DIST

AVERAGEIF(range, criteria, average_range)

返回某个区域内满足给定条件的所有单元格的算术平均值。

确定　取消

图 5-31　选择“AVERAGEIF”选项

打开“函数参数”对话框，依次设置参数为“A2:F19”“2 班”“C2:C19”，单击“确定”按钮，B20 单元格中随即返回计算结果“83.9”，如图 5-32 所示。

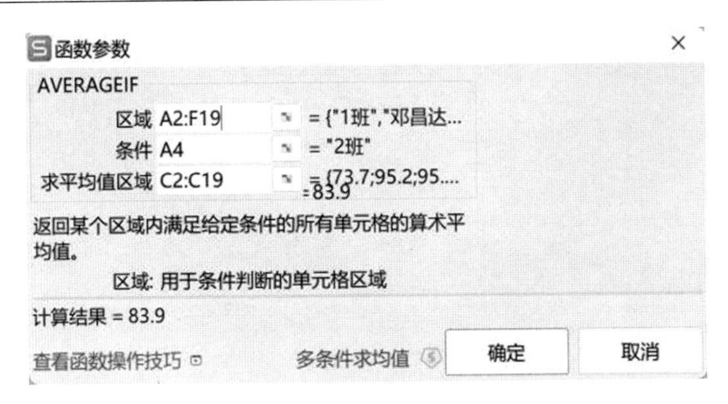

图 5-32 设置“函数参数”

提示：设置 AVERAGEIF 函数的第 1 个参数时需要注意，条件列必须是所选区域的第一列。

③COUNT 函数。

COUNT 函数是统计指定区域中包含数字的单元格个数。错误值或其他无法转换成数字的文字将被忽略。

语法格式：COUNT(值 1…)

示例：统计学生成绩表中“高数”的参考人数。

选中 E2 单元格，输入公式“=COUNT(C2:C19)”。公式输入完成后按【Ctrl+Enter】组合键，返回统计结果(使用该组合键返回公式结果时，所选单元格不会向下移动，依然保持选中公式所在单元格)，如图 5-33 所示。

	A	B	C	D	E	F	G	H
1	班次	姓名	高数	大学语文	英语	马克思	总分	平均分
2	1班	邓昌达	73.70	93.30	76.20	89.30	332.50	
3	1班	刘双瑜	95.20	77.60	77.40	83.50	333.70	
4	2班	李冬	95.20	78.30	75.20	67.40	316.10	
5	1班	闫嘉琦	90.00	60.30	91.80	97.40	339.50	
6	2班	邓皓文	53.50	67.80	71.20	92.60	285.10	
7	2班	周拉加	70.90	89.30	75.30	70.20	305.70	
8	2班	李浩月	90.90	86.20	78.90	80.50	336.50	
9	1班	朱路飞	87.00	67.70	90.20	91.20	336.10	
10	2班	周睿	95.20	78.30	75.20	67.40	316.10	
11	1班	姚致远	89.00	89.30	75.30	70.20	323.80	
12	2班	惠文宇	87.00	65.80	75.20	89.60	317.60	
13	2班	王昱为	88.00	92.10	73.40	83.30	336.80	
14	2班	林博易	93.00	91.30	80.20	86.30	350.80	
15	1班	吴浩哲	90.20	80.30	71.20	70.40	312.10	
16	2班	李佳一	89.00	65.80	75.20	89.60	319.60	
17	1班	耿植	73.70	93.30	76.20	89.30	332.50	
18	1班	肖浩月	79.50	78.00	94.20	88.20	339.90	
19	2班	李林	76.30	80.30	89.00	68.30	313.90	
20	各科平均分		83.9					
21	2班参考人数		=COUNT(C2:C19)					

图 5-33 COUNT 函数

提示：与 COUNT 函数作用相似的函数，还包括 COUNTA 及 COUNTBLANK。其中

COUNTA 函数的作用是统计指定单元格区域中的非空单元格个数,数字、文本、逻辑值及错误值都会被统计;COUNTBLANK 函数的作用是统计指定区域中的空白单元格个数。这两个函数的参数设置方法也和 COUNT 函数相似。

④COUNTIF 函数。

COUNTIF 函数的作用是计算指定区域中满足给定条件的单元格个数。

语法格式:COUNTIF(区域,条件)

示例:在学生成绩表中统计“高数”在 90 分及以上的学生人数。

选中 C20 单元格,输入公式“=COUNTIF(C2:C19,">=90")”,如图 5-34 所示。按【Ctrl+Enter】组合键返回统计结果为“7”。

COUNTIF　=COUNTIF(C2:C19,">=90")

	A	B	C	D	E	F	G	H
1	班次	姓名	高数	大学语文	英语	马克思	总分	平均分
2	1班	邓昌达	73.70	93.30	76.20	89.30	332.50	
3	1班	刘双瑜	95.20	77.60	77.40	83.50	333.70	
4	2班	李冬	95.20	78.30	75.20	67.40	316.10	
5	1班	闫嘉琦	90.00	60.30	91.80	[illegible]	[illegible]	
6	2班	邓皓文	53.50	67.80	71.20			
7	2班	周拉加	70.90	89.30	75.30			
8	2班	李浩月	90.90	86.20	78.90			
9	1班	朱路飞	87.00	67.70	90.20			
10	2班	周睿	95.20	78.30	75.20			
11	1班	姚致远	89.00	89.30	75.30			
12	2班	惠文宇	87.00	65.80	75.20			
13	2班	王昱为	88.00	92.10	73.40	[illegible]	[illegible]	
14	2班	林博易	93.00	91.30	80.20	86.30	350.80	
15	1班	吴浩哲	90.20	80.30	71.20	70.40	312.10	
16	2班	李佳一	89.00	65.80	75.20	89.60	319.60	
17	1班	耿植	73.70	93.30	76.20	89.30	332.50	
18	1班	肖浩月	79.50	78.00	94.20	88.20	339.90	
19	2班	李林	76.30	80.30	89.00	68.30	313.90	
20	高数大于等于90分人数		=COUNTIF(C2:C19,">=90")					

函数参数
COUNTIF
区域 C2:C19 = {73.7;95.2;95....
条件 ">=90" = ">=90"
=7
计算区域中满足给定条件的单元格的个数。
区域: 要计算其中非空单元格数目的区域
计算结果 = 7
查看函数操作技巧　多条件计数　确定　取消

图 5-34　输入公式

⑤MAX/MIN 函数。

MAX 函数的作用是计算一组数据中的最大值。参数列表中的文本和逻辑值会被忽略。

语法格式:MAX(数值 1…)

MIN 函数的作用和 MAX 函数相反,它可以计算给定参数中的最小值。MIN 函数同样忽略参数中的文本和逻辑值。

语法格式:MIN(数值 1…)

示例:在学生成绩表中统计“高数”最高分和最低分。

选中 C20 单元格,输入公式“=MAX(C2:C19)”,按“Enter”键返回结果,统计出比赛成绩中的最高分,如图 5-35 所示。

选中 C21 单元格，输入公式“=MIN(C2:C19)”，按“Enter”键返回结果，统计出比赛成绩中的最低分，如图 5-36 所示。

C20 =MAX(C2:C19)

	A	B	C	D	E	F	G	H
1	班次	姓名	高数	大学语文	英语	马克思	总分	平均分
2	1班	邓昌达	73.70	93.30	76.20	89.30	332.50	
3	1班	刘双瑜	95.20	77.60	77.40	83.50	333.70	
4	2班	李冬	95.20	78.30	75.20	67.40	316.10	
5	1班	闫嘉琦	90.00	60.30	91.80	97.40	339.50	
6	2班	邓皓文	53.50	67.80	71.20	92.60	285.10	
7	2班	周拉加	70.90	89.30	75.30	70.20	305.70	
8	2班	李浩月	90.90	86.20	78.90	80.50	336.50	
9	1班	朱路飞	87.00	67.70	90.20	91.20	336.10	
10	2班	周睿	95.20	78.30	75.20	67.40	316.10	
11	1班	姚致远	89.00	89.30	75.30	70.20	323.80	
12	2班	惠文宇	87.00	65.80	75.20	89.60	317.60	
13	2班	王昱为	88.00	92.10	73.40	83.30	336.80	
14	2班	林博易	93.00	91.30	80.20	86.30	350.80	
15	1班	吴浩哲	90.20	80.30	71.20	70.40	312.10	
16	2班	李佳一	89.00	65.80	75.20	89.60	319.60	
17	1班	耿植	73.70	93.30	76.20	89.30	332.50	
18	1班	肖浩月	79.50	78.00	94.20	88.20	339.90	
19	2班	李林	76.30	80.30	89.00	68.30	313.90	
20	高数最高分		95.2					
21	高数最低分							

图 5-35 高数的最高分

C21 =MIN(C2:C19)

	A	B	C	D	E	F	G	H
1	班次	姓名	高数	大学语文	英语	马克思	总分	平均分
2	1班	邓昌达	73.70	93.30	76.20	89.30	332.50	
3	1班	刘双瑜	95.20	77.60	77.40	83.50	333.70	
4	2班	李冬	95.20	78.30	75.20	67.40	316.10	
5	1班	闫嘉琦	90.00	60.30	91.80	97.40	339.50	
6	2班	邓皓文	53.50	67.80	71.20	92.60	285.10	
7	2班	周拉加	70.90	89.30	75.30	70.20	305.70	
8	2班	李浩月	90.90	86.20	78.90	80.50	336.50	
9	1班	朱路飞	87.00	67.70	90.20	91.20	336.10	
10	2班	周睿	95.20	78.30	75.20	67.40	316.10	
11	1班	姚致远	89.00	89.30	75.30	70.20	323.80	
12	2班	惠文宇	87.00	65.80	75.20	89.60	317.60	
13	2班	王昱为	88.00	92.10	73.40	83.30	336.80	
14	2班	林博易	93.00	91.30	80.20	86.30	350.80	
15	1班	吴浩哲	90.20	80.30	71.20	70.40	312.10	
16	2班	李佳一	89.00	65.80	75.20	89.60	319.60	
17	1班	耿植	73.70	93.30	76.20	89.30	332.50	
18	1班	肖浩月	79.50	78.00	94.20	88.20	339.90	
19	2班	李林	76.30	80.30	89.00	68.30	313.90	
20	高数最高分		95.2					
21	高数最低分		53.5					

图 5-36 高数的最低分

⑥RANK 函数。

RANK 函数是排名函数，可对一组数字按大小进行排位，排位是相对于列表中其他值的大小进行的。

语法格式:RANK(数值,引用,排位方式)

示例:在学生成绩表中统计“高数”成绩排名。

选中 D2 单元格,输入公式“RANK(C2,$C$2:$C$19)”,输入完成后按“Enter”键返回计算结果,随后将 D2 单元格中的公式填充至 D3:D19 单元格区域,返回每个比赛成绩的排名,如图 5-37 所示。

D2　fx　=RANK(C2,$C$2:$C$19)

	A	B	C	D	E	F
1	班次	姓名	高数	排名		
2	2班	邓皓文	53.50	18		
3	2班	周拉加	72.00	17		
4	1班	耿植	74.00	16		
5	1班	邓昌达	76.00	15		
6	2班	李林	76.50	14		
7	1班	肖浩月	79.50	13		
8	1班	朱路飞	87.00	12		
9	2班	惠文宇	87.50	11		
10	2班	王昱为	88.00	10		
11	1班	姚致远	89.00	9		
12	2班	李佳一	89.50	8		
13	1班	闫嘉琦	90.00	7		
14	2班	李浩月	90.50	6		
15	2班	李冬	91.20	5		
16	2班	周睿	91.50	4		
17	2班	林博易	93.00	3		
18	1班	刘双瑜	94.00	2		
19	1班	吴浩哲	99.50	1		

图 5-37　输入公式及返回的成绩排名

提示:RANK 函数的第 3 个参数代表排位方式,当该参数为 0 或忽略时,排位结果是基于要排位的数据降序排序的列表,当该参数不为 0 时,排位结果是基于要排位的数据升序排序的列表。

(3)查找与引用函数。

查找与引用函数可以通过各种关键字查找工作表中的值,识别单元格位置等。下面对查找与引用函数中的一些常见函数进行介绍。

①VLOOKUP 函数。

VLOOKUP 函数是按照指定的查找值从工作表中查找相应的数据。

语法格式:VLOOKUP(查找值,数据表,列序数,匹配条件)

示例:在学生成绩表中统计“邓昌达”学生的“高数”和“马克思”两门课程成绩。

选中 K3 单元格,输入公式“=VLOOKUP($B$2,$B$1:$F$19,2,FALSE)”,输入完成后按“Enter”键即可从学生成绩表中统计“邓昌达”学生的“高数”和“马克思”两门课程成绩,如图 5-38 所示。

K3 =VLOOKUP($B$2, $B$1:$F$19, 2, FALSE)

	A	B	C	D	E	F	G	H
1	班次	姓名	高数	大学语文	英语	马克思	总分	平均分
2	1班	邓昌达	74	93	76	89	333	
3	1班	刘双瑜	95	78	77	84	334	
4	2班	李冬	95	78	75	67	316	
5	1班	闫嘉琦	90	60	92	97	340	
6	2班	邓皓文	54	68	71	93	285	
7	2班	周拉加	71	89	75	70	306	
8	2班	李浩月	91	86	79	81	337	
9	1班	朱路飞	87	68	90	91	336	
10	2班	周睿	95	78	75	67	316	
11	1班	姚致远	89	89	75	70	324	
12	2班	惠文宇	87	66	75	90	318	
13	2班	王昱为	88	92	73	83	337	
14	2班	林博易	93	91	80	86	351	
15	1班	吴浩哲	90	80	71	70	312	
16	2班	李佳一	89	66	75	90	320	
17	1班	耿植	74	93	76	89	333	
18	1班	肖浩月	80	78	94	88	340	
19	2班	李林	76	80	89	68	314	

J	K	L
查询表		
姓名	高数	马克思
邓昌达	74	89

图 5-38 VLOOKUP 函数

提示:VLOOKUP 的第 4 个参数表示在查找时是要求精确匹配还是大致匹配。如果设置为 FALSE 表示精确匹配,而设置成 TRUE 则表示大致匹配。

②MATCH 函数。

MATCH 函数是可以返回指定内容在某一区域中第一次出现的位置。

语法格式:MATCH(查找值,查找区域,匹配类型)

示例:根据参赛队伍入场顺序表查询指定代表队的入场编号。

选中 D2 单元格,输入公式"=MATCH(A12, $A$2:$A$12,0)",按"Enter"键即可返回图灵奖队的入场顺序,如图 5-39 所示。

MATCH 函数的第 3 个参数是可选函数,可以设置成数字-1、0 或 1。其中,0 表示精确匹配;1 和-1 都是近似匹配。1 查找小于或等于数据区域中的最大值,其前提是数据区域必须按升序排序;-1 查找大于等于数据区域中的最小值,其前提是数据区域必须按降序排序。若忽略该参数,则默认按照参数进行匹配。

(4)逻辑函数。

在 WPS 表格中逻辑值或逻辑式的应用很广泛,逻辑值包含 TRUE 和 FALSE 两种,用来表示指定条件是否成立。条件成立时返回 TRUE,条件不成立时返回 FALSE。下面对常用的逻辑函数的参数设置及使用方法进行介绍。

①IF 函数。

IF 函数可以根据逻辑式判断指定条件,如果条件成立,就返回真条件下的指定内容,如果条件式不成立,则返回假条件下的指定内容。

D2　fx　=MATCH(A12, $A$2:$A$12, 0)

	A	B	C	D	E
1	参赛队入场顺序		入场编号查询		
2	公牛队		图灵奖队	11	
3	柯南队				
4	希拉里不服队				
5	铁榔头队				
6	机器猫队				
7	甜甜圈队				
8	马赛克队				
9	煎饼侠队				
10	阿尔法队				
11	复仇者联盟队				
12	图灵奖队				

图 5-39　输入公式并返回北京队的入场顺序

语法格式:IF(测试条件,真值,假值)

示例:根据计算机程序设计大赛成绩表中的总分判断各队是否达到进入决赛的标准。总分超过 350 分(包含 350 分)为达标,总分低于 350 分为不达标。

选中 C2 单元格,输入公式"=IF(B2>=350,"达标","不达标")"。按"Enter"键返回判断结果"不达标",随后将 C2 单元格中的公式向下填充,判断所有队的总分是否达标,如图 5-40 所示。

C2　fx　=IF(B2>=350,"达标","不达标")

	A	B	C	D	E	F
1	参赛队名	总分	是否达标			
2	公牛队	333	不达标			
3	柯南队	357	达标			
4	希拉里不服队	316	不达标			
5	铁榔头队	356	达标			
6	机器猫队	285	不达标			
7	甜甜圈队	374	达标			
8	马赛克队	337	不达标			
9	煎饼侠队	336	不达标			
10	阿尔法队	383	达标			
11	复仇者联盟队	324	不达标			
12	图灵奖队	372	达标			

图 5-40　输入公式并判断结果

②AND 函数。

AND 函数的作用是检查所有参数是否全部符合条件,如果全部符合条件就返回 TRUE,只要有一个不符合条件就返回 FALSE。

语法格式:AND(逻辑值 1,…)

示例:根据学生成绩表中每人4门课程成绩是否达到90分来判断是否为一等奖学金的标准(每门成绩大于或等于90为达标,否则为不达标)。

选中H2单元格,输入公式“=AND(C2>=90,D2>=90,E2>=90,F2>=90)”,按“Enter”键返回判断结果,然后向下方填充公式,此时公式返回的结果是逻辑值,如图5-41所示。

H2 =AND(C2>=90, D2>=90, E2>=90, F2>=90)

	A	B	C	D	E	F	G	H
1	班次	姓名	高数	大学语文	英语	马克思	总分	一等奖学金
2	1班	邓昌达	74	93	76	89	333	FALSE
3	1班	刘双瑜	95	78	77	84	334	FALSE
4	2班	李冬	95	78	75	67	316	FALSE
5	1班	闫嘉琦	90	60	92	97	340	FALSE
6	2班	邓皓文	54	68	71	93	285	FALSE
7	2班	周拉加	98	89	95	92	374	FALSE
8	2班	李浩月	91	86	79	81	337	FALSE
9	1班	朱路飞	87	68	90	91	336	FALSE
10	2班	周睿	98	98	95	92	383	TRUE
11	1班	姚致远	89	89	75	70	324	FALSE
12	2班	惠文宇	98	89	95	90	372	FALSE
13	2班	王昱为	88	92	73	83	337	FALSE
14	2班	林博易	93	91	80	86	351	FALSE
15	1班	吴浩哲	90	80	95	95	361	FALSE
16	2班	李佳一	89	66	75	90	320	FALSE
17	1班	耿植	74	93	76	89	333	FALSE
18	1班	肖浩月	80	78	94	88	340	FALSE
19	2班	李林	98	92	95	90	375	TRUE

图5-41 输入公式及返回结果

③OR函数。

OR函数和AND函数的作用较为相似,也可以对多个参数进行判断。但是OR函数只要有1个参数满足条件就返回TRUE,只有当所有条件全部不满足才返回FALSE。

语法格式:OR(逻辑值1,…)

示例:根据学生成绩表中每人是否有1门课程成绩不及格来判断是否有参评奖学金的资格(每门成绩>60为及格,否则为不及格)。

选中H2单元格,输入公式“=OR(C2<60,D2<60,E2<60,F2<60)”,按“Enter”键返回计算结果,将公式向下方填充公式,此时公式返回的结果是逻辑值,如图5-42所示。

(5)日期和时间函数。

日期与时间函数可以对日期和时间进行计算和管理,下面介绍几种工作中常用的日期和时间函数。

①TODAYW/NOW函数。

TODAY函数的作用是返回当前日期。

NOW函数的作用是返回当前日期和时间。

H2 =OR(C2<60, D2<60, E2<60, F2<60)

	A	B	C	D	E	F	G	H
1	班次	姓名	高数	大学语文	英语	马克思	总分	参评资格
2	1班	邓昌达	74	93	76	89	333	FALSE
3	1班	刘双瑜	95	78	77	84	334	FALSE
4	2班	李冬	95	78	75	67	316	FALSE
5	1班	闫嘉琦	90	60	92	97	340	FALSE
6	2班	邓皓文	54	68	71	93	285	TRUE
7	2班	周拉加	98	89	95	92	374	FALSE
8	2班	李浩月	91	86	79	81	337	FALSE
9	1班	朱路飞	87	68	90	91	336	FALSE
10	2班	周睿	98	98	95	92	383	FALSE
11	1班	姚致远	89	89	75	70	324	FALSE
12	2班	惠文宇	98	89	95	90	372	FALSE
13	2班	王昱为	88	92	73	83	337	FALSE
14	2班	林博易	93	91	80	86	351	FALSE
15	1班	吴浩哲	90	80	95	95	361	FALSE
16	2班	李佳一	89	66	75	90	320	FALSE
17	1班	耿植	74	93	76	89	333	FALSE
18	1班	肖浩月	80	78	94	88	340	FALSE
19	2班	李林	98	92	95	90	375	FALSE

图 5-42　输入公式及填充计算结果

这两个函数比较特殊，它们都没有参数。在单元格中输入“=TODAY()”，按“Enter”键即可返回当前日期；在单元格中输入“=NOW()”，按“Enter”键可返回当前日期及时间。TODAY函数和NOW函数通常和其他函数嵌套使用。

示例：使用TODAY函数与IF函数嵌套设置论文中期检查到期提醒。选中C2单元格，输入公式“=IF((B2-TODAY())<20,"即将到期",""))”，输入完成后按“Enter”键返回计算结果，将公式向下方填充，在20天内到期的论文中期检查即可显示文字提醒，如图5-43所示。

C2 =IF((B2-TODAY())<20,"即将到期","")

	A	B	C	D	E	F
1	学号	中期检查日期	到期提醒			
2	20200901	2023/3/30	即将到期			
3	20200902	2023/3/30	即将到期			
4	20200903	2023/3/30	即将到期			
5	20200904	2023/3/30	即将到期			
6	20200905	2023/3/30	即将到期			
7	20200906	2023/4/15				
8	20200907	2023/4/15				
9	20200908	2023/4/15				

图 5-43　输入公式及填充计算结果

②DATEDIF 函数。

DATEDIF 函数的作用是计算两个日期之间的天数、月数或年数。该函数有三个参数,语法格式:DATEDIF(开始日期,终止日期,比较单位)。

语法格式:YEAR(日期序号)

示例:根据计算机程序设计大赛的参赛选手出生日期计算当前年龄。

选中 C2 单元格,输入公式“=DATEDIF(B2,TODAY(),"Y")”,按“Enter”键计算出第一个出生日期的当前年龄,将公式向下方填充,计算出所有出生日期的当前年龄,如图 5-44 所示。

C2 fx =DATEDIF(B2,TODAY(),"Y")

	A	B	C	D
1	姓名	出生日期	年龄	
2	邓昌达	1995/12/30	27	
3	刘双瑜	1990/5/3	33	
4	李冬	1987/11/28	35	
5	闫嘉琦	1998/7/7	25	
6	邓皓文	1992/3/10	31	
7	周拉加	1980/5/20	43	
8	李浩月	1978/6/16	45	
9	朱路飞	1983/3/14	40	
10	周睿	2000/9/20	22	
11	姚致远	1993/8/10	29	
12	惠文宇	2002/10/5	20	

图 5-44 输入公式并填充计算结果

5.1.5 AI 数据分析与处理

随着 AI 技术的不断发展,市场上涌现出许多智能分析与处理数据的工具。智能数据分析与处理工具具有多种优点,例如,能根据用户输入的数据自动生成合适的图表类型并提供多种图表样式和主题供用户选择,简化了图表的制作过程;能够自动识别表格数据,快速进行数据分析,提供多种数据分析结果展示方式,简化了数据的分析过程;依托于自然语言处理等技术,可以理解用户的语音或文本聊天内容,并在表格中进行相应的数据读取、处理和可视化等操作,降低了用户操作的难度。

该类工具通过自动化重复性任务、提供高级分析功能、简化工作流程等方式,显著提高了数据处理的效率和准确性。它们适用于各种行业和企业规模,有助于提高生产力、客户服务和决策质量。市面常用的数据分析与处理软件有北京大学开发的 ChatExcel、商汤科技开发的办公小浣熊、腾讯文档智能助手及金山办公开发的 WPS 表格 AI 等。

下面重点介绍 WPS 表格 AI 在数据分析与处理方面的应用,其基本功能包括 AI 生成与编辑表格、AI 写公式、AI 条件标记、AI 生成图表等,如图 5-45 所示。

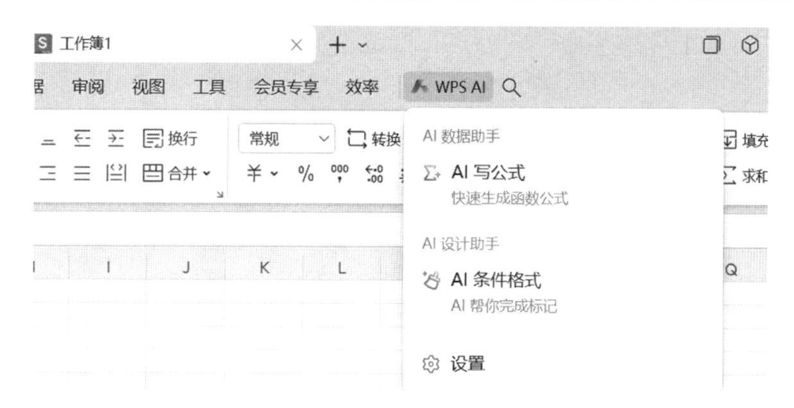

图 5-45　WPS 表格 AI 功能使用入口

1. AI 生成与编辑表格

(1) AI 生成表格。

WPS 表格 AI 提供了多种模板,新建智能表格时,用户可根据实际需求选择合适的模板,快速生成结构化的表格或者新建空白智能表格,如图 5-46 所示。例如,在进行信息统计时,可以选择人员信息统计模板;在进行项目管理时,可以选择项目进度表模板;在进行财务分析时,可以选择财务报表模板。这些模板不仅节省了设计表格的时间,还确保了表格的专业性和准确性。

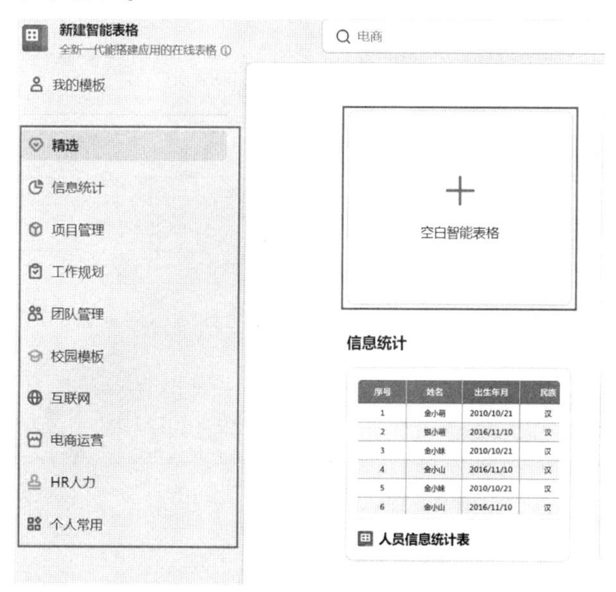

图 5-46　WPS 表格 AI 模板

以人员信息统计表为例,通过选择"人员信息统计表"模板,用户可以快速创建一个包含序号、姓名、出生年月、民族、联系电话等字段的表格,得到的图表如图 5-47 所示。WPS 表格 AI 会根据用户输入的数据,自动调整表格布局,确保信息的整齐和易读性。

序号	姓名	出生年月	民族	联系电话	身份证号	住址	微信	QQ	备注
1	金小萌	2010/10/21	汉	1358354678*	4255587159642355*	XX省XX市XX县	jinxiaomeng	jinxiaomeng	
2	银小萌	2016/11/10	汉	1358354678*	4255587159642355*	XX省XX市XX县	jinxiaomeng	jinxiaomeng	
3	金小妹	2010/10/21	汉	1358354678*	4255587159642355*	XX省XX市XX县	jinxiaomeng	jinxiaomeng	
4	金小山	2016/11/10	汉	1358354678*	4255587159642355*	XX省XX市XX县	jinxiaomeng	jinxiaomeng	
5	金小妹	2010/10/21	汉	1358354678*	4255587159642355*	XX省XX市XX县	jinxiaomeng	jinxiaomeng	

图 5-47　人员信息统计表模板

(2) AI 编辑表格。

WPS 表格 AI 还具备智能编辑功能，在编辑表格的过程中，能够根据用户输入的数据自动调整表格格式，优化排版。例如，当用户输入大量数据时，WPS 表格 AI 会自动调整列宽和行高，确保数据的可读性。利用表格美化功能得到的表格前后对比如图 5-48 和图 5-49 所示。

序号	姓名	出生地	身份证号	联系电话
1	张一	江苏省南京市	11011220000	13858888888
2	张二	江苏省南京市	11011220000	13858888889
3	张三	江苏省南京市	11011220000	13858888890
4	张四	江苏省南京市	11011220000	13858888891
5	张五	江苏省南京市	11011220000	13858888892
6	张六	江苏省南京市	11011220000	13858888893

筛选(L)
排序(U)
插入图表
插入批注(M) Shift+F2
超链接(H)... Ctrl+K
格式刷(O)
设置单元格格式(F)... Ctrl+1
表格美化 一键表格排版
更多表格功能

图 5-48　表格美化前

序号	姓名	出生地	身份证号	联系电话
1	张一	江苏省南京市	110112200001010101	13858888888
2	张二	江苏省南京市	110112200001010101	13858888889
3	张三	江苏省南京市	110112200001010101	13858888890
4	张四	江苏省南京市	110112200001010101	13858888891
5	张五	江苏省南京市	110112200001010101	13858888892
6	张六	江苏省南京市	110112200001010101	13858888893

图 5-49　表格美化后

WPS 表格 AI 还可以自动识别数据类型，并提供相应的建议。例如，当用户输入一串数字时，WPS 表格 AI 会判断这是否为电话号码或身份证号码，并自动格式化为标准格式。此外,WPS 表格 AI 还可以根据数据类型和内容自动选择合适的单元格格式,如日期、数字、货币、百分比等,进一步提高数据处理的效率。

2. AI 写公式

AI 写公式可以通过用户的文字描述,根据表格数据智能生成公式。通过 AI 写公式功能,用户无须深入了解复杂的公式编写规则,可快速实现数据处理和分析的需求,大大降低了使用 Excel 等表格软件的门槛。

打开 AI 写公式的方式有两种,方式一:直接在单元格内输入符号“=”,唤起 AI 图标,点击打开 AI 写公式;方式二:在公式导航栏点击 AI 写公式,出现公式提问框。这两种方式如图 5-50 所示。

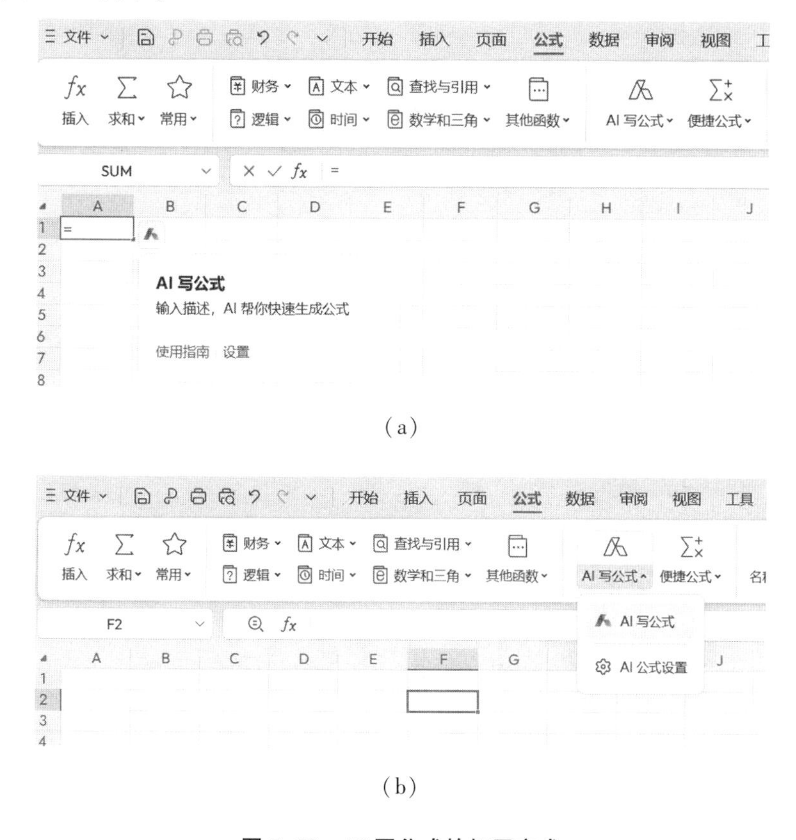

(a)

(b)

图 5-50　AI 写公式的打开方式

示例 1:判断身份证号码校验位是否正确。点击 AI 写公式图标,输入文字描述“判断 D2 单元格中的身份证号码校验位是否正确”。AI 将分析描述并生成如下公式:“=IF(MID("10X98765432",MOD(SUMPRODUCT(MID(D2,ROW(INDIRECT("1:17")),1)*2^(18-ROW(INDIRECT("1:17")))),11)+1,1)=RIGHT(D2),"正确","错误")”,并给出相应结果,如图 5-51 所示。

示例 2:通过身份证号得到出生年月日并计算年龄。点击 AI 写公式图标,输入文字描述“根据身份证号计算年龄”。AI 将分析描述并生成如下公式:“=YEAR(TODAY())

-MID(D2,7,4)”,并给出相应结果,如图 5-52 所示。

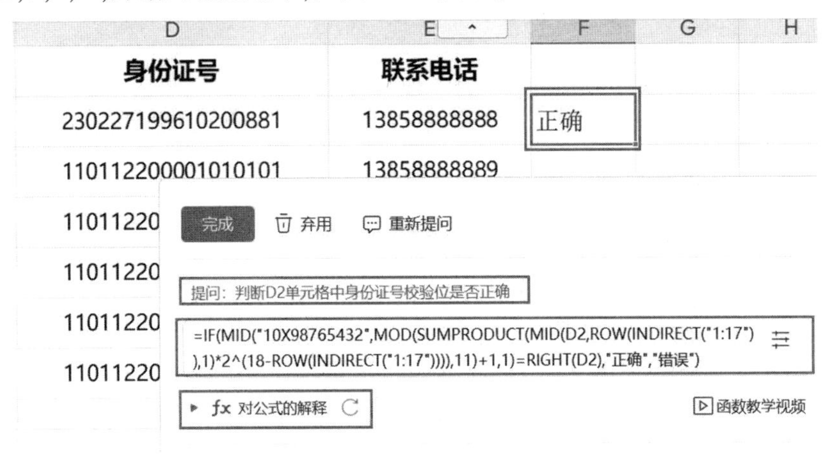

图 5-51　利用 AI 写公式判断身份证号是否正确

图 5-52　利用 AI 写公式通过身份证号计算年龄

用户可以点击对公式的解释查看详细的函数和参数,以便更好地理解公式的含义。

3. AI 条件标记

条件标记的主要作用是帮助用户快速识别和突出显示满足特定条件的数据。通过 AI 条件标记功能,用户可以轻松地对数据进行分类、筛选和可视化,从而提高数据处理的效率和准确性。AI 条件标记只需用户描述出想要的效果,WPS 表格 AI 就会自动调用表格指令完成相应的操作。图 5-53 为 AI 条件标记的打开方式。

示例:假设我们需要标记出所有英语成绩超过 80 分的学生。在 WPS 表格 AI 中,我们可以使用 AI 条件标记功能来实现这一需求。首先点击 AI 条件标记图标,在弹出的对话框中,输入文字描述“标记英语成绩超过 80 分的学生”。AI 将根据描述自动分析数据,并生成相应的条件标记规则。如图 5-54 所示。例如,它可能会生成一个规则,自动识别英语成绩所在单元格,将英语成绩超过 80 分的单元格标记为黄色背景,以便于快速识别。

AI 条件标记不仅限于数字数据,还可以应用于文本、日期等多种类型的数据。例如,我们可以使用 AI 条件标记来突出显示特定班级的学生等，如图 5-55 所示。通过这种方式，用户可以轻松地对数据进行分类和筛选，从而更好地进行数据分析和决策。

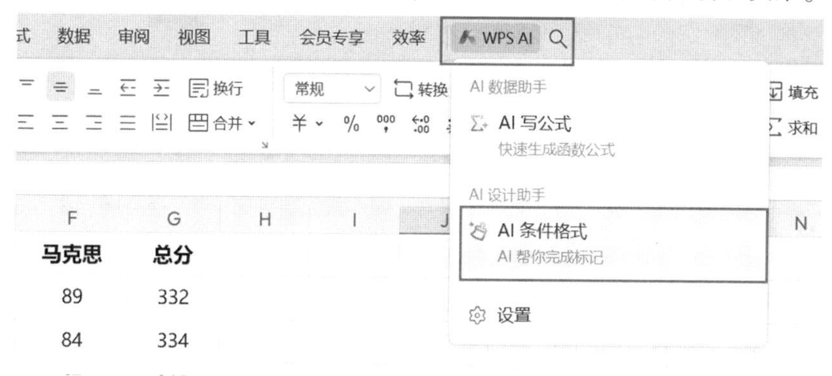

图 5-53　AI 条件标记的打开方式

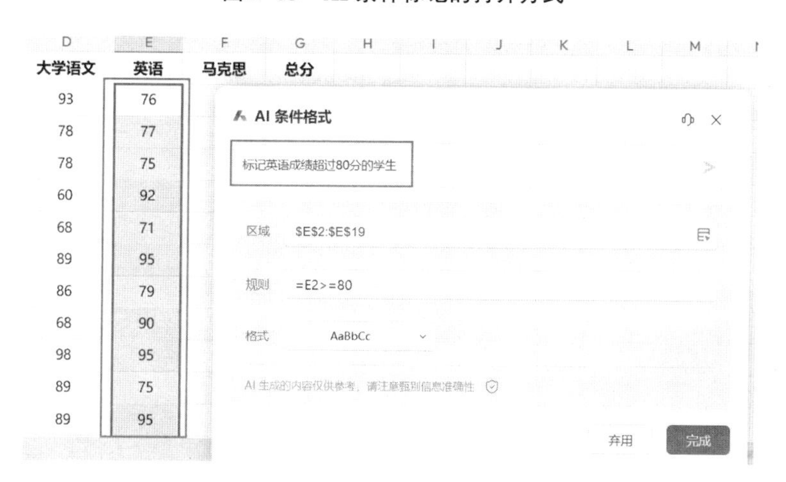

图 5-54　利用 AI 条件标记标记英语成绩超过 80 分的学生

图 5-55　利用 AI 条件标记标记所在班次为二班的学生

此外，AI 条件标记还支持自定义规则，用户可以根据自己的需求创建个性化的标记方式。总之，AI 条件标记功能极大地简化了数据处理流程，使得用户可以更加直观地识别和分析数据，从而提高工作效率和决策质量。

4. AI 生成图表

数据图表可以直观地展示数据的分布、趋势和关系，是数据分析中不可或缺的一部分。WPS 表格 AI 的生成图表功能，可以根据用户提供的数据自动生成各种类型的图表，从而帮助用户更直观地理解数据。用户无须手动选择数据和设置图表类型，只需简单描述需求，WPS 表格 AI 即可自动完成图表的创建和优化。

(1)生成智能图表。

点击导航栏中的智能分析、数据解读，WPS 表格 AI 就会根据用户数据的特点和需求，智能推荐出最合适的图表类型。例如，对于分类数据，可能会推荐柱状图或饼图。如图 5-56 所示，即为 WPS 表格 AI 根据一张学生成绩表格自动生成的图表。

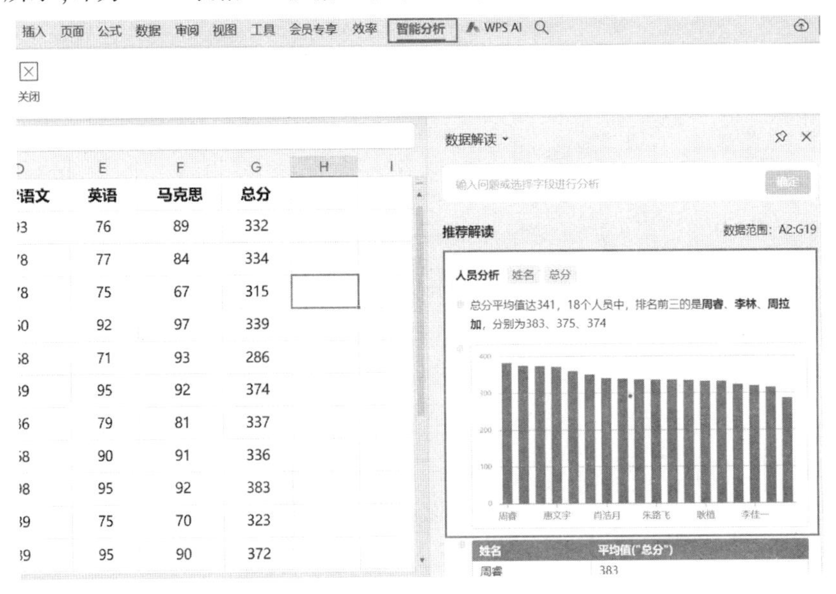

图 5-56 利用 WPS 表格 AI 自动生成的数据图表

用户还可以根据自己的需求，增加不同的条件以生成更切合需求的图表。例如，如果用户希望突出显示某个特定科目的成绩分布，可以在描述中指定科目名称，WPS 表格 AI 将根据这一条件生成相应的图表。如图 5-57 所示。

点击插入后即可将生成的图表插入到当前工作表中，方便用户进行进一步的分析和展示。如图 5-58 所示。

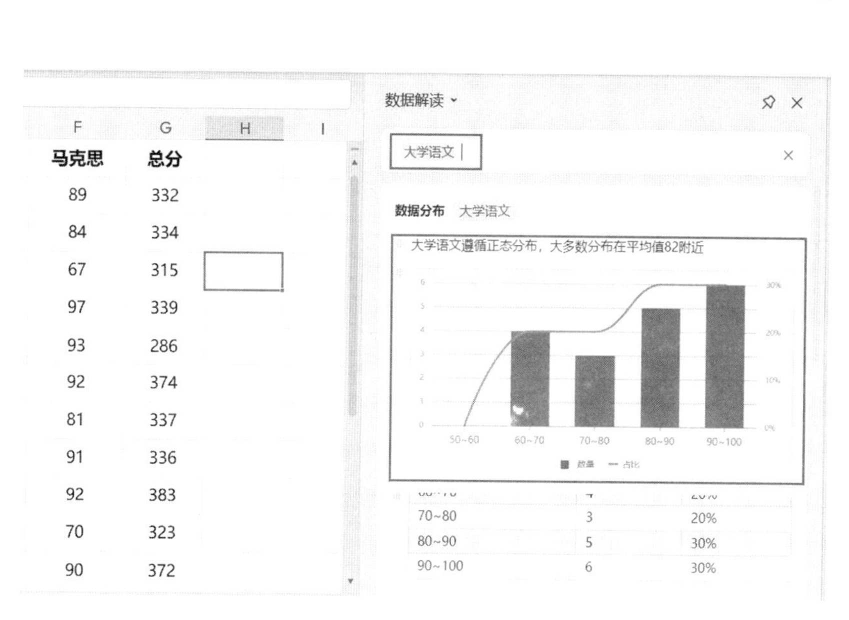

图 5-57　增加条件后 WPS 表格 AI 自动生成的数据图表

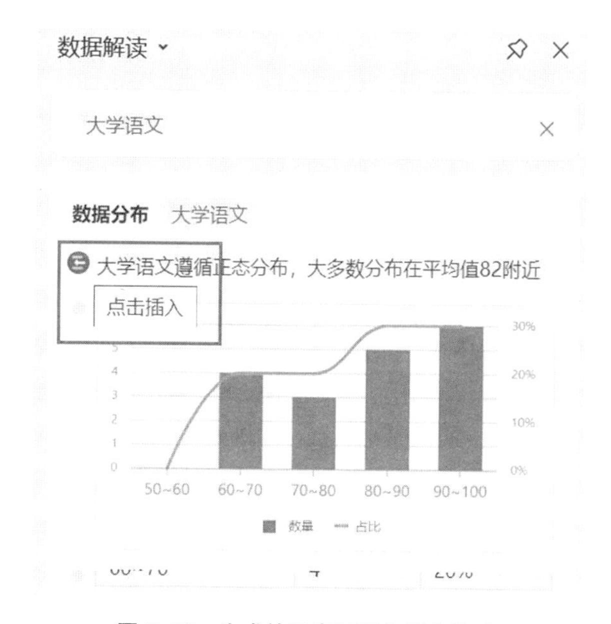

图 5-58　生成的图表可插入到表格中

(2)图表美化与调整。

生成的图表不仅满足基本需求,还可以进行进一步的美化和调整。WPS 表格 AI 提供了丰富的图表样式和颜色方案,用户可以根据个人喜好或报告要求进行选择。此外,WPS 表格 AI 还支持对图表的布局、字体等进行智能优化,确保图表的美观性和可读性。如图 5-59 及图 5-60 所示。

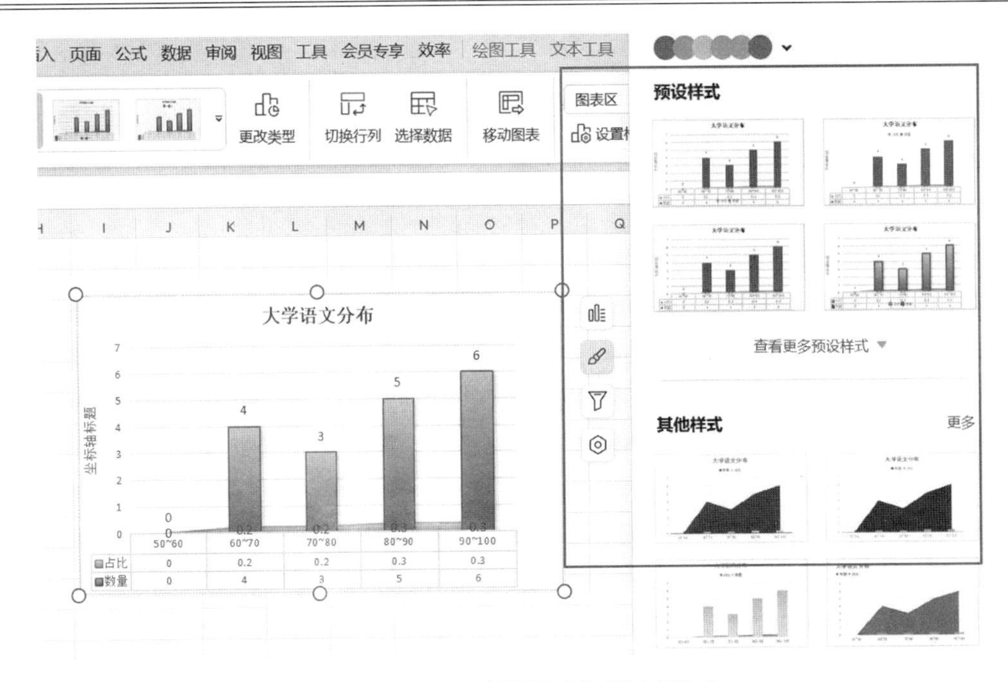

图 5-59 用户可根据需求选择图表样式

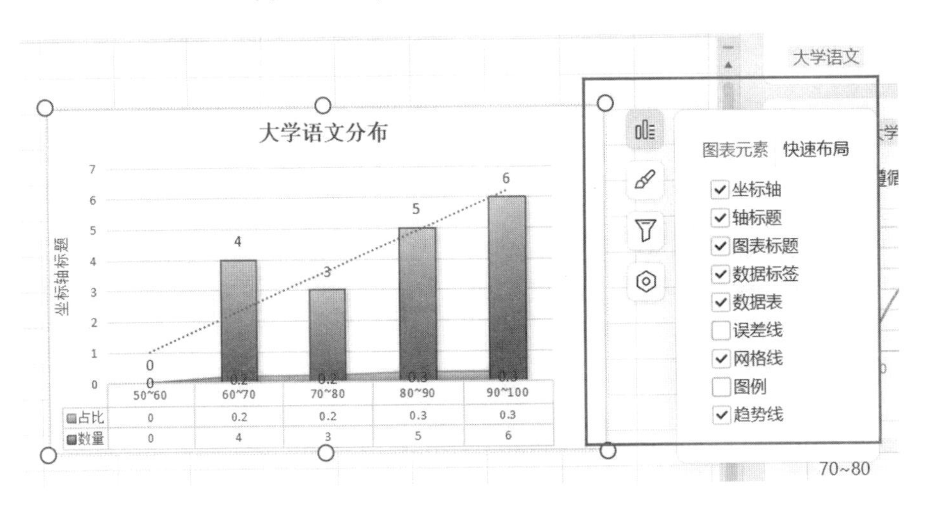

图 5-60 用户可根据需求选择图表元素

总之,WPS 表格 AI 的智能功能不仅提高了表格处理的效率,还使得用户可以更加轻松地进行数据分析和决策。无论是创建表格、编辑格式、写公式、条件标记还是生成图表,AI 技术的应用都大大简化了操作流程,提升了用户体验。随着 AI 技术的不断发展,未来的表格软件将更加智能化、人性化,为用户带来更多便捷和高效的工作方式。

5.2　多媒体信息处理

自媒体的繁荣不仅促进了经济的发展,丰富了信息的交流传播形式,也使得我们每一个人都可以成为多媒体信息的生产者和发布者,以图像、音频、视频为代表的多媒体信息已经成为大数据时代的主要信息源,也是各类应用系统的重要数据基础,对多媒体信息进行加工处理,使其更有效地为我们的工作和生活服务,已经成为人们工作生活中必备的基本信息素养。

5.2.1　图像处理

1.图像处理技术及常用软件

(1)图像处理技术。

图像处理最早出现于20世纪50年代,当时的电子计算机已经发展到一定水平,人们开始利用计算机来处理图形和图像信息。数字图像处理作为一门学科大约形成于20世纪60年代初期。早期图像处理的目的是提高图像的质量,它以人为对象,以提高人的视觉效果为目的。

图像处理中,输入的是质量较低的图像,输出的是提高质量后的图像,常用的图像处理技术有图像变换、图像增强、图像恢复、图像分割、图像识别和特效处理等。

①图像变换。

图像变换分为几何变换和频域变换。几何变化是不改变图像内容的前提下,对图像进行平移、缩放、旋转、镜像、错切、扭曲、变形等空间域的变化,它主要用于解决实际场景中拍摄的图像画面过大或者过小,重点关注的区域不在画面的中心,或者拍摄的角度不符合要求,拍摄时景物和摄像头不够平行而产生的变形等问题,例如原本方形的东西被拍成了梯形的,就需要进行校正。另外在大多数应用中,例如目标匹配、图像识别、平面设计中,也往往首先对图像进行旋转平移等。频域变换是将图像从空域空间变换到频域空间,以方便计算机进行处理的过程。通常我们看到的数字图像是用二维图像空间中一个像素点的颜色值来描述的,这些像素点之间具有很大的相关性,也就是说所有的像素点缺一不可,它们的重要度是相等的。

②图像增强。

图像在采集过程中,由于采集设备和条件的限制,往往存在着质量问题,具体表现为图像的对比度不够,整幅图像或者局部图像过亮(过暗),噪声点过多,模糊,加速点过少,有明显的色块抖动等。图像增强是采用一系列的技术去改善图像的视觉效果,它是根据图像的特点或者存在的问题,有选择地去突出某些感兴趣的信息,同时抑制一些不需要的信息,从而提高图像的使用价值。

③图像分割。

图像分割是将图像按照一定的要求分成一些有意义的区域,我们通俗所说的抠图就属于图像分割。图像分割的基本原则是假设图像中组成我们所感兴趣对象的像素具有一些相似的特征,通过对相似特征像素的聚类完成分割的过程。图像分割是从图像处理到图像分析的关键步骤,图像分割的结果的好坏直接影响到了计算机对图像的理解。

④图像的特效处理。

图像的特效处理是通过对图像像素点的位置颜色值等进行特殊的变换和运算,达到特定的艺术效果。图像处理技术一直是多媒体技术的研究热点,近年来,随着计算机性能的提高和人工智能技术的发展,图像处理技术日趋成熟,不仅广泛应用于空间探测、生物医学、军事、国防、社会服务、娱乐等各行各业,而且出现了大量的功能不断完善,智能化程度不断提高,使用更加快捷简单的专业和非专业的图像处理工具和软件,使得普通用户也可以方便地对图像进行加工处理。

(2)常用图像处理软件。

图像处理软件是用于处理图像信息的各种应用软件的总称,专业的图像处理软件有Adobe Photoshop、基于应用的处理软件 picasa,还有国内很实用的大众型软件彩影、非主流软件有美图秀秀,动态图片处理软件有 Ulead GIF Animator、gif movie gear 等。下面简单介绍几种常用的图像处理软件。

①Photoshop。

Photoshop 简称 ps,全称是 Adobe Photoshop,Adobe 是 Photoshop 所属公司的名称,Photoshop 是软件名称,它是 Adobe 公司发行的一款流行的图像处理软件,它可以对图像、图形和文字等要素进行灵活处理,帮助用户高效地完成视觉编辑和创作。Photoshop 广泛应用于图像处理、海报制作、动画影视等领域。近年来 Photoshop 研发集成了大量先进的计算机视觉人工智能技术,其交互便捷性和智能化程度不断提升。

②Painter。

Painter 意为“画家”,由加拿大著名的图形图像类软件开发公司——Corel 公司出品。与 Photoshop 相似,Painter 也是基于像素图像处理的图形处理软件。Painter 是一款极其优秀的仿自然绘画软件,拥有全面和逼真的仿自然画笔,具有强大的油画、水墨画绘制功能,适合于专业美术家从事数字绘画。

③彩影。

彩影是梦幻科技推出的国内最强大、最简洁的图形处理和相片制作软件。彩影拥有非常智能、简洁而功能强大的图像处理、修复和合成功能,其专业但却并不复杂,解决了国内外图像处理软件过于复杂、不易操作的问题,让所有用户不需要专业的图像美工技能即可轻松点击并制作出绚丽多彩的图像特效图。

④美图秀秀。

美图秀秀是 2008 年 10 月 8 日由厦门美图网科技有限公司研发、推出的一款免费影像处理软件,全球累计超 10 亿用户,在影像类应用排行上保持领先优势。2018 年 4 月美图秀秀推出社区,并且将自身定位为“潮流美学发源地”,这标志着美图秀秀从影像工具升级为让用户变美为核心的社区平台。美图秀秀是一款非常智能且操作简便的软件,我们的手机就可以安装这款软件,其功能非常强大,具备一键磨皮、一键更换背景等多种强大的功能。

2. 认识 Photoshop

Photoshop 作为图像处理软件,应用非常广泛。我们身边所能见到的各种摄影作品,广告海报、商品包装、时尚写真、游戏动漫、交互设计、视觉创意,还有网络上常见的聊天表情,甚至高楼大厦、汽车家电、室内空间、衣帽鞋袜,它们在设计的过程中都与 Photoshop 有着密切的联系。可以说,Photoshop 在各行各业中都发挥着不可替代的重要作用。Photoshop 主要应用有以下几个方面。

(1)数码照片处理。

由于数码相机的普及,数码拍摄已经广泛用于越来越多的地方,越来越多的人尝试使用 Photoshop 对一些不满意的数码文件进行处理,从而使照片呈现完美的效果。作为功能强大的图像处理软件,Photoshop 在颜色校正、图像修正、色彩色调整等方面都呈现完美的表现力。

(2)平面广告设计。

Photoshop 应用最为广泛的领域之一是平面设计。无论是图书封面,还是海报、展板、画册、包装等需要具有丰富图像的平面设计作品基本都可以用到 Photoshop 软件进行设计和处理。

(3)电商网页设计。

在电子商务领域的网页设计中,Photoshop 发挥着非常重要的作用。用户可以用该软件设计制作各种网页页面,然后把它们上传到各大电商平台。像我们熟悉的淘宝、天猫、京东、拼多多等电商平台上的图片基本上都是用 Photoshop 设计制作的。

(4)插画设计。

由于 Photoshop 具有良好的绘画及调色功能,所以许多插画设计师往往使用铅笔绘制草稿,然后扫描上传到电脑,通过 Photoshop 填色的方法来绘制插画,或者直接在 Photoshop 上面绘制插画。

(5)UI 设计。

UI(用户界面)设计作为一个新兴的领域,已经受到越来越多的软件企业及开发者重视,但是当前还没有专门用于 UI 设计的专业软件,所以大多数 UI 设计师会使用 Photoshop 来从事设计工作。

Photoshop 软件类似于我们在画画,我们在画版上进行设计创作修饰,这时候我们需要什么呢?需要画笔、纸和画板,我们可以把 Photoshop 的界面当成一个很“智能”的画板,我们在 Photoshop 上操作,和我们画画的逻辑类似。

我们将介绍 Photoshop 2020,默认的 Photoshop 主界面分为 8 个区域,如图 5-61 所示:顶部分别是菜单栏、工具选项栏和文档标题栏;左侧是工具箱;底部左侧是状态栏;右侧上端是面板;中间是画布,画布之外是工作区。

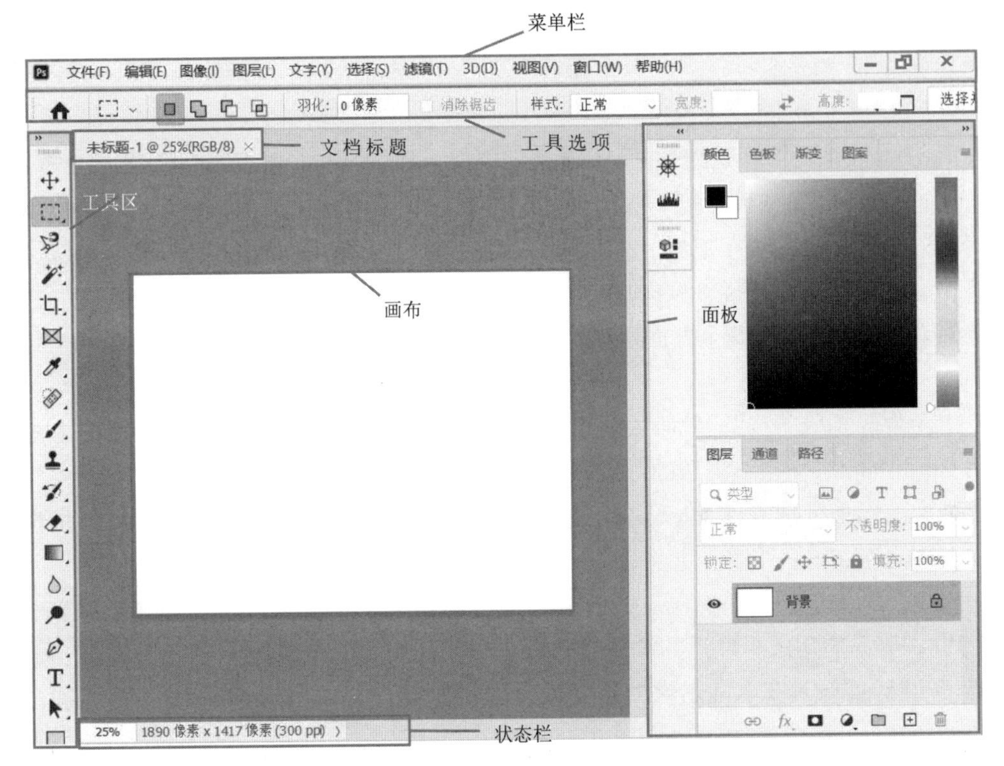

图 5-61 Photoshop 的界面

Photoshop 2020 中包含 11 个主菜单按钮，Photoshop 中几乎所有的命令都按照类别排列在这些菜单中，单击每个菜单按钮，可弹出下拉菜单，有的菜单还会有二级菜单，甚至三级菜单。

单击任一菜单按钮就可将该菜单打开，下拉菜单中使用分割线区分不同功能的命令，其中带有黑色三角标记的命令表示还包含扩展菜单，如图 5-62 所示。选择并单击菜单中的一个命令就可以执行该命令。灰色的命令表示没有激活，无法执行该命令。如果命令后面带有快捷键，则按其对应的快捷键就可以快速执行该命令。如果命令后面只提供了字母，如图层(L)，那么可先按住 Alt 键不松手，再按主菜单的字母键，打开该菜单后松开 Alt 键，再按下对应命令后面的字母键。例如，我们先新建文档，然后按住 Alt+L 键，松开之后再按 N 键。

Photoshop 中各式各样的工具都存放在工具箱里，这些就是处理图像的工具，包括：选择工具、修补工具、分析工具、修饰工具、文本工具、路径工具和绘图工具。

①选择工具。

选择工具主要用于对图像创建选区，包括各类选框工具如矩形选框工具、椭圆选框工具、单行选框工具、单列选框工具，自由选区如套索工具、多边形套索工具、磁性套索工具，针对性选择如对象选择工具、快速选择工具、魔棒工具，辅助选择如抓手工具、旋转视图工具。当我们需要对图形进行选区选择的时候，可以根据图形的实际情况进行选择。

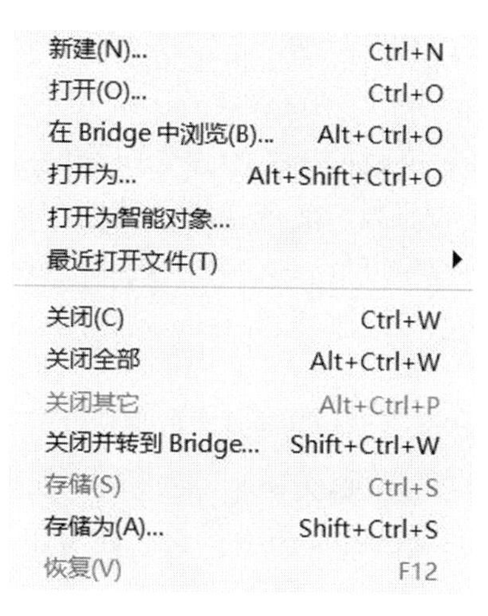

图 5-62　黑色三角标记命令

②修补工具。

修补工具主要对图像进行调整和修改，尤其对人像的修改，包括对人像面部瑕疵或者对图像的一些缺损进行修补，包括污点修补画笔工具、修复画笔工具、修补工具、内容感知移动工具、红眼工具、橡皮擦工具、背景橡皮擦工具、魔术橡皮擦工具、仿制图章工具和图案图章工具等。其中污点修补画笔工具、修复画笔工具、修补工具、红眼工具常用于人像修复，内容感知移动工具、橡皮擦工具、背景橡皮擦工具、魔术橡皮擦工具、仿制图章工具、图案图章工具常用于背景图像修复。

③分析工具。

分析工具主要包括吸管工具、3D 材质吸管工具、颜色取样器工具、标尺工具、注释工具和计数工具。

④修饰工具。

修饰工具主要包括减淡工具、加深工具、海绵工具、模糊工具、锐化工具和涂抹工具。

⑤文本工具。

文本工具主要包括横排文字工具、直排文字工具、直排文字蒙版工具和横排文字蒙版工具等。

⑥路径工具。

路径工具主要包括矩形工具、圆角矩形工具、椭圆工具、多边形工具、直线工具、自定形状工具、路径选择工具、直线选择工具、钢笔工具、自由钢笔工具、弯度钢笔工具、添加锚点工具、删除锚点工具、转换点工具、裁剪工具、透视裁剪工具、切片工具和切片选择工具等，特别要注意的是路径和选区是可以相互转换的。

⑦绘图工具。

绘图工具主要包括画笔工具、铅笔工具、颜色替换工具、混合器画笔工具、历史记录画笔工具、历史记录艺术画笔工具、渐变工具、油漆桶工具和 3D 材质缩放工具等。

3. 调整与修饰

在现实生活中，由于环境的条件，拍摄参数等影响，可能导致图像的质量降低。比如雾天拍摄的照片总是灰蒙蒙的，夜晚拍摄的照片光线不足，强光下拍摄的照片又会过度曝光，而物体的颜色因为光线的原因会变色或出现偏色，因此需要对图像颜色进行增强和校正。还有一些情况下，图像中可能包含一些不希望出现的杂物，或者其他对象需要在后期处理中移除，这些需求都可以通过 Photoshop 强大的图像调整和修饰功能实现。

(1)图像亮度调整。

①使用曲线进行调整。

Photoshop 提供了强大的曲线工具来调整颜色分布，其中涉及一个叫响应曲线的概念。响应曲线表达的是调整前和调整后的颜色之间的对应关系，调整这条曲线的形状，可以改变输入输出的对应关系。比如这里将曲线调整为 S 形，那么位于低值区域的颜色值将变得更小，而位于高值区域的颜色值则会进一步增大。经过这种调整之后，位于低值区域和高值区域的像素数量就会增加，提高了图像的对比度，从而改善画面发灰的问题，如下图 5-63 所示。

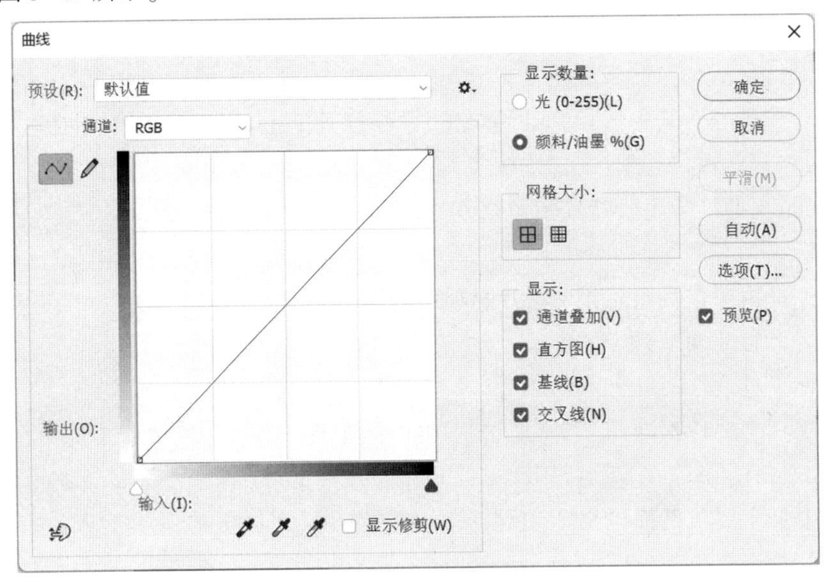

图 5-63 曲线对话框

②使用色阶进行调整。

我们除了能用曲线来调整图像的颜色分布，还能通过色阶来进行调整，使用“色阶”命令可以调整图像的阴影、中间调和高光的强度级别，从而校正图像的色调范围和强光的强度级别。“色阶”对话框中包括一个直方图，可以作为调整图像基本色调时的直观参考依据，如图 5-64 所示。

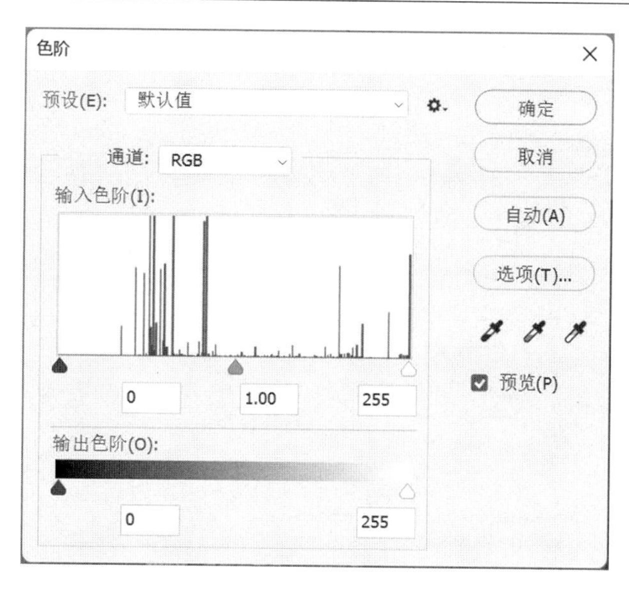

图 5-64　色阶对话框

“色阶”对话框中需要设置以下几个重要参数：

a. 预设。可以将当前调整参数保存为一个预设文件。在使用相同的方式处理其他图像时，可以选择“载入”命令，软件将载入该文件并自动完成调整。

b. 通道。在下拉菜单中可以选择要调整的通道。如果需要同时编辑多个通道，可以按住 Shitft 键在“通道”面板中选择这些通道。

c. 输入色阶。用来调整图像的阴影、中间调和高光区域。

d. 输出色阶。用来限定图像的亮度范围。

e. 自动。可应用自动颜色校正。

f. 选项。此按钮可以弹出“自动颜色校正选项”对话框，在此对话框中可设置黑色像素和白色像素的比例。

g. 设置黑场。可以将原图像中比该点暗的像素也变为黑色。

h. 设置白场。使用该工具在图像中单击，可将单击的像素变为白色，比该点亮度值大的像素也都会变为白色。

(2) 色偏校正。

实现色偏校正的是将图像中像素的原色相映射为其他目标色相，以及对色相的饱和度和明度参数进行调整，选择全图及对图像中所有颜色均进行调解。原始的色相经过调整后，将转换为目标色相调中相应的颜色，通过“色相饱和度”的命令调整可以实现需要的调整，如图 5-65 所示。

在色相饱和度调整中“预设”下方的选项显示是“全图”这是默认的选项，表示调整应用于整幅图像。“色相”选项可以改变颜色；“饱和度”选项可以使颜色变得鲜艳或黯淡；“明度”选项可以使色调变明亮或变暗。操作时，我们在文档窗口中实时观察图像的变化结果。在“色相饱和度”对话框底部的渐变颜色条上可观察颜色发生了怎样的改变。

在这两个颜色条中,上面的是图像原色,下面的是修改后的颜色。

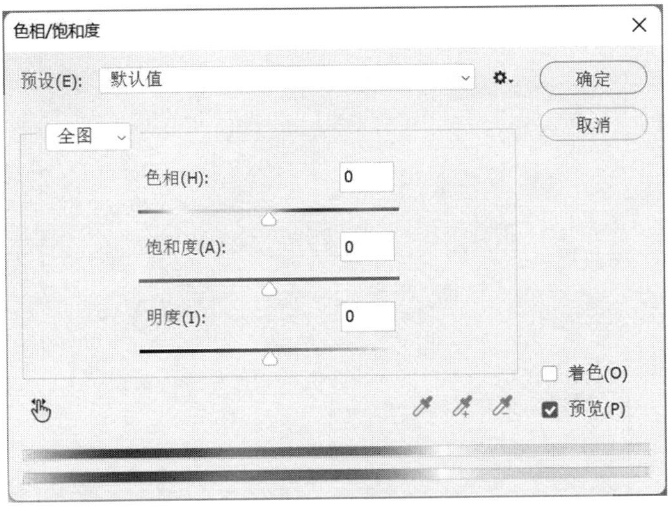

图 5-65 色相饱和度

除了全图调整外,Photoshop 还可以对一种颜色进行单独调整。单击“全图”按钮,打开下拉列表,其中包含光三原色(红色、绿色和蓝色)以及印刷三原色(青色、洋红和黄色),选择其中一种颜色,可以单独调整色相、饱和度和明度。

(3)去除图像中多余的物体。

去除图像中多余物体的本质是需要对某个区域的图像内容进行修改,这里可以采用3 种方法来实现。

第一种方法是复制一个区域的图像内容,然后将其融合到图像当中。这里的融合指的是将复制的内容叠加到待处理的原始图像中时,并不是简单地覆盖,而是通过颜色的融合实现更加自然地嵌入。

第二种方法是利用内容识别智能算法自动地对图像的某个区域进行填充。其原理是使用选区附近的相似图像内容填充选区。为了获得更好的填充效果,可以将创建的选区略微扩展到复制的区域中。

第三种方式是利用污点修复画笔工具和仿制图章工具,其原理一个是像素填充,一个是像素复制。污点修复画笔工具可以进行小面积精准的污渍修复,例如人像修复时,人脸的一些瑕疵等。而仿制图章工具则是通过复制周围我们需要的像素来对不需要的位置进行覆盖。

4. 选取与抠图

Photoshop 中的选区指的是通过选区工具在图像选中的一个区域,采用动态虚线来标注。在 Photoshop 中,规则形状指的是矩形、椭圆形这两种图形,以及由这两种图形派生出来的正方形和正圆形。规则形状的选区需要使用选框工具创建。

(1)矩形选框工具。

使用矩形选框工具能够在图像上创建矩形选框。用鼠标左键或者鼠标右键单击工具箱中的“矩形选框工具”,在弹出的子命令中选择相应的工具,就可以对图像进行选区的设置。选中矩形选框工具后,其选项栏如图5-66所示。

图5-66　矩形选框选项栏

①羽化。

羽化用于设置选区边缘的虚化程度,数值越大则虚化范围越大,反之越小,适当羽化可使选区过渡更加平滑。

②消除锯齿。

矩形选框工具通常不存在锯齿,此设置仅用于椭圆选框工具。

③样式。

样式用于设置选区创建方法。

a. 选择“正常”。可以通过拖动鼠标创建任意大小的选区。

b. 选择“固定比例”。可以在右侧的“宽度”和“高度”文本框中输入数值,创建固定宽高比例的选区。

c. 选择“固定大小”。可以在右侧的“宽度”和“高度”文本框中输入数值,只需在画布中间单击即可创建固定大小的选区。

矩形选框工具的使用方法十分简单,选择“矩形选框工具”后,在画布中按住鼠标左键向右下角拖动,即可绘制选区;按住Shift键并按住鼠标下拉,则可以绘制正方形选区。

(2)椭圆选框工具

椭圆选框工具与矩形选框工具同属于选框工具,使用椭圆选框工具可以在图片中创建椭圆形与正圆形选区。“椭圆选框工具”选项栏中比“矩形选框工具”多一个“消除锯齿”的复选框,默认是勾选的。

像素是组成图像的最小元素,并且是正方形的,因此在创建椭圆形、圆形的选区时容易产生锯齿。勾选“消除锯齿”复选框之后,会使选区看上去平滑。由于只有边缘像素发生变化,因此不会丢失细节。

椭圆选框工具的使用方法与矩形选框工具相同,选择工具箱中的“椭圆选框工具”,在图片中按住鼠标左键向右下角拖动,即可绘制椭圆形选区;按住Shift键并按住鼠标左键下拉,则可以绘制正圆形选区,如图5-67所示。

(3)选区的运算方式。

在工具的选项栏中有4种选区的运算方式,分别是新选区、添加到选区、从选区减去和与选区交叉。

①新选区。新选区指绘制新选区,选区工具在默认状态为“新选区”选项。

②添加到选区。添加到选区指增加选区,单击“添加到选区”选项,或者按住Shift键,在已有选区的基础上,按住鼠标左键向任意方向拖动一下,就可以增加选区。

图 5-67 椭圆选区和圆形选区

③从选区减去。从选区减去指减少选区,单击“从选区减去”选项,或者按住 Alt 键,在已有选区的基础上,按住鼠标左键向任意方向拖动一下,就可以减少选区。

④与选区交叉。与选区交叉指获得两个选区重叠交叉的选区,单击“与选区交叉”选项,或者按住快捷键 Shift+Alt,在已有选区基础上,按住鼠标左键向任意方向拖动一下,即可获得两个选区重叠交叉的选区。

(4)创建不规则形状选区。

①套索工具。

使用套索工具能够绘制不规则形状的选区,它要比创建规则形状选区的工具自由度更高。例如,处理图片时若需要对局部进行调整或绘制不规则图形,都可以用套索工具创建选区。例如,我们可以随便打开一张图片,单击工具箱中的“套索工具”按钮然后在图片中按住鼠标左键并移动鼠标,就可圈选所要选择的图像区域。当终点和起点闭合时,释放鼠标即可创建选区,如图 5-68 所示。

图 5-68 套索工具创建树叶选区

②多边形套索工具。

多边形套索工具的使用方法和套索工具类似,这个选区工具可以很方便地对一些转角明显的对象创建选区,适合创建一些由直线构成的多边形选区。例如,规则的长方形、三角形、正方形之类的,圆形、椭圆形之类的不适合用此工具。

③磁性套索工具。

磁性套索工具具有自动识别绘制对象的功能，一般用来创建边缘分明的选择对象的选区，或者是对选区精度要求不严格的选择对象的选区。

磁性套索工具对于主体和背景颜色差别较大的图像创建选区比较友好，主体颜色和背景色几乎无色差的边界无法进行精准计算，影响制作选区的准确性。

④对象选择工具。

此工具能够框选对象，通过软件的智能识别，直接获取对象的选区，是创建选区最快捷的方法之一，常被用于边缘分明的选择对象。

a. 模式。有矩形和套索两种模式，用法与矩形工具和套索工具一样。

b. 对所有图层取样。勾选选框，会针对所有图层显示效果建立选取范围。如果只是基于单个图层取样，则不必勾选。

c. 自动增强。勾选此复选框，可减少选区边界的粗糙度和块效应，使选区边缘同对象边缘更贴近，也就是创建的选区更精准。

d. 减去对象。在定义的区域内查找并自动减去对象。

⑤快速选择工具。

此工具能够利用可调整的圆形画笔快速创建选区，是创建选区最快捷的方法之一，仅需要在待选取的图像上多次单击，或者是按住鼠标左键并拖动，快速选择工具就会自动查找颜色接近的区域，并创建这部分的选区。

⑥魔棒工具。

使用魔棒工具能够快速地获取与取样点颜色相似的部分选区。单击画面时，光标所在的区域就是取样点。

a. 取样大小。设置取样的范围，通常默认为“取样点”，也就是对光标所在的位置进行取样。下拉菜单中有“3×3 平均”“5×5 平均”等 7 个选项，数字表示的是像素的数目。

b. 容差。所选取图像的颜色接近度，数值在 0~255 之间。其中容差数值越大，图像颜色的接近度就越小，选择的区域越广，容差数值越小，图像颜色的接近度就越大，选择的区域越窄。

c. 消除锯齿。勾选该选框后，可以使选区的边缘更平滑。

d. 连续。勾选该选框后，只选择颜色连接的区域，不能跨区域选择。如果不勾选该项，则可以选择所有颜色相近的区域。

e. 对所有图层取样。勾选该选框后整个文档中颜色相同的区域都会被选中，不勾选则只会选中单个图层的颜色。

选区是 Photoshop 的难点和重点，除了上述介绍的内容外，还有许多更加复杂的情况，比如半透明物体抠图，毛发抠图等，大家后续可以进行有针对性的自主学习和练习。此外，Photoshop 虽然可以自动提取主体对象选区，但其精度尚有待提高，而计算机视觉研究领域的最新成果，利用深度学习方法可以对每个像素的类别进行预测，从而实现全自动高效的人、车、物等高层次语义实例分割。

5. 变换与拼接

当我们需要对一些挂画或者广告牌进行设计时，也许挂画和广告牌并不是规则的，贴画内容也不是刚好能适应画框或广告牌的大小的，因此需要根据实际情况来进行调整，Photoshop 软件中提供了一系列关于变换的操作，下面我们来详细地了解一下变换的功能。

(1)变换。

①自由变换。

Photoshop 中实现自由变换有两种方式：一是执行“编辑”—“自由变换”命令；二是按快捷键 Ctrl+T 关于图像变换和拼接的相关内容打开素材图片，对素材执行“自由变换”命令，图层对象的四周会显示控件框，如图 5-69 所示，这个控件框包含对象最大的矩形范围。

图 5-69 自由变换控键框

控件框有 8 个控制点，用来调节并变换造型，在中心位置有一个参考点，为图像变换的轴心，在旋转图像的时候，会以参考点为轴心转动。勾选选项栏中的“切换参考点”选框，就可显示参考点，能够任意移动参考点位置，甚至可以将其放到控件框之外，按住 Alt 键单击任意位置即可放置。

②缩放。

进入自由变换的状态之后，当鼠标靠近任意一个控制点或者控制杆的时候，光标会变成双向箭头直接拖拽就可以进行等比例缩放了。拖拽时按住 Shift 键，可解除比例锁定。同样，可在选项栏中设定比例值，精准控制缩放比例，100%为原始比例，W 为宽度比例，H 为高度比例，可分别进行修改也可单击中间的链接图标圆进行等比例修改。

当修改对象是像素图形时，要避免过于放大的操作，尽量使用像素较高的图像或者是矢量图，否则会造成过于放大后图像损失出现模糊和有像素点的情况，这样就会造成像素信息丢失太多，图片不清晰。当然缩小也会出现同样的问题。

③斜切。

斜切和透视主要用于进行不规则图形合成时的应用，例如，我们需要将一副贴画放在不规则的广告牌中，下面我们来看一下具体操作。

首先，打开图 5-70 和图 5-71 的素材，我们会看到，广告牌摆放是有倾斜角度的，如果我们需要对这两张图片进行合成就需要用到变换中斜切的功能。

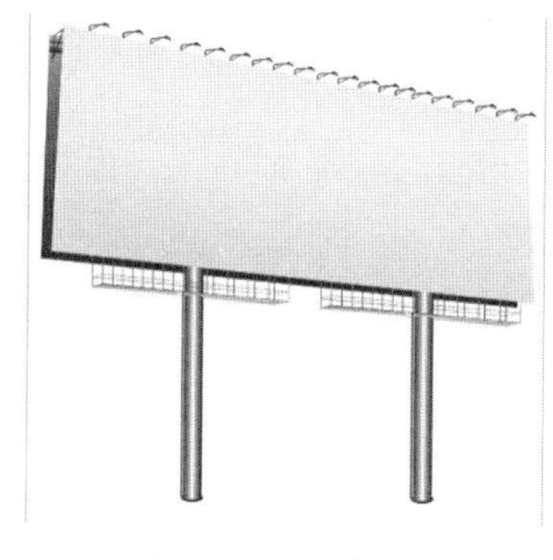

图 5-70　广告牌

图 5-71　海滩

其次，我们选择海滩的图片，用快捷键 Ctrl+T 鼠标右键选择“斜切”的选项，对图像的 4 个顶点进行操作，和广告牌的顶点进行对齐的同时结合自由变换缩放进行贴合即可得到如图 5-72 的效果图。

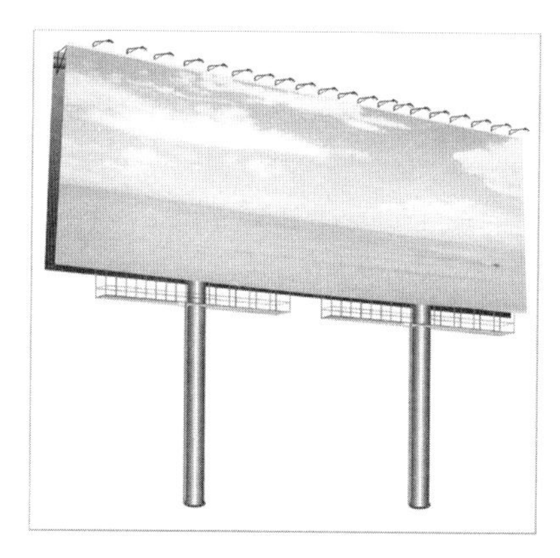

图 5-72　合成后的效果图

（2）图像拼接。

Photomerge 命令可以将多幅图片组合成一个连续的图像，从而创建全景图。该命令能够汇集水平平铺和垂直平铺的图片。为了避免拼合图像出现问题，需要按照以下规则拍摄或者扫描要用于 Photomerge 命令的图片。充分重叠图像：图像之间的重叠区域应为 30%～40%。如果重叠区域较小，拼合图像时可能无法自动汇集全景图。

使用 Photomerge 命令对拼接图像的重叠误差有较大的要求，同时对电脑的性能也有比较高的要求，此命令使用时实际是一种渲染输出，对显卡的要求较高。

6. 图层与合并

（1）认识图层。

图层就是一层一层的图像，就好比叠加在一起的文字、图片、图形等元素的透明胶片,透过透明胶片不但能够看到其他胶片上的内容,而且在单张胶片上面进行涂抹或者调整不会影响其他胶片。我们可以在每个图层的不同区域上绘制不同的颜色或者添加不同的图片,然后将所有的图层叠加在一起,组合成完整的作品。在各类宣传报道和媒体资料中,我们经常能看到这样一些配图,每张作品中都包含多种要素或多个对象,这种方式可以极大地提高媒体的表现力。Photoshop 提供一种称为图层的核心技术机制,图层机制可为多种视觉要素的组织编辑及组合提供强大的支撑,Photoshop 图层面板如图 5-73 所示。

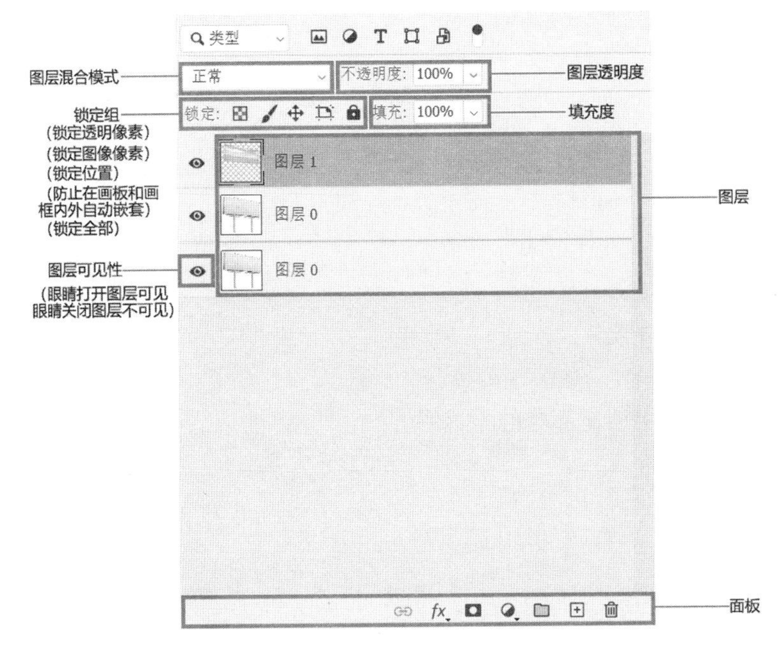

图 5-73 Photoshop 图层面板

①图层过滤选项。

选择查看不同图层类型,可在“图层”面板中快速选择同类图层。

②打开或关闭图层过滤。

打开之后,才能使用图层过滤选项的功能。

③图层混合模式。

图层混合模式用于设置图层的混合方式,在下拉菜单中可以选择相应的图层混合模式。下面简单介绍一下常用的混合模式。

a. 正常。选择“正常”混合模式后,上方图层不能与下方图层产生高级混合,只能通过调整“不透明度”或“填充”的数值,通透图层颜色,和下方图层产生透明度的透叠。

b. 溶解。根据任何像素位置的不透明度,结果色由基色或混合色的像素随机替换,形成颗粒状过渡效果。

c. 变暗。基于每个通道中的颜色信息,选择基色或混合色中较暗的颜色作为结果色。混合色中比基色亮的像素被替换,比基色暗的像素保持不变。达到混合图层都变暗的效果。

d. 正片叠底。混合模式是一种典型的 RGB 减色混合模式,在 RGB 颜色模式下,创建 3 个图层,设定为“正片叠底”混合模式。然后绘制圆形选区,分别填充“青”“洋红”“黄”三原色,图层中两两叠加的部分会产生红、绿和蓝,同时 3 个图层叠加的部分会产生黑色。此模式因为算法比较平均,运算结果色,能较好地保留基色的纹理,所以能呈现非常自然完整的加深效果。

④不透明度。

不透明度用于设置图层的整体不透明度,可在文本框中输入数值,也可单击右侧的按钮拖动滑块调节数值。

⑤锁定。

锁定用于保护图层中全部或部分图像内容。

a. 锁定透明像素。将编辑范围限制在图层的不透明部分,透明部分则不可编辑。

b. 锁定图像像素。可防止使用绘画工具等改变图层的像素。

c. 锁定位置。可将图层中对象的位置固定。

d. 锁定全部。可将图层全部锁定,该图层将不可编辑。

⑥填充。

填充用于设置图层填充部分的不透明度。

⑦指示图层可见性。

指示图层可见性用于显示或隐藏图层。默认情况下,图层为可见层,单击该按钮可将图层隐藏。

⑧图层组。

图层组可以对图层进行组织管理,使操作更加方便快捷

⑨面板按钮。

面板按钮用于快速设置调节图层,单击不同按钮,可执行不同命令。

(2)合并图层。

①合并多个图层。

合并图层,首先要在“图层”面板中单击选中多个图层,然后执行“图层”—“合并图层”命令,或使用鼠标右键,调取图层命令就可完成图层的合并。

②合并可见图层。

合并可见图层的时候首先要确保图层是可见的,也就是说在进行合并时要保证图层是可见的,图层可见性前面的眼睛要处于打开状态。如果选中的图层中有可见性开关没有打开的情况,这时“合并可见图层”功能是灰色的,表示我们不能进行“合并可见图层”这个操作,如图 5-74 所示。

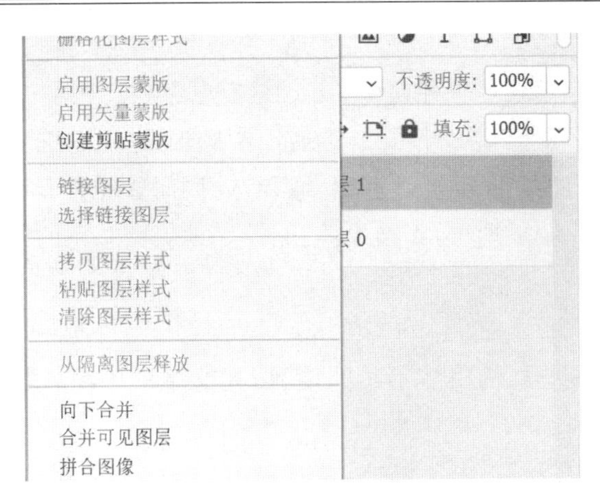

图 5–74 合并可见图层

③向下合并图层。

如果想把一个图层与它下面的图层合并,第一种方法可以选择该图层,然后执行“图层”—“向下合并”命令,合并后的图层以下方图层的名称命名。第二种方法是选中要向下合并的图层,鼠标右键,直接执行向下合并命令。

④盖印图层。

盖印图层就是把多个图层合并后生成一个新的图层,同时其他图层保持不变,方便继续编辑个别图层。盖印图层的好处是,如果觉得之前处理的效果不太满意,可以删除盖印图层,之前做效果的图层依然在,能极大地方便处理图片。盖印图层时需要在所有图层的最上方执行快捷键 Ctrl+Alt+Shift+E 完成。

7. AI 图像处理

随着人工智能发展,从医疗诊断、自动驾驶到智能安防,智能图像处理无处不在。智能图像处理是利用 AI 技术对图像进行分析、处理和理解的过程。通过机器学习和深度学习算法,计算机可以模拟人类的视觉能力,对图像中的信息进行识别、分类、检测和分割。Adobe Photoshop 等图像处理软件或图像大模型基于 AI 技术提供了各种图像相关的应用,包括图像修复、图像识别、智能抠图和图像生成等。

(1)Photoshop 2024。

Photoshop 2024 提供了生成式填充、生成式拓展功能。生成式填充通过智能地分析和识别图像中的内容,例如人物、动物和植物等,可以自动生成填充内容。生成式拓展功能允许设计师在 Photoshop 中轻松地制作出复杂的图形和物体,如自然景观、建筑、城市和车辆等。此外,新版本的去除工具可以自动检测图像中的对象和人物,从而实现更精确的去除效果。

(2)美图秀秀。

美图秀秀的 AI 功能特点在于其丰富的创意选项,提供了包括 AI 改图、AI 变清晰、AI 扩图等功能,简单易用,适合快速图片编辑和美化。

此外,美图秀秀开放了美图奇想大模型,用户输入提示词或图片,利用大模型可生成精美图像并定制多种风格的图像。网址:https://www.miraclevision.com/。

(3)悟空图像。

悟空图像是国内一款可以替代 Photoshop 的专业图像处理软件,支持 AI 以文生图、AI 以图生图、AI 线稿上色等功能,快速实现 AI 一键抠图、智能擦除、智能美颜、智能拼图、AI 局部修改和 AI 概念创作等快捷操作。网址:https://www.photosir.com/? backlink=aizhinan.cn#/PhotoSir。

(4)腾讯 ARC。

ARC 实验室是腾讯应用研究中心的一个免费的 AI 实验项目,提供了人像修复、人像抠图、动漫增强、万物识别、多模态理解和生成 5 项功能,如图 5-75 是智能识别图中物体的示例。网址:https://arc.tencent.com/zh/ai-demos/faceRestoration。

图 5-75 智能识别图中物体的实例

(5)文心一格。

文心一格是百度依托飞桨、文心大模型的技术创新,推出的 AI 艺术和创意辅助平台。用户可通过自然语言描述或排列关键词的方式,输入提示词,生成符合需求的画面。自然语言描述指简单通俗的描述,使用最简单、直白的沟通和描写方式,写下对画面的想象和期待。排列关键词指通过拆解和叠加关键词的方式,将画面拆解为画面主体、细节词、风格修饰词,生成对应的画面。

文心一格平台支持对图像进行连续扩展生成,可以对已有图像进行画面扩展延伸。此外,文心一格支持放大或缩小图片尺寸、对涂抹区域进行消除重绘、一键抠图或替换背景、图片融合叠加等。网址:https://yige.baidu.com/。

(6)Canva。

Canva AI 照片编辑工具以其易用性和可访问性而闻名,适合快速、轻松地进行复杂的编辑。通过 AI 技术,Canva 能够自动识别图像元素,并应用相应的优化算法,让图片在色彩、清晰度、对比度等方面达到更佳效果。Canva 支持快速去除背景、智能抠图或一键替换图像风格。网址：https://www.canva.cn/。

(7)即梦。

即梦(Dreamina)是剪映旗下的一个 AI 创作平台，目前支持图片生成、智能画布、视频生成等功能。网址：https://dreamina.jianying.com/ai-tool/home。

5.2.2 音频处理

1. 音频处理技术及常用软件

(1)音频处理技术。

音频处理技术包括音频编辑、语音识别和语音合成。

①音频编辑。音频编辑主要完成对音频的录音、降噪、混响、淡入淡出、往返放音、交换声道等基本的处理任务。

②语音识别。语音识别是计算机通过识别和理解语音，将其转换为文字符号，或对语音进行响应，从而改变人机交互的方式。其最终目标是实现人与机器之间的自然语言通信。广泛应用在语音拨号、医疗服务、银行服务、计算机控制等领域。

③语音合成。语音合成是将计算机内的文字转换成自然连续的语音流的过程，按其实现的功能可分为有限词汇的语音输出和基于语音合成技术的文语转换两个层次。有限词汇的语音输出常用于 114 查询、火车报站等，基于语音合成技术的文语转换常用于金山词霸中的英文朗读功能、朗读软件等。

(2)常用音频处理软件。

音频处理软件有很多种，其中包括专业工具和日常使用软件。下面简单介绍几种常用的音频处理软件。

①Adobe Audition。Adobe Audition 是 Adobe 公司推出的一款专业音频编辑软件，支持多轨道多格式录制、编辑、混音、修复和增强声音等。

②Audacity。Audacity 是一款免费、开源、跨平台的录音、编辑、增强和转换音频软件。

③FL Studio。FL Studio 是一款流行的数字音频工作站，可用于录制、编辑、混合和制作电子音乐。

④Logic Pro X。Logic Pro X 是苹果公司推出的一款专业音频编辑软件，适用于 Mac 操作系统。

⑤Pro Tools。Pro Tools 是一款由 Avid Technology 公司开发的专业音频编辑软件，广泛用于电影、电视、广播和音乐制作等领域。

⑥Reaper。Reaper 是一款免费、开源的数字音频工作站，可用于录制、编辑和混音。

这些软件可以帮助用户完成从录制到混音的整个过程，同时还提供了各种各样的效果和插件来满足不同需求的用户。例如，降噪插件可以帮助去除录音中的杂音，均衡器插件可以调整音频的频率分布，压缩器插件可以控制音频的动态范围等。

2. 认识 Adobe Audition

Adobe Audition 是 Adobe 公司开发的一款专业音频编辑软件，用于音频剪辑、混合、增强和录制。它广泛应用于音频和音乐制作,包括电影、电视节目、广告、录音室录制,以及播客和广播等。Adobe Audition 有一个直观的用户界面,可以进行非常精细的音频编辑和处理,包括降噪、均衡、压缩、归一化和混响等。此外,它还支持多轨录制和多轨编辑,可以处理多个音频文件同时进行混合和编排。

(1)Audition 的主要功能和布局。

Audition 主要提供以下功能:

①变调。变调将音频信号、节奏或两者的音调进行更改。

②人声消除。人声消除将音频中的人声去除。

③音频降噪。音频降噪显著降低背景和宽频噪声,并且尽可能不会影响信号品质。

④音频多轨处理。音频多轨处理将多个音频轨道和总线的输出合并到一个音轨中,以便于混音和编辑。

启动 Adobe Audition 2020 软件,本小节从 Audition 界面、工作区、波形编辑器与多轨编辑器等常用的功能进行介绍。

①认识 Audition 界面。

Audition 界面如图 5-76 所示。Audition 面板的排列、停靠、调整、编组等操作与大多数 Adobe 软件基本一致,所有的面板也同样可从菜单窗口、Window 中打开或关闭。

文件(F) 编辑(E) 多轨合成(M) 素材(C) 效果(S) 收藏夹(R) 视图(V) 窗口(W)
帮助(H)

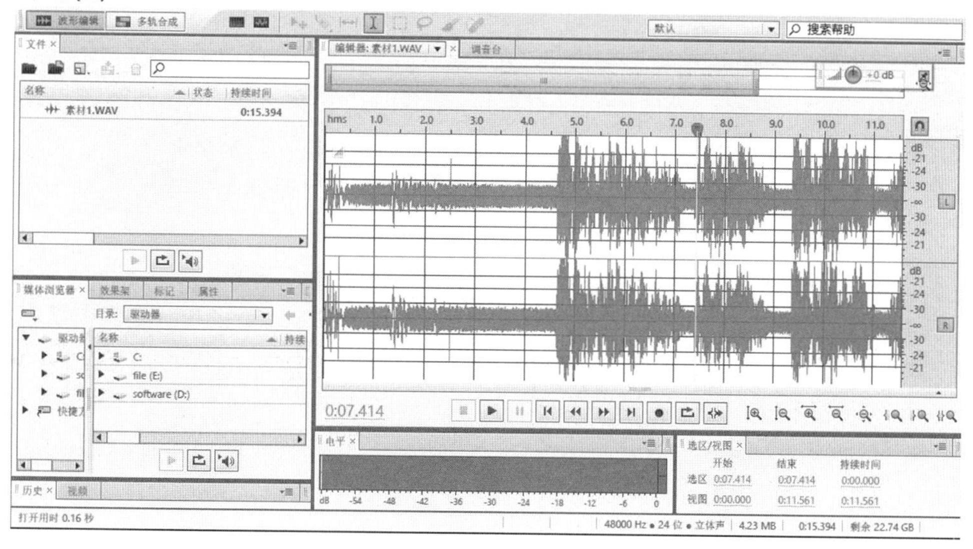

图 5-76　Audition 界面

Audition 操作说明如下:

a. 面板操作。双击面板名称或者选中面板区域按"~"键可最大化面板或还原;按 Ctrl 键拖动面板(名称),使之成为浮动面板,再次按住面板(名称)拖动可取消浮动;可滚动鼠标滚轮来切换面板组中的面板。

b. 收藏夹面板与收藏夹菜单相对应,包含了常见的自定义编辑操作。可通过录制的方式来制作收藏,Audition 中的收藏类似于其他软件中的预设或宏。

c. 媒体浏览器面板和文件面板中都有“预览传输”功能(在面板控制菜单中设置)。即,启用“自动播放”按钮后,可在浏览时试听音频,包括视频内的音频。

②Audition 工作区。

我们不仅可以从选择不同的工作区快速找到相关的面板,也可以从工作区的分类了解该软件的主要功能及应用。Audition 的工作区功能设置流程为“窗口”—“工作区”—“编辑工作区”。根据需要,重新排列面板并保存为自定义工作区,可优化工作流程。

③波形编辑器与多轨编辑器。

通常 Audition 分两个编辑器:波形编辑器和多轨编辑器。

a. 波形编辑器。波形编辑器用于高度精细地处理单个音频。

b. 多轨编辑器。多轨编辑器用于制作多轨混音。

编辑器面板是 Audition 处理音频最主要的工作区域,可以通过软件界面左上角的“波形”和“多轨”按钮来切换两种不同的编辑器。这两种编辑器是互斥的,且可用的选项有差别,但还是有许多共享的组件,如工具栏、导航栏、传输控件栏和缩放控件按钮等。

编辑器面板操作说明如下:

a. Au 菜单。窗口/编辑器。

b. 快捷键。Alt/Opt+1。

c. 查看波形编辑器。1 或 9。

d. 查看多轨编辑器。0。

要编辑单个音频文件,则使用波形编辑器。要混音多个音频并将它们与视频集成,则使用多轨编辑器。在多轨编辑器中双击某个音频剪辑,会在波形编辑器中将其打开,在文件面板或媒体浏览器面板中双击音频文件也是在波形编辑器中打开。

(2)Audition 音频创作的主要流程。

Audition 音频创作的主要流程包括 4 个步骤,如图 5-77 所示。

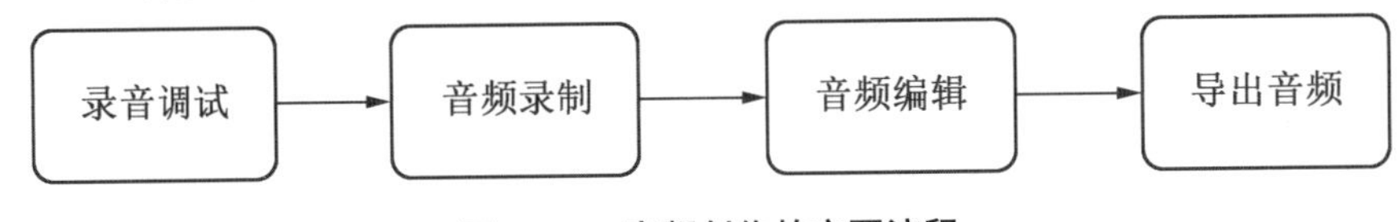

图 5-77 音频创作的主要流程

①录音调试。

在准备录音之前,需要选择与录音设备(外置声卡)匹配的 AU 输入和输出通道。具体流程为“编辑”—“首选项”—“音频硬件”,如图 5-78 所示。

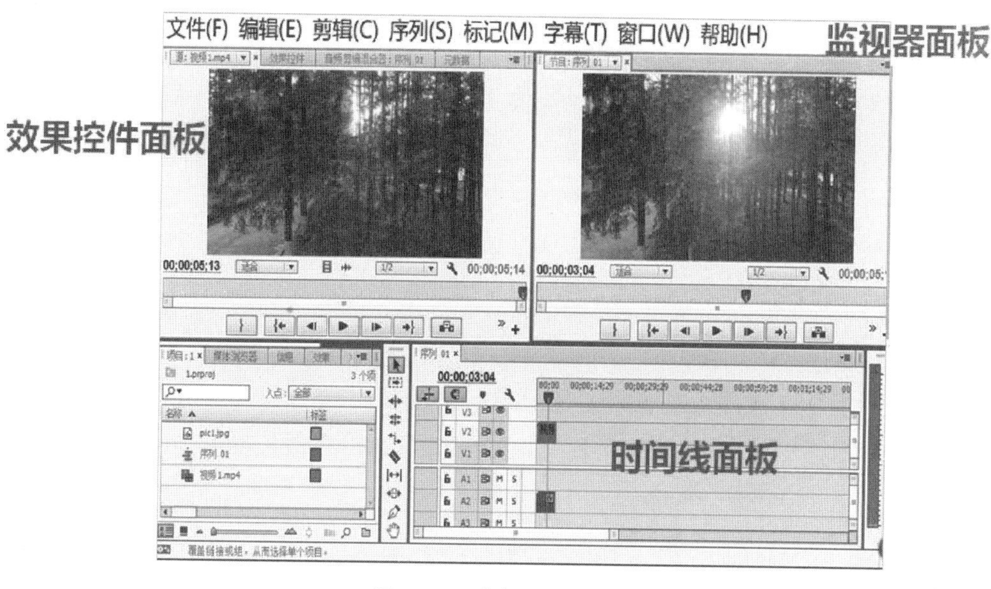

图 5-78　音频硬件设置

在音频硬件中设置默认输出、默认输入和采样率以匹配当前的录音设置。

如果未知采样率或设备名称，可以打开“控制面板”—“声音设置”—“声音控制面板”，在“播放”和“声音”中查看。要设置采样率，可以右键单击当前工作的默认设备，选择“属性”—“高级”。回放和记录的采样率必须一致。

②音频录制。

a. 选择“文件”—“新建”—“多轨混音项目/音频文件”，录制多轨混音项目或音频文件。也可直接选择“多轨项目”直接录制，避免重复拖拽曲目，接下来会展示新的多轨项目。

b. 在选择新的“多轨混音项目”时，注意采样率与之前的设置一致。

c. 选择录音轨迹，按下 R 键，如图 5-79 所示。R 键亮起，表示声音被记录在轨道上。

d. 点击下方按钮开始录制。

③音频编辑。

a. 选择已录制的音轨，双击进入单个声音文件，如图 5-80 所示。

b. 删除录错和重复的声音。选择声音波纹，右键单击或 DELETE 删除，如图 5-81 所示。

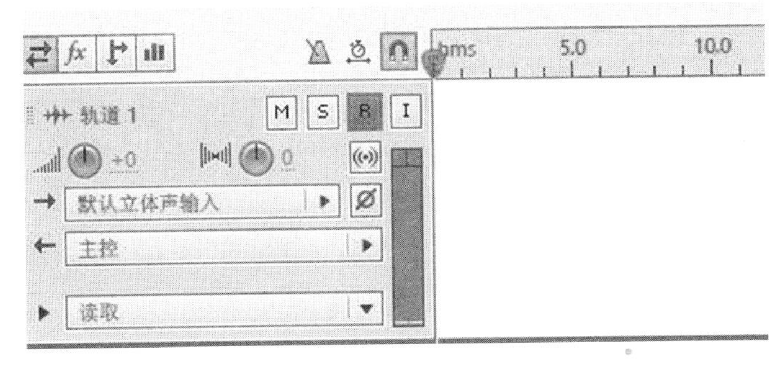

图 5-79 声音录制设置

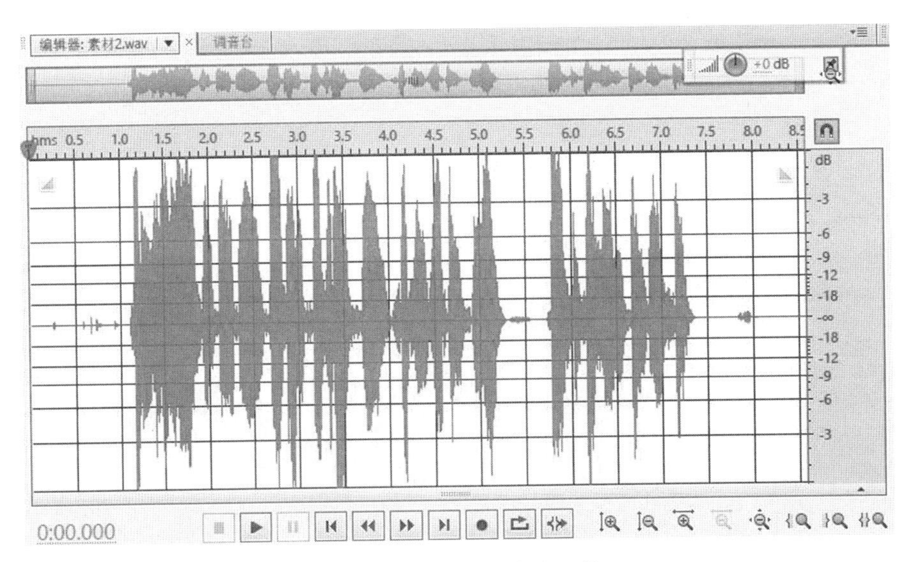

图 5-80 进入单个声音文件

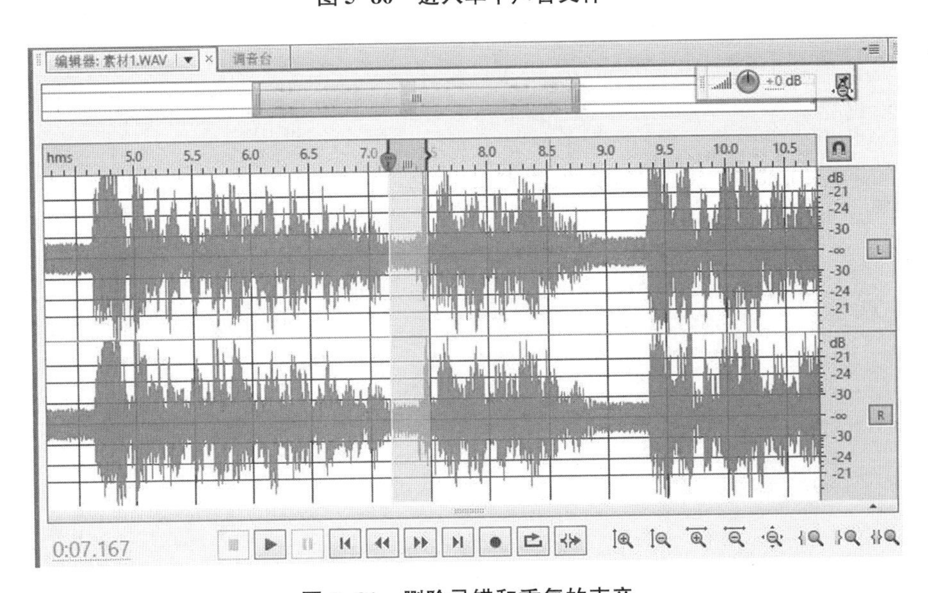

图 5-81 删除录错和重复的声音

c. 降噪。用鼠标选择噪声位置，右键点击“捕捉噪声样本”，然后单击左上角菜单栏上的“效果”—“降噪/恢复”—“降噪(处理)”，当弹出降噪页面时，直接点击“应用”，如图 5-82 所示。

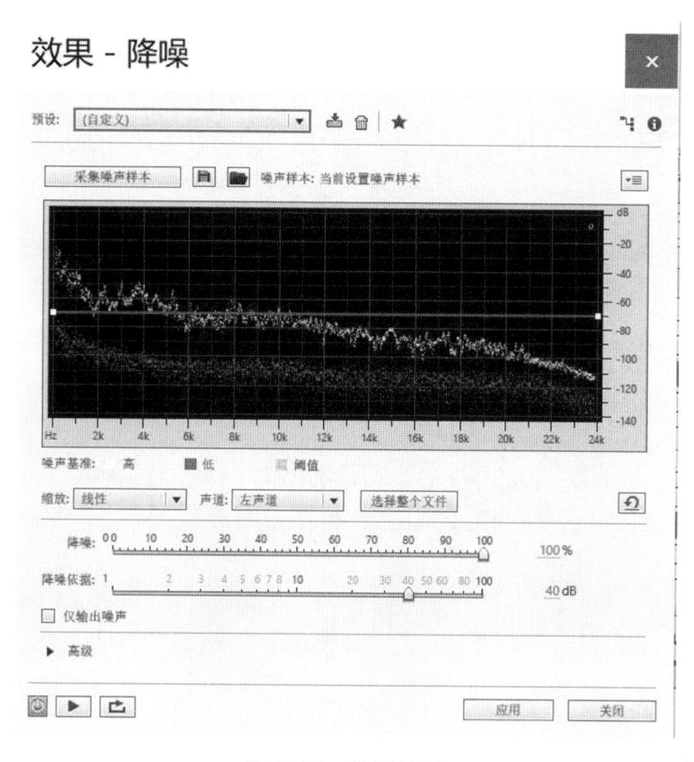

图 5-82　降噪处理

d. 合成背景音乐。点击右侧的项目栏，选择刚刚创建的“混音项目”，打开下载的 BGM，拖动黄线调整音量，左右拖动 Audio 调整时间，找到声音和 BGM 之间完美的音量匹配。

一般建议在整个音频会话的前 5 s 内出现人声。如果想给程序添加一些音效，可以在事先编辑音频时按下 M 键，然后在第 3 个“音轨”上添加适当的音效。如果在编辑的“录音”中发现一些节奏错误，可以选择要调整的声音波纹之间的间隙，右键单击“分割”，然后左右拖动调整时间。控制背景音乐的“淡入”和“淡出”，基本完成了一个简单的音频工作。

④导出音频。

a. 选择“文件”—“全部保存”保存音频项目，避免后续返工时项目丢失。

b. “文件”—“导出”—“多轨混音”—“完成混音”，格式为 MP3 或 WAV(大音量)。

c. “格式设置”—“更改”，可以修改音质，确认导出完成。

3. 变调

在 Audition 中，变调是一个非常重要的功能，它可以帮助用户改变音频的音高，从而创造出不同的音乐效果。变调可以用于各种不同的目的，例如改变歌曲的速度、调整乐器的声音、创造特殊的音效等。在本节中,我们将介绍如何使用 Audition 进行变调处理。

在 Audition 中进行变调处理有多种方法,变调工具(通常指的是“变调器”功能)是最为基础且直接的一种变调方法,它可以在音频波形上直接拖动滑块来改变音高。具体操作步骤如下。

(1)打开需要变调的音频文件,并选择“效果”—“时间与变调”—“变调器(处理)”。

(2)在音频波形上选择要变调的部分。可以通过单击鼠标左键或按住 Shift 键并用箭头键选择多个部分。

(3)拖动滑块来改变音高。向右拖动滑块会使音符升高,向左拖动滑块会使音符降低。

(4)按下回车键确认变调设置。

除了使用变调工具外,用户还可以使用一些快捷键来快速变调音频。以下是一些常用的快捷键。

(1)提高音高。Ctrl+I/Ctrl+Shift+I。

(2)降低音高。Ctrl+U/Ctrl+Shift+U。

(3)升高半音。Alt+Up Arrow/Alt+Shift+Up Arrow。

(4)降低半音。Alt+Down Arrow/Alt+Shift+Down Arrow。

(5)升高全音。Ctrl+Shift+Z/Ctrl+Z。

(6)降低全音。Ctrl+Shift+X/Ctrl+X。

4. 人声消除

Audition 强大的人声消除功能可以帮助用户去除录音中不需要的人声部分,从而达到更好的后期处理效果。本节将介绍如何使用 Audition 进行人声消除,具体操作步骤如下。

(1)首先导入需要除去人声的音频文件,并依次进入“效果”—“立体声声像”—“中置声道提取”。

(2)接着在预设中找到“人声移除”的功能并选择。

(3)将“中心声道电平”拉到最低,如图 5-83 所示。

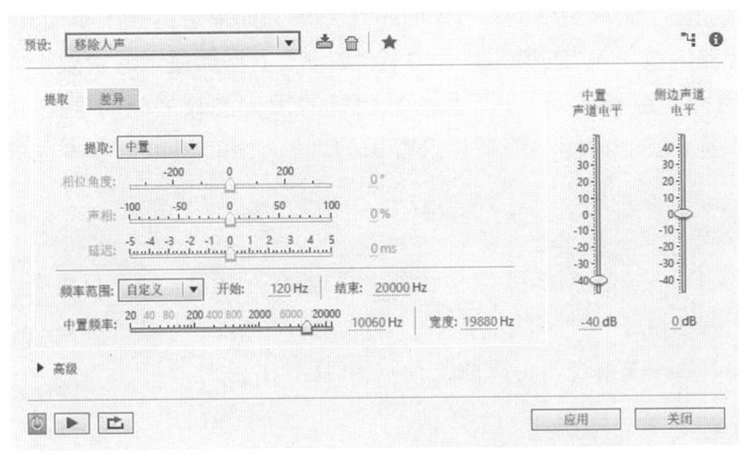

图 5-83　中置声道提取设置

(4)单击“应用”,然后新建一个“多轨会话”,将处理好的音频拖拽到音轨1上。

(5)在效果组中找到“宽立体声制造”。

(6)接着单击第4轨右边三角按钮,添加“消除齿音”,同样在第5轨上添加“多频段压缩器”、第6轨上添加“强制限幅”,如图5-84所示。

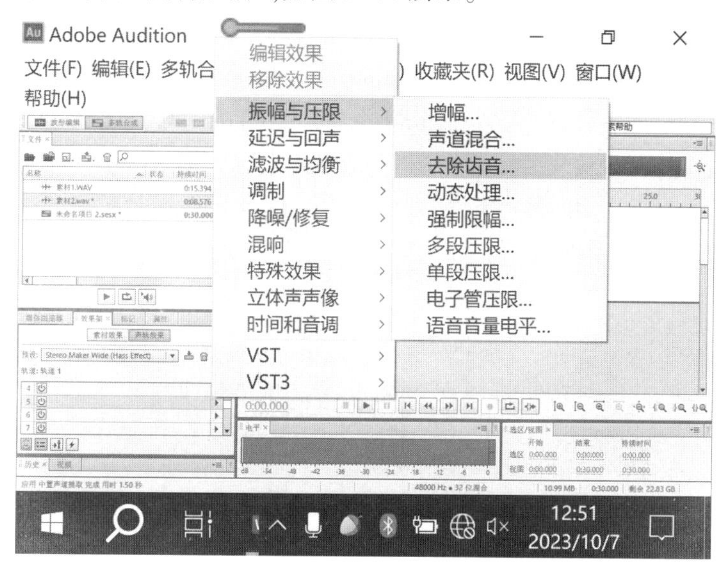

图5-84 分别设置“消除齿音”“多频段压缩器”“强制限幅”

(7)然后复制一段音频到第2轨道上去,添加“FFT滤波器”,最后做如图5-85所示的操作,人声就彻底消除了。

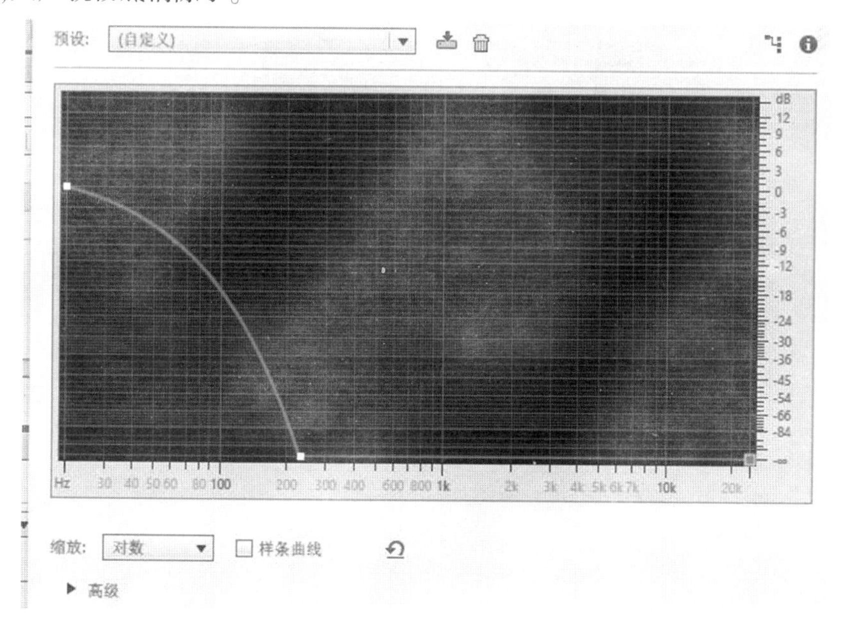

图5-85 组合效果

5. 音频降噪

音频降噪是一项重要的技术,在音频编辑、音乐制作和语音识别等领域中广泛应用。音频降噪是通过去除噪声信号来还原原始音频的技术。在实际应用中,由于各种因素的影响,如环境噪声、设备噪声和人声噪声等,会导致录制出来的音频含有噪声。如果不对这些噪声进行处理,会影响到音频的质量和可听性。因此,使用音频降噪技术可以有效地提高音频质量和清晰度。下面介绍 Audition 软件进行音频降噪的操作方法。

(1)启动 Audition 软件,进入到操作界面。按下“CTRL+O”,打开对话框,从中选择目标音频文件,执行打开音频文件操作,音频自动显示在波形编辑器中。

(2)鼠标点住波形左侧,向右边拖,选中要降噪的这一段音频(选中的这一段呈白色高亮显示)。鼠标右击选区,弹出右键菜单,单击“捕捉噪声样本”,在弹出对话框中单击“确定”。

(3)单击“效果”菜单栏,单击下拉菜单中“降噪/恢复”—“降噪(处理)”,在“降噪(处理)”面板中,软件已自动给选区内的音频进行降噪处理,也可以自定义设置,在“降噪和降噪幅度”设置其参数,设置完成后,单击应用即可。

6. 音频多轨处理

音频多轨处理是指在一个音频编辑软件中同时处理多个音频信号的过程。这些信号可以是录制的原始音频、混音后的音频、不同格式的音频等。在 Audition 中,可以通过添加新轨道来实现对多个音频信号的并行处理,操作步骤如下。

(1)在音频文件中新建一个多轨会话,“文件”—“新建”—“多轨会话”,如图 5-86 所示。

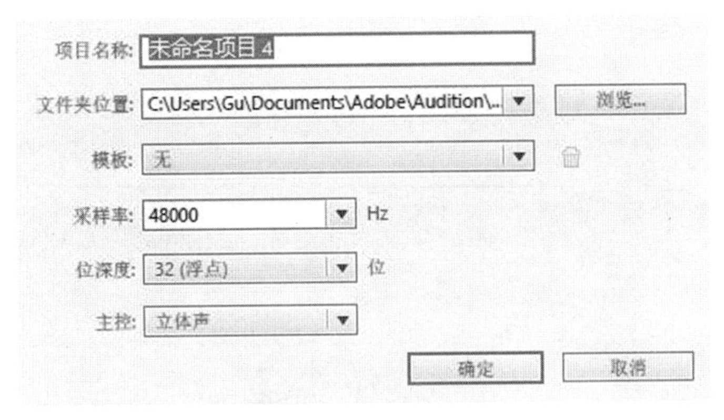

图 5-86 新建多轨会话

(2)将需要处理的音频同时拖入两个不同的轨道中,如图 5-87 所示。

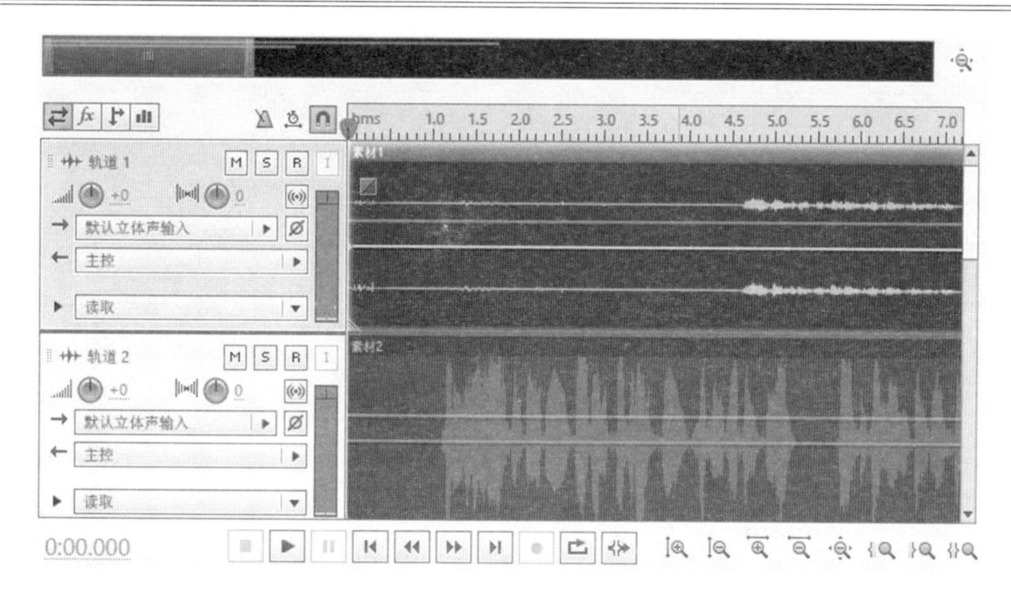

图 5-87　音频同时拖入两个不同的轨道

(3)单击轨道 1 中的白色线条生成小圆点,多次单击完成多个小圆点的创建,如图 5-88 所示。

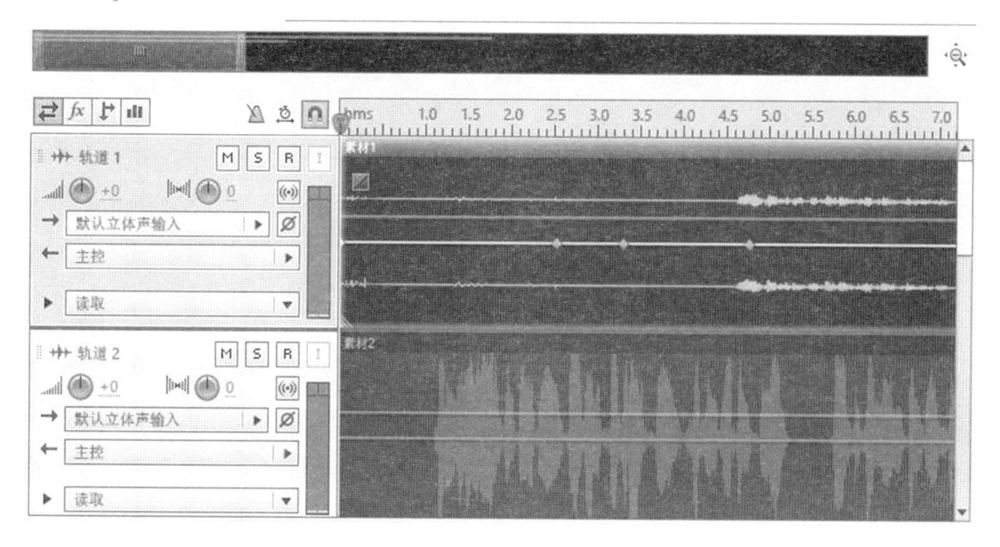

图 5-88　生成小圆点

(4)选中圆点进行向下或者向上的拖拽,即可制作出起伏的音频效果,如图 5-89 所示,这样操作后音频多轨处理就完成了。

7. AI 音频处理

智能音频处理软件通过 AI 算法实现对音频数据的高效管理和转换,讯飞、腾讯、Adobe 等公司提供了多种多样的工具或平台,可支持文本转音频,音频转文本、音频生成或音频处理等。

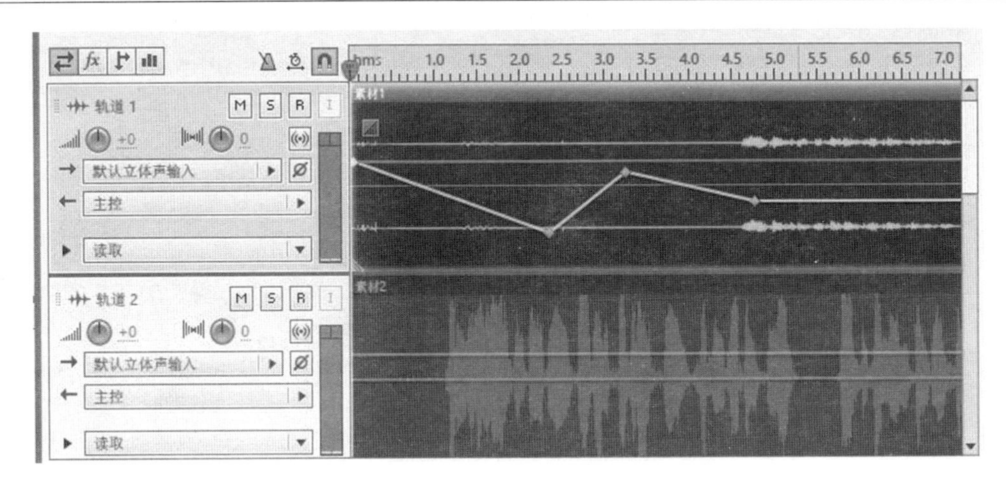

图 5-89 起伏的音频效果

(1)讯飞开放平台。

在讯飞开放平台的在线语音合成功能中,用户可以个性化设置多音字、数字、停顿等,将文字转化为自然流畅的人声。如图 5-90 所示,平台提供了 100 多种发音人,支持多语种、多方言和中英混合,可灵活配置音频参数。

网址:https://www.xfyun.cn/services/online_tts。

图 5-90 讯飞开放平台在线语音合同界面

(2)讯飞听见。

讯飞听见是一款集翻译、写作、语音输入于一体的智能语音交互平台,利用先进的人工智能技术,为用户提供了机器快转服务,支持 9 个国家语言,准确率最高 98%,如图 5-91 所示。

此外,讯飞听见可自动生成字幕文件,辅助视频制作。

网址:https://www.iflyrec.com/。

图 5-91　机器快转界面

(3)腾讯智影。

腾讯智影是腾讯推出的一款云端智能视频创作工具,其基于深度学习的 AI 算法,在语音合成、语音识别、自然语言处理等方面具有领先地位,能够为用户提供高质量、个性化的配音和语音服务。用户可以在腾讯智影的文本配音页面新建文本配音,输入需要配音的文本内容,选择音色后生成所需音频。

网址:https://zenvideo. qq. com/? backlink=aizhinan. cn。

(4)Adobe Podcast。

Adobe Podcast 是 Adobe 公司提供的一项基于云的音频服务,它利用人工智能技术简化播客的创建和编辑过程。用户只需在浏览器中打开 Adobe Podcast 的官方网站,即可开始录制和编辑音频。

在录制方面,Adobe Podcast 支持高质量的音频录制,可以自动消除噪声、平衡音量,确保录制出的音频清晰、纯净。同时,用户还可以根据自己的需求调整录制参数,如采样率、比特率等,以获得更加满意的录制效果。

在编辑方面,Adobe Podcast 提供了丰富的音频编辑功能。用户可以轻松剪辑音频片段、添加过渡效果、调整音频音量和平衡等。此外,该工具还内置了多种音频效果和音乐素材,用户可以根据自己的喜好和节目需求进行选择和添加,为音频节目增添更多个性和创意。Adobe Podcast 使用 AI 工具增强整体音频质量,降低背景噪音和优化频率,如图 5-92 所示。

网址:https://podcast. adobe. com/。

(5)天工 AI。

“天工 3.0”是由奇点智源和昆仑万维联合研发的人工智能大模型。2024 年 5 月,在 MMBench 等多项权威多模态测评结果中,“天工 3.0”超越 GPT4V,多项评测指标达到全球领先水平。天工 AI 平台提供了 AI 音视频分析、AI 音乐、AI 图片生成等功能。AI 文档-音视频分析可根据用户上传的文档或音频,自动进行归纳摘要、生成脑图。AI 音乐可根据用户提供的歌词,生成旋律,组合成歌曲,如图 5-93 所示。

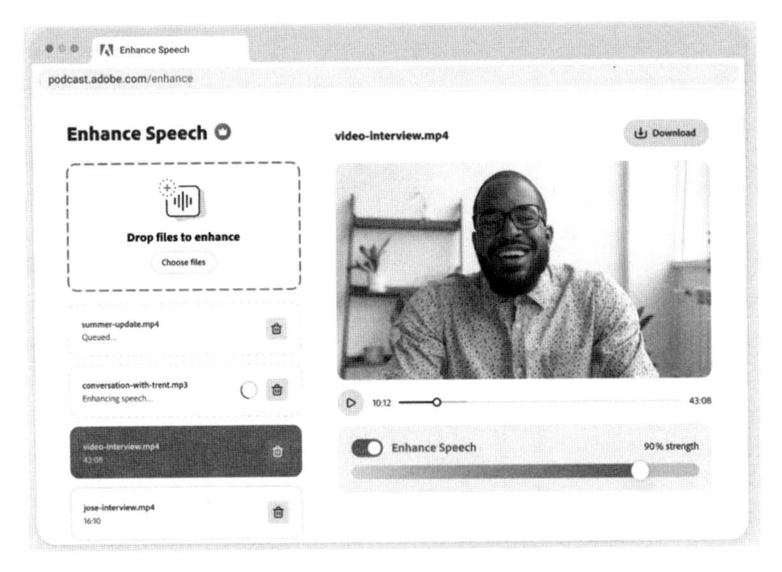

图 5-92 Adobe Podcast 界面

网址:https://www.tiangong.cn/。

图 5-93 天工 AI 音乐界面

(6)网易天音。

网易天音提供了 AI 编曲、AI 一键写歌、AI 作词功能,用户输入提示词关键词或自然语言描述,AI 便可以辅助完成词、曲、编、唱。用户可以自行创作或是选择熟悉的曲谱进行二次创作,还可以基于自行上传的 midi 匹配生成可编辑修改的编曲。

网址:https://tianyin.music.163.com/?backlink=aizhinan.cn#/。

5.2.3 视频处理

1. 视频处理技术及常用软件

(1)视频处理技术。

视频处理技术主要包括视频采集、编码、压缩和解码。

①视频采集。视频采集是指将模拟视频信号转换为数字信号的过程,常用的采集设备包括摄像机、采集卡等。

②视频编码。视频编码是将数字视频数据按照一定的规则进行编码压缩的过程,常用的编码格式包括 H.264、HEVC 等。

③视频压缩。视频压缩是在保证视频质量的前提下,通过消除多余数据使得视频文件变得更小的过程,常用的压缩算法包括 MPEG-4、AVC 等。

④视频解码。视频解码是将压缩后的数字视频数据重新还原成原始的数字信号的过程,常用的解码格式包括 MPEG-2、MPEG-4 等。

(2)常用视频处理软件。

专业的视频编辑软件有 Adobe Premiere、会声会影等。在日常生活中,我们也常用剪映、爱剪辑等软件进行视频编辑。下面简单介绍几种常用的视频处理软件。

①Adobe Premiere。

Adobe Premiere 是由 Adobe 公司开发的适用于电影、电视和 Web 的视频编辑软件,具有较好的兼容性且可以与 Adobe 公司推出的其他软件相互协作,广泛应用于广告制作和电视节目制作。现在常用的 Adobe Premiere 有 CC 2020、CC 2021、CC 2022 等版本。Adobe Premiere 是一款易学、高效、精确的视频剪辑软件,提供了采集、剪辑、调色、美化音频、字幕添加、输出的一整套流程。(官网:https://www.adobe.com/cn/products/premiere.html)

②会声会影。

会声会影是加拿大 Corel 公司开发的一款功能强大的视频编辑软件,英文名为 Corel Video Studio,具有图像抓取和编修功能,并提供超过 100 多种的编制功能与效果,可导出多种常见的视频格式。其操作简单,适合日常使用,具备完整的影片编辑流程解决方案。(官网:https://www.huishenghuiying.com.cn/)

③剪映。

剪映是抖音旗下免费视频剪辑软件,由深圳脸萌科技有限公司开发的视频编辑工具,提供切割、变速、倒放、画布、转场等功能。(官网:https://www.capcut.cn/)

2. 认识 Adobe Premiere

(1)Adobe Premiere 的主要功能和布局。

Adobe Premiere 主要提供以下功能:

①视频剪辑。编辑和拼接各种视频片段。

②视频过渡。在两段视频片段之间增加各种切换效果。

③视频特效。对视频片段进行各种特效处理。

④字幕编辑。在视频片段之上叠加各种字幕、图标等。

⑤音频编辑。给视频配音,并调整音频与视频的同步。

启动 Adobe Premiere Pro 2020 后,软件会自动加载插件,完成后进入欢迎界面。点击

“新建项目”或“打开项目”,进行相关配置后进入主界面,其默认界面如图 5-94 所示。

图 5-94 Adobe Premiere 界面

Adobe Premiere 工作区主要包含以下窗口面板:项目面板、源监视器面板、节目监视器面板、时间轴面板和工具面板等。本小节将对一些常用的窗口面板进行介绍。

①监视器面板。

监视器面板主要用于在创建作品时对作品进行预览,默认工作界面分左右两个监视器。左侧是源监视器面板,主要用于预览或剪辑项目面板中选中的原始素材,可以使用源监视器面板设置素材的入点和出点。如果是音频素材,则可以在源监视器面板中显示音频波形。右侧是节目监视器面板,主要用于预览时间轴面板序列中已经编辑的素材。

②项目面板。

项目面板主要用于对原始素材的导入与管理。编辑影片所用的全部素材应事先导入项目面板内,使用搜索功能可快速查询所需素材。项目面板可根据需要选择是否预览素材。如果所编辑视频项目素材较多,可使用素材箱对音频、视频及其他素材分类存放。

③时间轴面板。

时间轴面板是视频编辑的基础,可以在时间轴面板中查看并处理序列。时间轴面板以轨道的方式对视频、音频和字幕等素材进行剪辑操作。时间轴面板分为上、下两个区域,上方为时间显示区,下方为轨道区。其中,轨道区默认有 3 条视频轨道和 3 条音频轨道,用户可以根据需要添加或删除音视频轨道。在时间轴上,位于顶部视频轨道上的视频和图像剪辑会覆盖其下面的内容。

④信息面板。

信息面板主要显示在项目窗口中所选中的素材或序列文件的相关信息，包括素材名称、类型、大小、开始及结束点等信息。

⑤效果面板。

效果面板中存放了 Adobe Premiere 自带的各种音频、视频效果，音频、视频过渡效果和预设效果。效果按照类型分类，面板顶部有一个搜索框可用于快速查找，如图 5-95 所示。

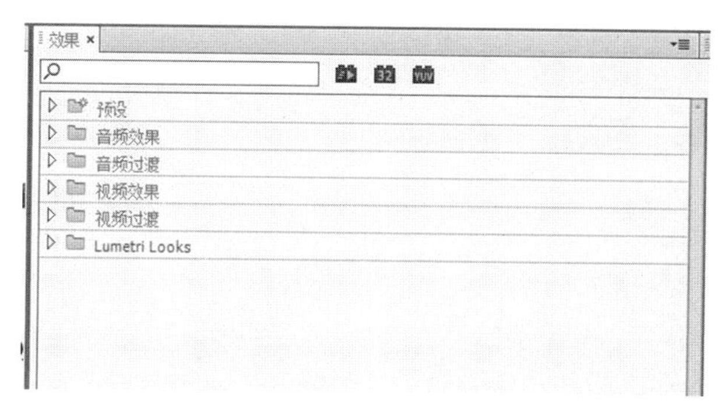

图 5-95　效果面板

⑥标记面板。

时间轴上的序列可以根据需要使用快捷键“M”做标记并注释，做过标记的信息存放在标记面板中，双击标记内容，可以查看标记窗口，如图 5-96 所示。

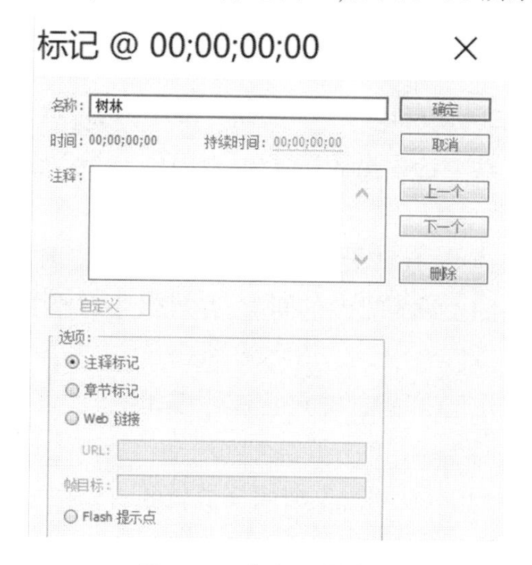

图 5-96　标记设置窗口

⑦历史记录面板。

历史记录面板会跟踪执行的步骤并备份。如果选择前一个步骤，那么这个步骤之后的所有操作步骤也将被撤销。

⑧效果控件面板。

效果控件面板如图 5-97 所示,用于设置添加效果参数或素材属性参数。

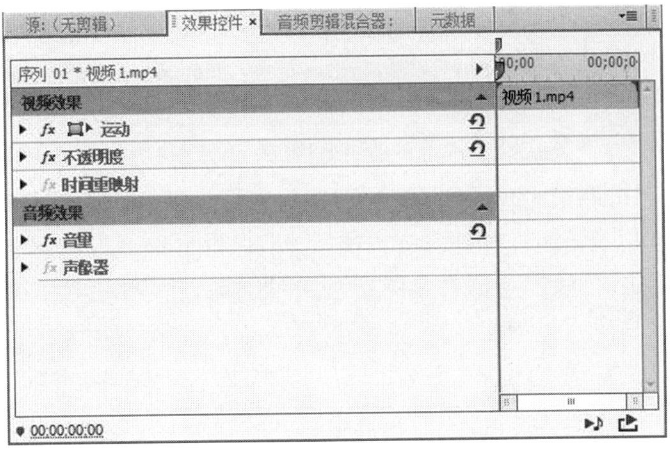

图 5-97 效果控件面板

⑨工具面板。

工具面板中的每一个图标都是一种工具。单击任何工具就能激活相应的工具,激活后图标会从白色变为蓝色,可在时间轴面板中进行使用。将光标置于某个工具上即可查看其名称和键盘快捷键。

a. 选择工具。快捷键“V”。用于选择用户界面中的剪辑、菜单栏和其他对象的标准工具。

b. 向前选择轨道。快捷键“A”。选择此工具时,所有轨道自被单击的片段及其前面的片段全部被选中。

c. 向后选择轨道。快捷键“Shift+A”。按住“Alt”键同时点击向前选择轨道工具,可以切换为向后选择轨道工具。选择此工具时,所有轨道自被单击的片段及其后面的片段全部被选中。

d. 波纹编辑工具。快捷键“B”。选择此工具时,可修剪“时间轴”内某剪辑的入点或出点。波纹编辑工具可关闭由编辑导致的间隙,并可保留对修剪剪辑左侧或右侧的所有编辑。

e. 滚动编辑工具。按住“Alt”键同时点击波纹编辑工具,可以切换为滚动编辑工具。选择此工具时,可在“时间轴”内的两个剪辑之间滚动编辑点。滚动编辑工具可修剪一个剪辑的入点和另一个剪辑的出点,同时保留两个剪辑的组合持续时间不变。

f. 比率拉伸工具。按住“Alt”键同时点击滚动编辑工具,可以切换为比率拉伸工具。选择此工具时,可通过加速“时间轴”内某剪辑的回放速度缩短该剪辑,或通过减慢回放速度延长该剪辑。速率伸展工具会改变速度和持续时间,但不会改变剪辑的入点和出点。

g. 剃刀工具。快捷键“C”。选择此工具时,可在“时间轴”内的剪辑中进行一次或多次切割操作。单击剪辑内的某一点后,该剪辑即会在此位置精确拆分。要在此位置拆分所有轨道内的剪辑,应按住 Shift 键并在任何剪辑内单击相应点。

h. 外滑工具。快捷键“Y”。选择此工具时,可同时更改“时间轴”内某剪辑的入点和出点,并保留入点和出点之间的时间间隔不变。例如,如果将“时间轴”内的一个 10 s 剪辑修剪到了 5 s,可以使用外滑工具来确定剪辑的哪个 5 s 部分显示在“时间轴”内。

i. 内滑工具。按住“Alt”键同时点击外滑工具,可以切换为内滑工具。选择此工具时,可将“时间轴”内的某个剪辑向左或向右移动,同时修剪其周围的两个剪辑。3 个剪辑的组合持续时间以及该组在“时间轴”内的位置将保持不变。

j. 钢笔工具。快捷键“P”。选择此工具时,可设置或选择关键帧,或调整“时间轴”内的连接线。该工具可垂直拖动连接线调整连接线。按住“Ctrl”键并单击连接线可设置关键帧。按住“Shift”键并单击相应关键帧可选择非连续的关键帧。

k. 手形工具。快捷键“H”。选择此工具时,可向左或向右拖动“时间轴”的查看区域。

l. 缩放工具。快捷键“Z”。按住“Alt”键同时点击手形工具,可以切换为缩放工具。选择此工具时,可放大或缩小“时间轴”的查看区域,单击可进行放大,按住“Alt”键并单击可进行缩小。

m. 文字工具。快捷键“T”。选择此工具时,可在视频中添加字幕。

⑩音轨混合器面板。

音轨混合器面板主要用于完成对音频素材的加工和处理,如混合音频轨道、调整各声道音量平衡或录音等。

⑪音频仪表面板。

音频仪表面板是显示混合声道输出音量大小的面板。当音量超出安全范围时,在柱状顶端会显示警告,用户可以及时调整音频的增益,以免损伤音频设备。

(2)Adobe Premiere 视频创作的主要流程。

Premiere 视频创作的主要流程一般包括 7 个步骤,如图 5-98 所示。

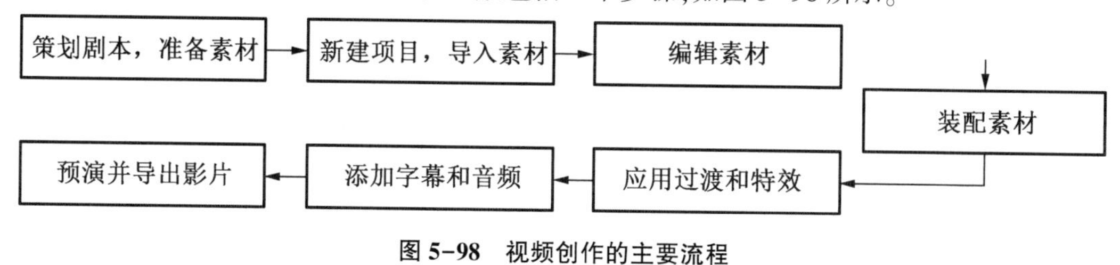

图 5-98 视频创作的主要流程

①新建项目。

a. 启动 Adobe Premiere。显示开始界面,点击“新建项目”按钮后,弹出“新建项目”对话框,在对话框上方的名称和位置中设置该项目在磁盘的项目名称和存储位置,单击“确定”按钮,如图 5-99 所示。

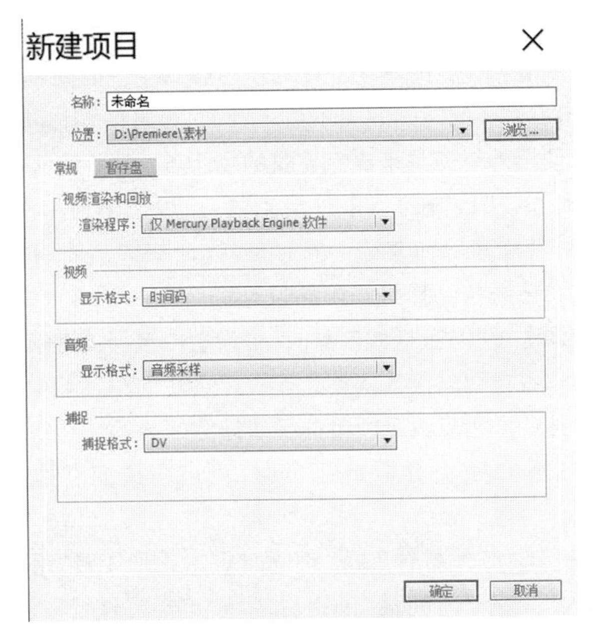

图 5-99 新建项目窗口

b. 在 Adobe Premiere 已经启动的情况下新建项目，点击菜单栏“文件”—“新建”—“项目”，打开新建项目对话框。若需要打开已有的项目文件，则点击菜单栏“文件”—“打开项目”，打开“打开项目”对话框。

c. 对于编辑过的项目，如果需要保存，点击菜单栏“文件”—“保存” “文件”—“另存为”或“文件”—“保存副本”。Adobe Premiere 每隔一段时间会自动保存一次项目，用户可以根据需要设置自动保存功能。点击菜单栏“编辑”—“首选项”—“自动保存”，弹出“首选项”对话框，可在对话框中设置自动保存时间间隔和最大项目版本。

②新建序列。

序列是项目文件的一部分，一个项目文件可以包含一个或多个序列，用户最终输出的视频来自于序列中的剪辑。时间轴面板中可以有多个序列面板，序列由多个视音频轨道和字母轨道组成。

序列新建有以下几种方法。

a. 在项目面板的空白处单击鼠标右键，选择“新建项目”—“序列”，在“新建序列”对话框中，根据视频素材的拍摄机器的不同，选择不同的有效预设。如 DV 分类中有 DV-24p、DV-NTSC 和 DV-PAL 三种，不同的分类代表不同的制式。若视频拍摄机器为 DV，则选用 DV-PAL 进行编辑。选择 DV-PAL 下的“标准 48kHz”，点击“确定”按钮新建序列。

b. 选择菜单栏“文件”—“新建”—“序列”或按快捷键“Ctrl+N”，也可以打开“新建序列”对话框。

③轨道的操作。

在序列中默认存在 3 个视频轨道、3 个音频轨道和 1 个主音频轨道。在视频编辑过程中,用户可以添加、删除、锁定轨道。

a. 添加轨道。在时间轴面板的轨道名称后的空白处点击鼠标右键,选择“添加轨道”,如图 5-100(a)所示,打开“添加轨道”对话框,在“视频轨道”和“音频轨道”中输入轨道数量,在“放置”下拉列表中选择希望放置的位置,如图 5-100(b)所示。最后,点击“确定”按钮,即可查看添加后的音频和视频轨道。

b. 删除轨道。在需要删除的轨道名称后的空白处点击鼠标右键,选择“删除单个轨道”。在任意轨道名称后的空白处单击鼠标右键,选择“删除轨道”,打开“删除轨道”对话框,在里面设置需要删除的轨道,点击“确定”按钮确认删除,如图 5-100(c)所示。

c. 锁定轨道。在制作视频时,由于轨道间的剪辑互相关联,为避免误操作,可以将当前不需要进行操作的轨道进行锁定操作。单击需要锁定的轨道前方的“切换轨道锁定”按钮,此时按钮变成蓝色状态,表示该条轨道已被锁定。如果需要解锁,再次点击此按钮,如图 5-100(d)所示。

④素材箱创建。

在上文中提及如果所编辑视频项目素材较多,可使用素材箱对音频、视频及其他素材分类存放。素材箱的创建有以下两种方法。

a. 单击项目面板右下方的“新建素材箱”按钮,即可创建素材箱。

b. 在项目面板的空白处单击鼠标右键,选择“新建素材箱”。

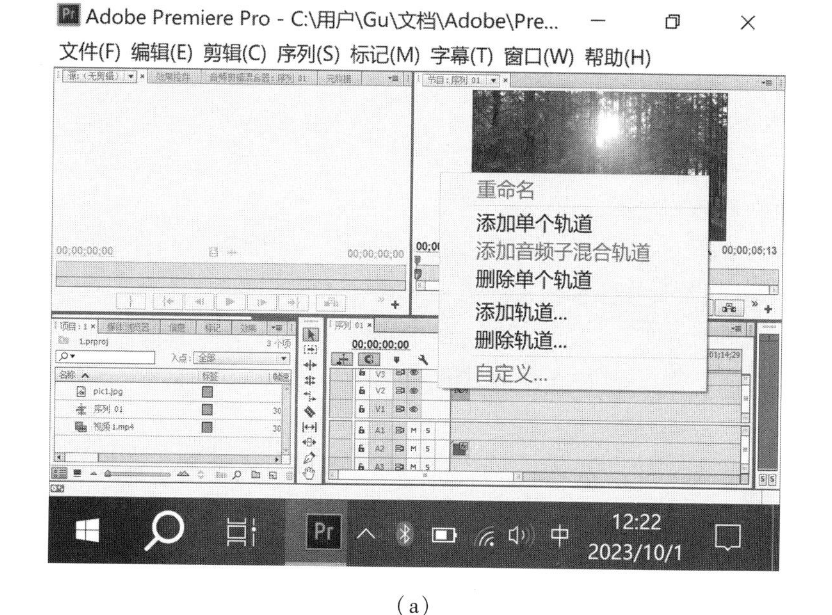

(a)

图 5-100　轨道操作示意图

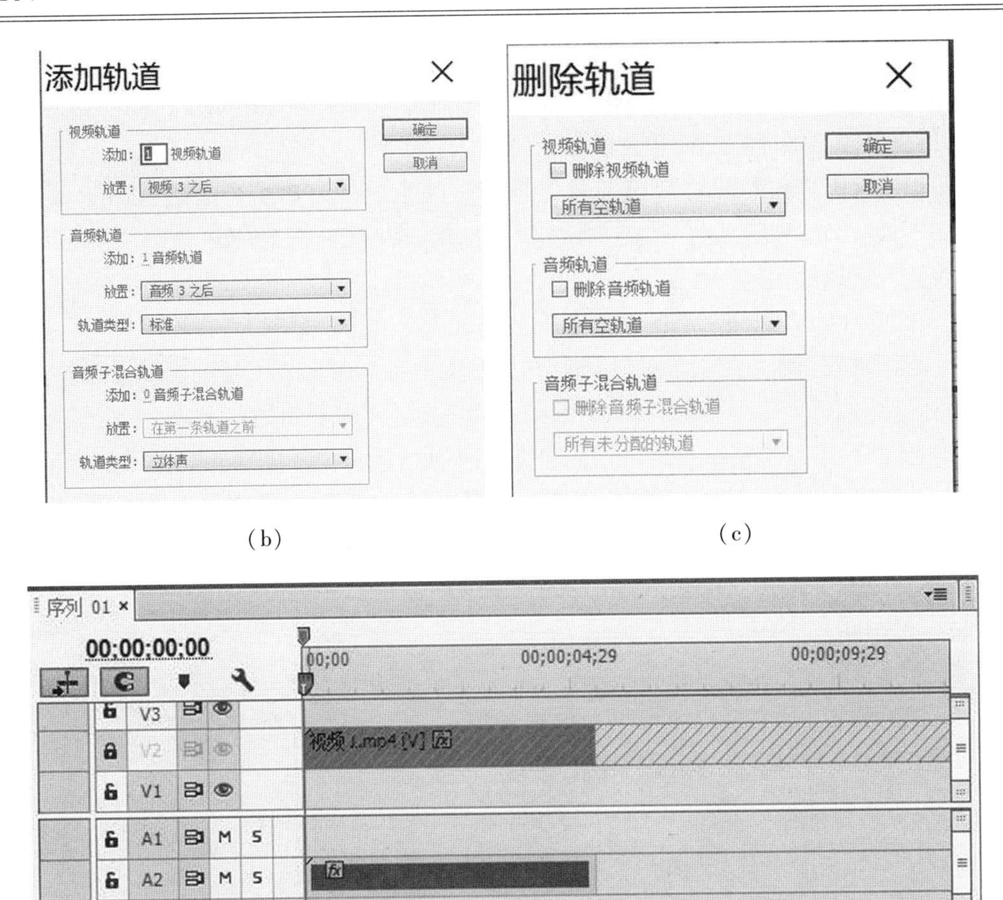

(b)　　　　(c)

(d)

图 5-100(续)

⑤视频创作素材的导入。

将素材导入 Adobe Premiere 项目时，会创建一个从原始媒体到位于项目内指针的链接。这样在编辑时，不会修改原始文件。导入素材可以通过以下方法实现。

a. 菜单栏选择“文件”—“导入”，或在项目面板空白位置单击鼠标右键，选择“导入”，在弹出的“导入”对话框中展开素材的保存目录，选择需要导入的素材，点击“打开”按钮，将素材导入到项目中。

b. 在媒体浏览器中导入素材。媒体浏览器是查看媒体资源并将其导入 Adobe Premiere 的工具。在媒体浏览器中，可以查看元数据的信息，包括视频时长、录制时间和文件类型等，可双击素材进行编辑。在媒体浏览器面板中展开素材文件夹，选中需要导入的素材，点击鼠标右键，选择“导入”，即可将素材导入项目。

c. 拖入外部素材。从外部素材所在的文件夹中选中素材，直接拖入项目面板中，即可完成素材的导入。

⑥图像素材的导入。

图像素材属于静帧文件，在 Adobe Premiere 中导入图像素材时，应先设置默认持续时间。具体操作步骤如下。

a. 菜单栏选择“编辑”—“首选项”—“常规”，弹出“首选项”对话框，选择时间轴，设置静止图像默认持续时间，默认为 5 s，即 125 帧，点击“确定”按钮确认。

b. 任选一种导入素材方法，导入图像素材。

⑦序列文件的导入。

序列文件是带统一编号的图像文件，将其按照序列全部导入，系统会自动将其作为一个视频文件。

⑧输出影片。

编辑完视频作品后，需要将其导出，Adobe Premiere 提供了不同的导出文件格式和编码压缩方式。菜单栏选择“文件”—“导出”—“媒体”，打开“导出设置”对话框，如图 5-101 所示，选择格式“H. 264”和预设“匹配源—中等比特率”，修改输出文件名称，单击“导出”按钮即可导出视频。

图 5-101　视频导出配置界面

3. 视频剪辑

(1)素材编辑处理。

在创作作品时，为满足需求，可能需要对素材进行编辑处理。

常用的截取视频有以下两种方法。

①在项目面板中双击视频素材，视频素材将显示在源监视器面板中。在源监视器面板中可以修改视频的入点和出点，还可以调整视频素材的播放速度，修改视频、音频、图

像素材的持续时间等。根据需要选择视频素材的切入点,拖动游标至开始位置,单击“标记入点”按钮,添加入点。拖动游标至结束位置,单击“标记出点”按钮,添加出点。被标记的时间段显示为浅灰色,将源监视器窗口中的素材拖至视频轨道或单击“插入”按钮,即可将入点与出点之间的视频片段插入到时间轴面板中的轨道。点击“仅拖动视频”按钮或“仅拖动视频”按钮,按住鼠标左键,将其拖拽到“时间线”面板上,如图 5-102 所示,可以单独将选取的视频段或音频段加载到时间轴上。

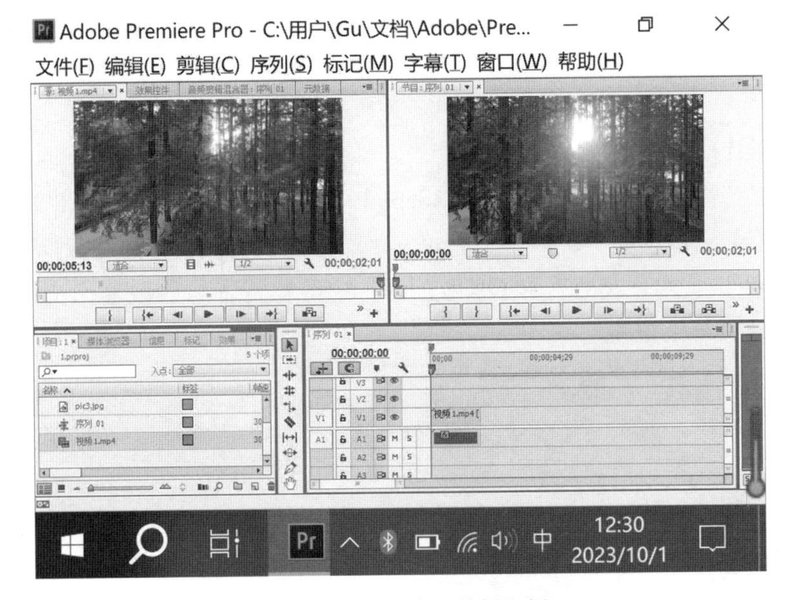

图 5-102 视频素材剪辑示例

②将项目面板中的视频素材拖至时间轴面板,在工具面板中选择剃刀工具,在轨道上相应的时间点进行切割,将视频分成多个片段。再在工具面板中选择选择工具,选中前后两段不需要的部分,按“Delete”键删除,并将中间片段拖至时间轴的起点位置。

(2)在时间轴中编排素材。

将编辑好的素材加入时间轴面板的轨道后,就可以对素材在视频中出现的时间、位置按照剧本进行编排。在需要同时加入多个素材时,按住“Shift”键,在项目面板中依次选中所需素材,拖至时间轴面板中。

从项目面板中将素材拖动至视频轨道的开始位置,将其入点对齐在(00:00:00:00)的位置。将鼠标移至素材上,会显示素材的详细信息,如名称、开始、结束和持续时间等。素材在时间轴面板中的持续时间指在轨道中的入点到出点的长度。在编辑时间轴面板中的素材持续时间时,不会影响项目面板中的素材。将鼠标移至视频轨道的轨道头上,向前滑动鼠标的滚轮,增加轨道的显示高度,可以显示出素材预览图像。

4. 视频过渡

视频过渡是指将场景从一个镜头转移到下一个镜头。Adobe Premiere 提供了多种过渡方法,如擦除、缩放和溶解等。

视频过渡位于效果面板的素材箱中。菜单栏选择“窗口”—“效果”，打开效果面板，单击“视频过渡”文件夹前面的三角按钮，展开效果列表，选择“3D 运动”里面的“立方体旋转”，将其拖拽至两素材之间，如图 5-103 所示。在素材之间添加视频过渡，需要保证两段素材在同一轨道上。

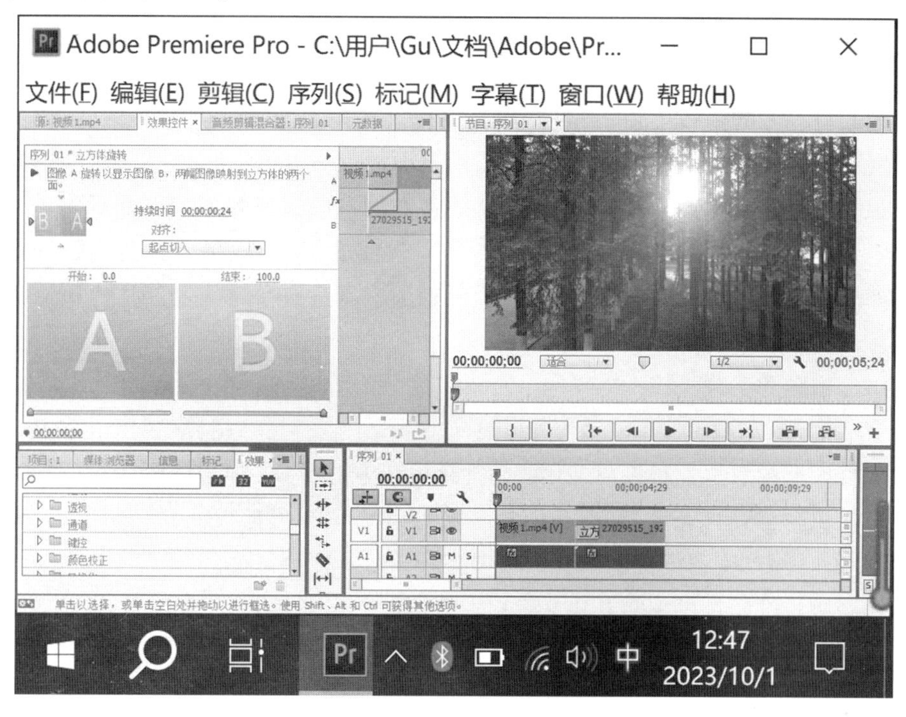

图 5-103　视频过渡效果添加示例

在效果控件面板中可以设置过渡效果的持续时间和对齐方式（中心接入、起点切入、终点切入）。中心切入指过渡动画的持续时间在两个素材之间各占一半。起点切入指前一素材中没有过渡效果，在后一素材的入点处开始。终点切入则指过渡动画全部在前一个素材的出点处。在节目监视器面板可以预览过渡切换效果。在效果面板中选择需要的过渡效果，将其拖动至时间轴面板需要被替换的位置，即可替换过渡效果。在时间轴中选中过渡效果，按住“Delete”键或单击鼠标右键，在快捷菜单中选择“清除”，即可删除效果。

5. 添加特效

Adobe Premiere 在效果面板中提供多种视频特效，如变换、扭曲、模糊与锐化、颜色矫正等。在效果面板中单击展开按钮，选中所需特效直接拖至轨道中的素材上，即为添加。

如需为多个素材添加同一效果，单击影片剪辑设置好的视频效果，在效果控件面板中选中视频效果，单击鼠标右键，选择“复制”。选择其他需要添加效果的素材，在效果控件面板的空白区域点击鼠标右键，选择“粘贴”。也可将选中的视频特效保存为预设特效，然后通过选中拖拽的方式添加至目标素材。

为多个素材添加同一效果也可通过创建调整图层的方式实现，其操作流程如下。

(1)创建调整图层。

调整图层可以向一系列剪辑同时应用效果或不透明度调整。与 Adobe Photoshop 的调整图层功能类似。

(2)创建图层。

菜单栏"文件"—"新建"—"调整图层",弹出"调整图层"对话框,根据需求调整参数,单击"确定"按钮,完成创建。从项目面板将调整图层拖至时间轴面板中需要添加视频特效的素材上方的视频轨道上,将图层长度拖至与下方素材相等。然后,在调整图层上添加视频特效,添加方法同上。在节目监视器面板中即可预览添加特效后的视频。

与视频过渡效果参数修改类似,视频特效参数的修改也在效果控件面板中进行。如果需要隐藏特效,可以在效果控件面板中单击特效前的"切换效果开关"按钮,即可隐藏效果。如果需要删除特效,则在效果控件面板中选中需要删除的特效,按住"Delete"键或单击鼠标右键,选择"清除",即可删除该特效。

6. 添加音频和字幕

(1)音频导入和剪辑。

在项目面板中双击音频素材,在源监视器面板中打开,将时间轴面板中的指针定位在音频开始位置,然后单击源监视器面板播放控制栏中的覆盖按钮,将其加入时间轴面板中的音频轨道上,或者直接从项目面板中将音频素材拖至目标音频轨道中。

如果音频长度超过了视频长度,在工具栏面板中选择剃刀工具,点击需要剪辑的位置,将音频文件分为两段,删除超过长度的音频片段。用户可以对音频进行调整,例如音量大小、淡入淡出效果、音频过渡和音频特效。在音频轨道上单击鼠标右键,选择"音频增益",弹出"音频增益"对话框,根据需求设置增益值,点击"确定"按钮返回,即可调整音频音量大小。

(2)音频过渡。

单击有音频文件的轨道头空白处,向上滑动鼠标滚轮,将轨道放大至可以看到左右声道。将时间轴指针移动至起始点,单击音频轨道的"添加/移除关键帧"按钮,在当前位置添加关键字,该关键帧为淡入的开始点。以同样的方法在音频 2 s 处设置淡入的结束点。将鼠标移动至淡入开始点的关键帧上,按住鼠标左键并向下拖动,实现音频的淡入效果。淡出效果与淡入效果的设置方法类似,需要在音频的结束前某个位置和结尾处分别设置关键帧,如图 5-104 所示。用户也可以通过添加音频过渡效果实现音频淡入淡出。在效果面板中选择音频过渡—交叉淡化—指数淡化,拖至音频轨道。双击音频在效果控件面板设置淡化持续时间。音频特效的添加方式与视频特效添加方式类似,也是通过从效果面板拖动的方式添加。

(3)字幕设计。

字幕是视频中不可获取的元素,字幕面板包括字幕列表、字幕工具、字幕动作、字幕样式和字母属性,如图 5-105 所示。

图 5-104　音频淡入淡出设置示例

图 5-105　新建字幕和字幕面板

在字幕面板中选择“新建字幕”，在“新建字幕”对话框中设置相应的参数，点击“确定”按钮，打开字幕面板。选择工具栏中的“文字工具”按钮，在视频中单击并输入文字，设置字体等参数。将新建的字幕从项目面板中拖至时间轴面板中的视频轨道上方，并调整其持续时间，即可完成字幕的添加。字幕面板中内部白框为字幕安全区，外部白框为动作安全区。

7. AI视频处理

智能视频处理是指利用AI技术对视频内容进行分析、编辑和增强的一系列自动化操作。讯飞智作、即梦、可灵AI提供了智能化的视频生成服务,剪映软件可为用户提供AI智能剪辑、图文成片、智能识别和标记、智能抠像、智能字幕等功能。

(1)讯飞智作。

讯飞智作提供了视频生成功能,如图5-106所示,在虚拟AI演播室中输入文本或录音,一键完成音、视频作品的输出,支持多形象、多音库和多功能编排。

网址:https://www.xfzhizuo.cn/。

(2)即梦。

即梦除了提供图片生成以外,还提供视频生成功能。用户输入提示词,描述视频画面,选择运镜类型、视频比例、运动速度,一键生成视频。

(3)剪映。

剪映除了提供视频剪辑功能以外,集成了多种AI功能来提升用户体验和创作效率,可生成准确字幕,添加AI特效、图文成片。

(4)可灵AI。

可灵大模型(Kling)是由快手大模型团队自研打造的视频生成大模型,具备强大的视频生成能力,让用户可以轻松高效地完成艺术视频创作,支持图生视频、文生视频和视频续写等。

网址:https://kling.kuaishou.com/。

图5-106 讯飞智作界面

思考题

1. 在WPS表格中,要想把A1和B1单元格,A2和B2单元格,A3和B3单元格合并为3个单元格,最快捷的操作方法是( )。

A. 使用合并单元格命令　　B. 使用合并居中命令

C. 使用多行合并命令　　D. 使用按行合并命令

2. 以下错误的WPS表格公式形式是(　　)。

A. =SUM(B3:E3) * $F$3　　B. =SUM(B3:3E) * F3

C. =SUM(B3:$E3) * F3　　D. =SUM(B3:E3) * F$3

3. 以下对WPS表格高级筛选功能,说法正确的是(　　)。

A. 高级筛选通常需要在工作表中设置条件区域

B. 利用"数据"选项卡中的"排序和筛选"组内的"筛选"命令可进行高级筛选

C. 高级筛选之前必须对数据进行排序

D. 高级筛选就是自定义筛选

4. WPS表格中提取18位身份证号码中的8位出生日期数字,错误的操作是(　　)。

A. 使用分列功能　　B. 使用公式功能

C. 使用拆分表格功能　　D. 使用智能填充功能

5. WPS表格中限制录入重复数据,最快捷的功能是(　　)。

A. 数据有效性　　B. 拒绝录入重复项

C. 高亮显示重复项　　D. 条件格式

6. 在WPS表格中,公司的"报价单"工作表使用公式引用了商业数据,发送给客户时需要仅呈现计算结果而不保留公式细节,错误的做法是(　　)。

A. 通过工作表标签右键菜单的"移动或复制工作表"命令,将"报价单"工作表复制到一个新的文件中

B. 将"报价单"工作表输出为PDF格式文件

C. 复制原文件中的计算结果,以"粘贴为数值"的方式,把结果粘贴到空白报价单中

D. 将"报价单"工作表输出为图片

7. 在WPS表格中,要统计某列数据中所包含的空单元格个数,最佳的方法是(　　)。

A. 使用COUNTA函数进行统计

B. 使用COUNT函数进行统计

C. 使用COUNTBLANK函数进行统计

D. 使用COUNTIF函数进行统计

8. 如果WPS表格单元格值大于0,则在本单元格中显示"已完成";单元格值小于0,则在本单元格中显示"还未开始";单元格值等于0,则在本单元格中显示"正在进行中",最优的操作方法是(　　)。

A. 使用IF函数

B. 通过自定义单元格格式,设置数据的显示方式

C. 使用条件格式命令

D. 使用自定义函数

9. 在WPS表格中,某单元格中的公式为"=$B$1+$B$2",如果使用R1C1的引用样式,则该公式的表达式为(　　)。

A. =R[-2]C2+R2C2　　B. =R1C2+R2C2

C. =R1C+R2C　　D. =R[-2]C2+R[-1]C2

10. 以下不属于图像几何变换的有(　　)。

A. 平移　　B. 缩放

C. 旋转　　D. 对比度增强

11. Photoshop 的应用领域包括(　　)。

A. 照片编辑　　B. 数字绘画

C. 宣传报道　　D. 图形设计

12. 以下哪些文件类型可以利用 Photoshop 软件打开编辑。(　　)

A. psd　　B. jpg

C. png　　D. bmp

13. 评价语音识别系统的优劣,需要考虑哪些因素?(　　)

A. 识别准确率　　B. 识别速度

C. 适用性　　D. 可扩充性

14. 音频编辑处理包括以下哪些工作?(　　)

A. 录音　　B. 降噪

C. 混响　　D. 淡入淡出

15. 针对类似“咔嗒”声、“噼啪”声以及“嘭嘭”声之类的短时间突发爆破音进行降噪处理,应使用什么效果器?(　　)

A. 降低嘶声(处理)　　B. 自适应降噪

C. 自动咔哒声移除　　D. 自动相位校正

16. 在 Adobe Premiere 中,(　　)视频特效可以制作出翻页的动画效果。

A. 旋转　　B. 基本 3D

C. 摄像机视图　　D. 水平翻转

17. (　　)工具主要用于设置或选择关键帧。

A. 钢笔　　B. 选择

C. 手形　　D. 剃刀

18. 判断下面说法正误,正确的打√,错误的打×。

(1)图像放大之后一般会出现模糊或失真。(　　)

(2)图像平滑和图像锐化都属于图像增强处理,适合于不同的应用背景。(　　)

(3)随着人工智能技术的发展,Photoshop 软件不断更新改进,其交互便捷性和智能化程度不断提升。(　　)

(4)为了使得合成的语音自然易懂,需要对语音进行韵律处理。(　　)

(5)有限词汇的语音合成采用的是录音/重放技术。(　　)

(6)识别词汇量小于 100 的语音识别系统称为小词汇量语音识别系统。(　　)

(7)Adobe Premiere 效果控件面板中可以添加视频效果。(　　)

(8) Adobe Premiere 中的序列相当于一个视频片段,有独立的视频轨道和音频轨道,可以嵌套使用。 (　　)

19. 使用 WPS 表格的________功能,用户可以轻松地将大量数据转化为直观的图表形式,便于数据分析与展示。

20. WPS AI 在电子表格处理中引入了________技术,能够基于现有数据预测未来趋势,为决策者提供有力支持。

21. Audition 音频创作的主要流程是什么?

22. Adobe Premiere 视频创作的主要流程是什么?

23. 常见的 AI 图像处理软件有哪些?

24. 常见的 AI 音频处理软件有哪些?

25. 常见的 AI 视频处理软件有哪些?

第6章　信息综合呈现

信息综合呈现是指将多个来源的信息整合、分析并呈现出来，以便于读者或观众更好地理解和掌握所呈现的信息，促进知识的传播和应用。信息综合呈现的方法和手段多种多样，如文字描述、表格、图表、图像和视频等，人们可以根据具体情况选择合适的方式进行呈现。文档和演示文稿是两种最常用的信息综合呈现方式。

6.1　图文设计与排版

文档通常是指以文字为主的文件，可以包括各种格式的文本、图像、表格、图表等，用于传递和呈现信息。图文设计与制作对于一个好的文档非常重要，通过精心的设计和排版，可以提高文档的可读性和易懂性、增强文档的美观度和专业性、提高文档的传达效果和记忆度、提高文档的质量和效率。因此，在制作文档时，需要重视图文设计与排版的工作，以便制作出高质量、具有吸引力的文档。

6.1.1　图文设计与排版流程及常用软件

1. 图文设计与排版流程

图文设计与排版的流程一般分为以下几个步骤。

(1)确定设计目标和受众。

(2)选择合适的排版风格和排版元素，如字体、颜色、图片等。

(3)制定排版计划，包括页面尺寸、内容分布、空白等。

(4)开始设计，将文字和图片组合在一起，注意排版的美观性和易读性。

(5)进行修改和调整，直到达到预期效果。

在图文设计与排版时，我们需要注意以下几点。

(1)保证文字的可读性，字体大小、颜色、粗细等要适中，不要过于花哨。

(2)图片的大小和位置要适合，不要遮挡重要的内容。

(3)图片的颜色和风格要与文章内容相符合，不要突兀。

(4)保持整个页面的整洁和美观，不要让页面显得杂乱无章。

(5)注意排版的比例和对齐方式，不要让页面显得混乱不堪。

2. 图文设计与排版常用软件

使用计算机软件进行图文设计和排版制作已成为当今的流行趋势，根据不同的需求可以选用不同的软件来进行图文设计与排版，下面介绍一些常用的软件。

（1）WPS 文字。

WPS 文字是 WPS Office 中重要组件之一。它集编辑与打印于一体，具有丰富的全屏幕编辑功能，并提供各种输出格式及打印功能，使打印出的文稿既美观又规范，基本上能满足各类文字工作者编辑、打印各种文件的需求。

（2）Microsoft Office。

Microsoft Office 是由 Microsoft（微软）公司开发的一套办公软件套装。Microsoft Office Word 是文字处理软件。它被认为是 Office 的主要程序。它在文字处理软件市场上占有较大份额。它私有的 DOC 格式被公认为一个行业的标准，Word 也适宜某些版本的 Microsoft Works。它适宜 Windows 和 Mac 平台。

（3）WordPerfect Office。

WordPerfect Office 是一款由 Corel 公司开发的办公套件。自 WordPerfect Office 2000 发布以来，文字处理器 WordPerfect 集成到办公套件 WordPerfect Office 中，WordPerfect Office 成为拥有文字处理器 WordPerfect、电子表格 Quattro 和演示文稿 Presentations 的完整办公软件。

（4）Star Office。

Star Office 是太阳微系统公司（Sun Microsystems）所属的专有办公软件套件。它早期由 Star Division 公司开发，1999 年 8 月被 Sun 收购。该软件套件的源代码于 2007 年 7 月释出，衍生出一个自由开放的开源办公软件，叫作 Open Office. org。这套办公软件中 StarWriter 也有很强大的图文排版功能。

6.1.2　认识 WPS 文字

1. WPS 文字的窗口组成

WPS 文字的工作界面主要包括标题栏、窗口控制区、快速访问工具栏、功能区、导航窗格、文字编辑区、状态栏和视图控制区等部分，如图 6-1 所示。

（1）标题栏。

标题栏主要用于显示正在编辑的文档的文件名。

（2）窗口控制区。

窗口控制区主要用于控制窗口最小化、还原和关闭。

（3）快速访问工具栏。

快速访问工具栏用于显示常用的工具按钮，默认显示的按钮有“保存”“输出为 PDF”“打印”“打印预览”“撤销”“恢复”和“自定义访问工具栏”等，单击这些按钮可执行相应的操作。

（4）功能区。

功能区主要有“开始”“插入”“页面布局”“引用”“审阅”“视图”和“章节”等选项卡，单击功能区的任意选项卡，可以显示按钮和命令。

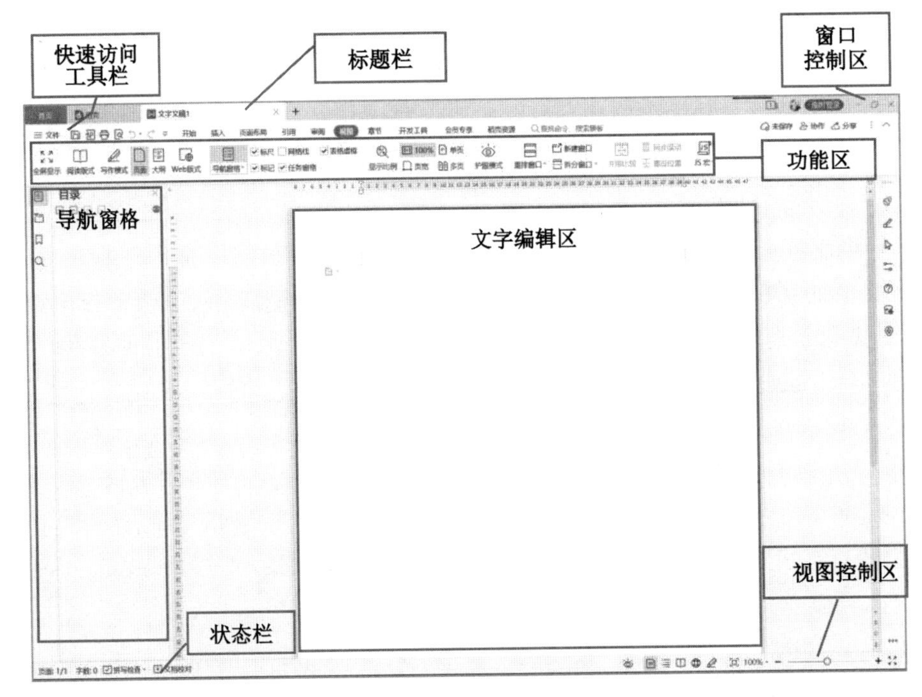

图 6-1 WPS 文字工作界面

(5)导航窗口。

在此窗口中,可以展示文档中的标题大纲、章节、书签等信息,还可以进行查找和替换等操作。

(6)文字编辑区。

文字编辑区主要用于文字的编辑、页面设置和格式设置等操作,是文本操作的主要工作区域。

(7)状态栏。

状态栏位置在窗口的左下方,用于显示页码、页面、节、字数等信息。

(8)视图控制区。

视图控制区主要用于切换页面视图方式和显示比例,常见的视图方式有页面视图、大纲视图、web 版视图等。

2. 视图模式

在 WPS 文字中提供了多种视图模式,主要包括“页面视图”“全屏显示”“阅读版视图”“Web 版视图”“大纲视图”和“写作模式”6 种,用户可以在“视图”功能区中选择需要的文档视图模式,也可以在整个文档右下方(缩放比例边上)单击“视图”按钮选择视图。下面简要介绍 5 种视图。

(1)全屏显示。

全屏显示只保留了标题栏和文字编辑区,给用户提供更大的文字区域,以便用户查看,全屏显示隐藏功能区,但可以用快捷菜单进行一些简单的操作,如复制、粘贴、段落设置、文本编辑和修改等。

(2)阅读版视图。

如何只需要查看文档的内容,同时避免文档被修改,可以使用阅读版式,在阅读版式中,可以直接以全屏方式显示文档内容,功能区将被隐藏,只在上方显示少量的必要工具。

(3)写作模式。

WPS Office 2019 文字提供了写作模式,选择该模式后,将会进入一个十分简洁的操作界面,帮助用户全身心投入写作之中。

(4)大纲版视图。

大纲版视图主要用于对文档设置和显示标题的层级结构,并可以方便地折叠和展开各种层级文档,多用于长文档排版时查看文档的层级结构,快速浏览和设置文档。

(5)页面视图。

页面视图是 WPS 文字默认视图,也是使用最多的视图模式。在页面视图中,屏幕上看到的文档就是实际打印在纸张上的真实效果,在页面视图中,可以进行编辑、排版、页眉页脚设计、页边距设置、插入图片等操作,也可以对页面内容进行修改。

(6)Web 版视图。

Web 版视图以网页的形式显示文档内容,Web 版视图不显示页码和节号信息,而是显示为一个没有分页符的长页。

6.1.3　文档编辑

1. 查找和替换文本

在 WPS 文字中编辑和修改文档时,“查找和替换”是一项非常实用的功能,使用该功能可以帮助我们在文档中快速查找和定位目标位置,并能快速修改文档中指定的内容。如果我们从网页上下载一些文字,会发现文字中间有很多的空格,文本中间也会有空行,利用查找替换的高级功能可以快速去除这些空格和空行。WPS 文字除了可以查找和定位外,还可以查找和替换长文档中特定的字符串、词组、格式以及特殊字符等。

(1)查找功能。

例如查找“中国”两个字,具体操作步骤如下。

①首先打开“七一讲话节选”文档,选择“开始”选项卡,单击“查找和替换”按钮,如图 6-2 和图 6-3 所示。

②单击“查找”按钮后,在文本框中输入要查找的内容“中国”后按“回车”键,在文档中会显示查找出的内容,可以点击“查找下一处”,也可以选择“突出显示查找内容”,这样就可以把全文中的“中国”两字全部查找出来。

(2)替换及高级替换功能。

当需要替换文档中的一些文字或词组时,一般会采用什么方法呢?当然可以先进行“查找”然后一处一处进行手动修改,但是这种方法会耗费大量的时间和精力,当文档很长的时候可能还会漏掉某处没有全部替换,给用户带来很多不便。其实 WPS 文字早就替用户考虑好了这一切,用户只需要掌握这种操作就可以快速完成全文档的替换。

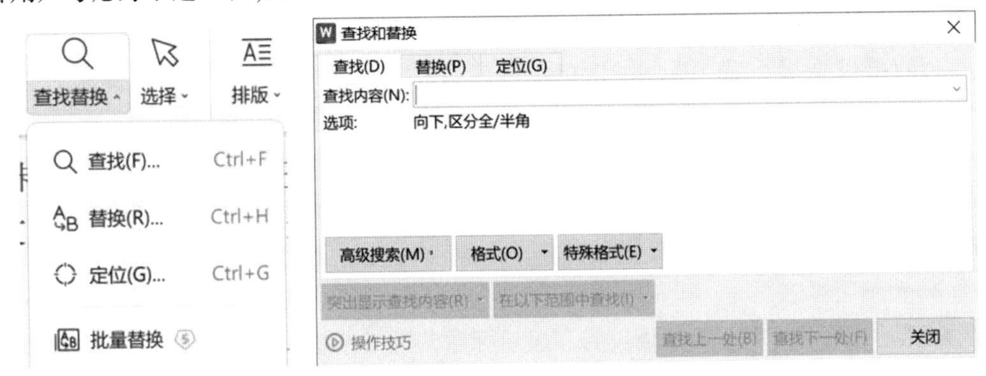

图 6-2 “查找”按钮

图 6-3 “查找”对话框

用户可以使用快捷操作方式“Ctrl+H”快速打开查找替换的功能界面,在“替换”的工作界面中对输入用户需要替换的内容,也就是输入在对话框的“查找内容”中,然后在替换内容中输入需要替换的内容即可完成全部替换,在这里要特别提到关于特殊格式“通配符”的使用,将对网上复制的文本进行快速去除文字间的空格和行之间的空行,操作步骤如下。

①首先打开 wps 的文档。我们会发现在文字之间有一些空格,在段落之间也会有一些空行,我们需要快速地去除这些空白的位置。

②选择“开始”选项卡中选择“查找替换”按钮。在“查找”选项框中输入一个空格,“替换”选项框中不输入任何东西,点击全部替换,可以快速去除文字间的空格。如图 6-4 所示。

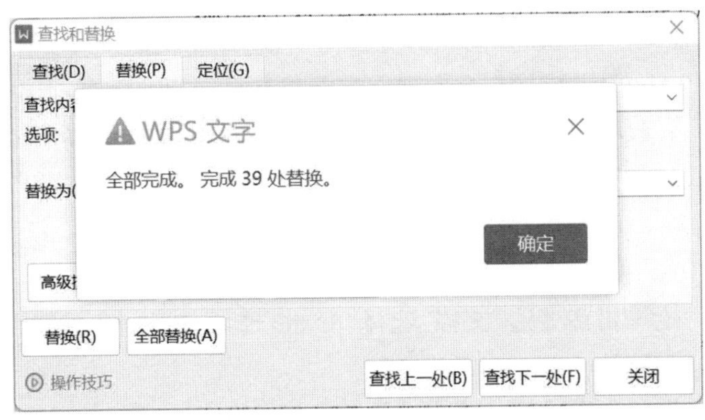

图 6-4 “替换”完成对话框

③ 去除文本行之间的空行,选择“开始”选项卡中“查找替换”按钮,点击“查找替换为”左下方的“特殊格式”,如图 6-5 所示。

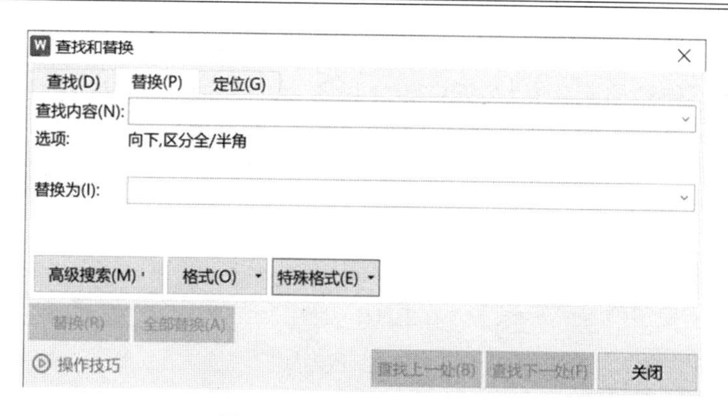

图 6-5　“特殊格式”对话框

④ 选择左下角的“特殊格式”,在“查找内容”中输入两个段落标记,在“替换为”中输入一个段落标记,如图 6-6 所示。

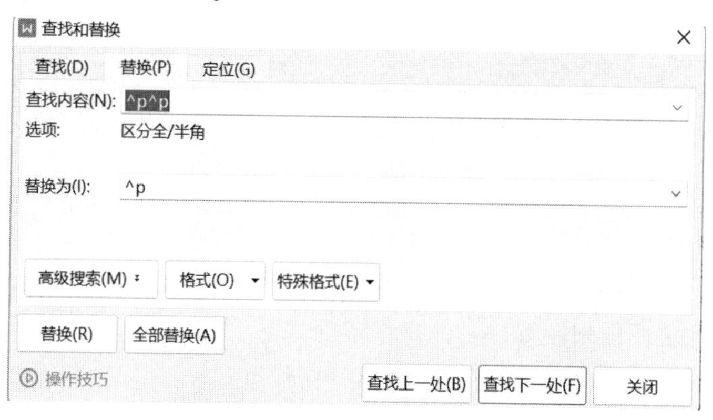

图 6-6　输入段落标记符

⑤完成以上操作,可以将全文中的空行进行替换。

2. 文档设置分栏

分栏操作多用于排版报纸、杂志等,此操作可以使版面美观、便于阅读,同时对回行较多的版面可以起到节约纸张的作用,也可以使版面更加简洁。

(1)分栏的作用。

分栏是一种常见的排版技巧,指将一页文档分割成多个部分,每个部分独立显示。分栏的这种功能可以使文档看起来更加整洁、美观,也便于读者阅读和理解。在 WPS 文字中,分栏功能可以应用于整个文档或文档的某个部分。使用分栏功能可以实现以下效果。

① 将文本分成多列,使文本更紧凑。

② 在一页文档中实现多种排版效果,如将文本和图片分别显示在不同的列中。

③ 将页眉和页脚分成多个部分,使排版更加灵活。

(2)创建分栏的方法。

第一种方法:打开文档素材,选定正文正文段落,单击“页面布局”选项卡中的“分栏”按钮,在弹出的下拉列表中选择“两栏”,快速对选定的文档进行分栏。

第二种方法:依然使用此素材,选定正文段落,单击“分栏”下拉列表框中的“更多分栏”命令,打开图 6-7 所示的对话框,选中“分隔线”复选框,在栏间设置分隔线。在“应用于”下拉列表框中选择分栏格式应用的范围为“所选文字”,最后单击“确定”按钮。

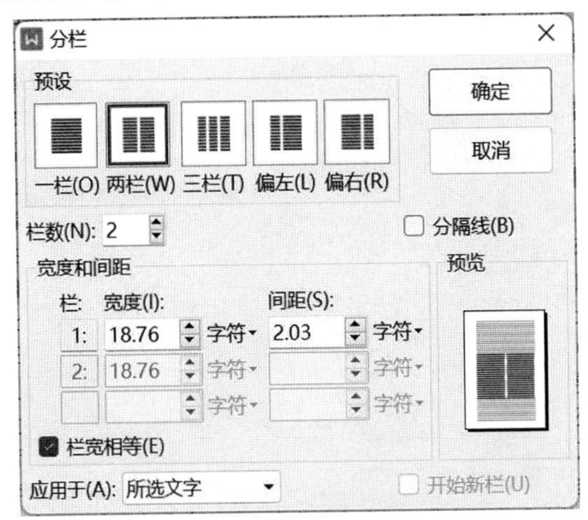

图 6-7 “分栏”对话框

(3)修改分栏数值。

用户可以根据排版的实际需要对已存在的分栏进行修改操作,例如,改变分栏的数目、宽度以及分栏之间的间距等。具体操作步骤如下。

①将插入点停留在刚才设置好分栏段落的任何位置。

②单击“分栏”下拉列表框中的“更多分栏”命令,出现“分栏”对话框,设置间距为 6 个字符,单击“确定”结束。

(4)WPS 文字中分栏的注意事项。

①分栏不适用于所有类型的文本,如表格、图片等。

②分栏后,文本的对齐方式可能会发生改变。

③分栏后,文本的行距可能会发生改变。

④分栏后,文本的自动换行可能会受到影响。

3. 使用制表位对齐文本

大多数人在对齐文本的时候会下意识地使用空格,但是常常发现总是对不齐。特别是针对同一行有多项文字的时候,更是如此;碰到一行有多种对齐方式的时候,更是不知道从何下手,结果总是七歪八扭。关于文字对齐,我们会经常遇到,而制表位能帮助我们快速对齐文本。

什么是制表位?键盘上有个制表键(Tab 键),按一下会形成一小段间隔,大部分人不知道这个按键的真实作用,常常把它当空格键用。打开“显示/隐藏编辑标记”按钮后,按 Tab 键会显示浅灰色的小箭头,如果要让 Tab 键真正发挥作用,还需要配合使用制表位。在 WPS 文字中可以通过以下两种方式设置制表位。

①通过直接在文档窗口的标尺上单击指定点来设置制表位,使用该方法设置比较方便,但是很难保证精确度。

②通过“开始”选项卡“段落”工具组中的“制表位”对话框来设置制表位,可以精确设置制表位的位置,这种方法也是比较常用的方法。

接下来,我们分别通过两种方法对素材“电视剧排行榜”用制表位进行文本对齐。

(1)利用水平标尺设置制表位快速对齐文本。

①首先需要检查是否打开了标尺,如果发现文档中没有标尺,如图 6-8 所示,则需要先打开标尺。

图 6-8　标尺

②打开“视图”选项卡,勾选“标尺”,即可在文档窗口中显示标尺。

③在水平标尺最左端有一个“制表符对齐方式”按钮。单击该按钮时,按钮上将显示相应的对齐方式,制表符将按左对齐“ ”、居中对齐“ ”、右对齐“ ”、小数点“ ”和竖线“ ”的顺序循环改变。本例中我们选择左对齐。

④出现左对齐制表符之后,在水平标尺上要设置制表位的地方单击,例如 a. 选中需要设置对齐的内容;b. 在标尺 15 和 30 的位置上进行单击,标尺上立即出现相应类型的制表符。

重复步骤③和④,可以设置多个不同对齐方式的制表符。

⑤按下 Tab 键,将插入点移到正文该制表位处,这时输入的文本再次对齐,如图 6-9 所示。

电视剧豆瓣评分排行榜

名称	评分	年度
鲸鱼游戏	7.8	2021
逆局	8.6	2021
基地	7.1	2021
不眠	8.9	2021
一生一世	6.5	2021
双探	7.1	2021
周生如故	7.4	2021
扫黑风暴	7.3	2021
云南虫谷	6.3	2021

图 6-9　“电视剧豆瓣评分排行榜”效果

(2)利用“制表位”对话框设置制表位对齐文本。

①通过打开“制表位”对话框进行设置,在“开始”选项卡“段落”工具组右下角的对

话框开启按钮,弹出“段落”对话框中,选择“其他”,如图 6-10 所示。

图 6-10 “其他”对话框

②单击对话框中的“制表位”按钮,如图 6-11 所示。

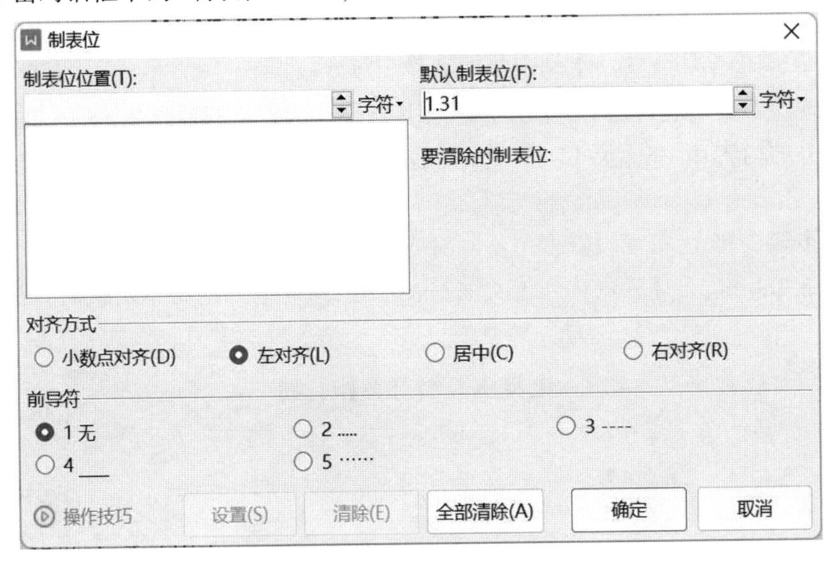

图 6-11 “制表位”对话框

③在“制表位位置”框中输入相应的制表位字符,例如,我们可以输入“18 字符”,在“对齐方式”组中选择“左对齐”,“前导符”组中选择“1 无”;第二个制表位可以设置“30 字符”,“对齐方式”组中选择“左对齐”,“前导符”组中选择“1 无”。

④单击“确定”,按下“Tab 键”将插入点移到正文该制表位处,这时输入的文本再次对齐。

4. 插入与编辑表格

在 WPS 文字中,表格是由行和列的单元格组成的,可以在单元格中输入文字或插入图片,使文档内容变得更加直观且形象,增强文档的可读性。

(1)创建表格。

用户可以使用自动创建表格功能来插入简单的表格，将插入点置于文档中要插入表格的位置，单击“插入”—“表格”，用鼠标在示意表格中拖动可以选择表格的行数和列数，同时在示意表格的上方显示相应的行列数。若要制作超过 8 行 24 列的表格，就需要使用“插入表格”对话框，在其中能够准确地输入表格的行数和列数，还可以根据实际需要调整表格的列宽或行宽。单击“插入”选项卡中的“表格”按钮，然后选择“插入表格”命令，打开“插入表格”对话框，在“列数”和“行数”文本框中输入要创建的表格包含的列数和行数。单击“确定”按钮，即可在文档输入点创建表格。

(2)编辑表格。

①在表格中插入与删除行或列。

很多时候在创建表格的初期并不能准确估计表格的行列数量，因此，在编辑表格数据的过程中会出现表格行列数量不够用或在数据输入完成后有剩余的现象，这时通过添加或删除行和列即可很好地解决问题。

②合并和拆分单元格。

在编辑表格时，经常需要根据实际情况对表格进行一些特殊的编辑操作，如合并单元格和拆分单元格等。在 WPS 文字中，合并单元格是指将矩形区域的多个单元格合并为一个较大的单元格，具体操作步骤如下。

第一步：同时选定表格中第 1 列的第 2、3、4 行的三个单元格，如图 6-12 所示。

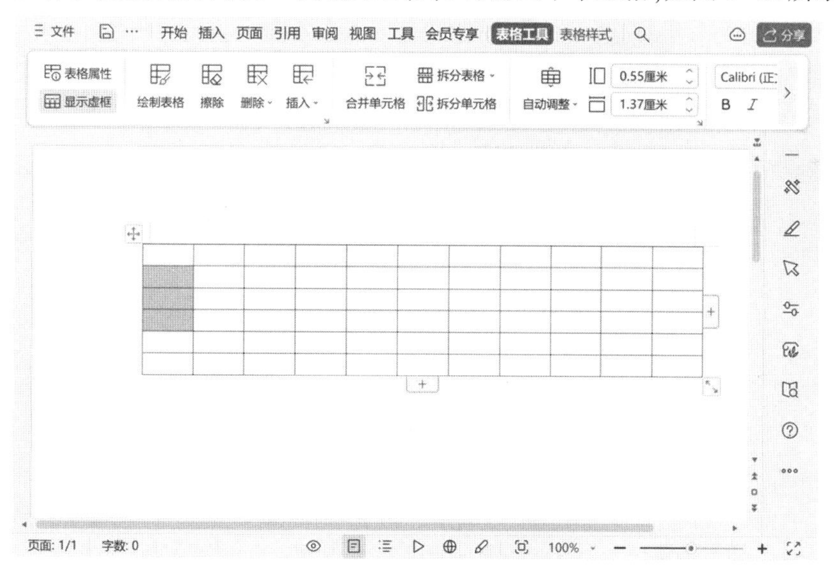

图 6-12　选定要合并的单元格

第二步：单击“表格工具”中的“合并单元格”选项，将合并选定的单元格，如图 6-13 所示。

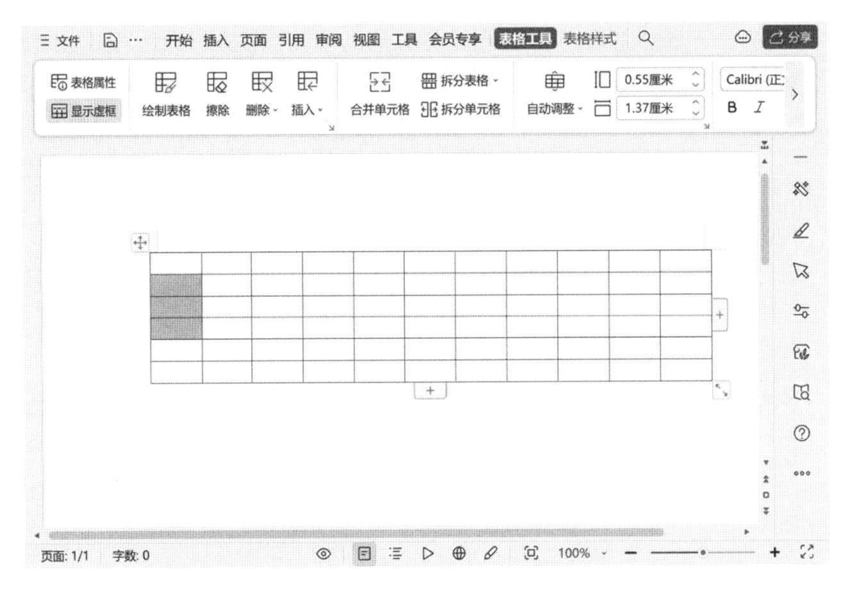

图 6-13 合并单元格对话框

第三步:采用同样的方法,可以将第 1 列的第 5~8 行的单元格进行合并。

第四步:拆分单元格的方法同合并单元格的方法,只是需要在“拆分单元格”对话框中分别输入要拆分成的列数和行数(如果选定了多个单元格,可以选中“拆分前合并单元格”复选框,在拆分前把单元格合并),单击“确定”按钮,即可将其拆分为指定的列数和行数,本例中可将第 1 列的 5~8 行进行拆分,鼠标右边选择拆分单元格,数值为 1 列,4 行。

(3)表格中文本、图片的输入及编辑。

①在表格中输入文本。在表格中输入文本与表格外的文档输入文本的方式是一样的,首先将插入点移到要输入文本的单元格中,然后输入文本。如果输入的文本超过了单元格宽度时,则会自动换行并增大行高。如果要在单元格中开始一个新段落,可以按“回车”键,该行的高度也会相应地增大。

如果要移动到下一个单元格输入文本,可以单击该单元格,或者按 Tab 键或向右箭头键移动插入点,然后输入相应的文本。

②设置单元格中文本的对齐方式。在前面已经介绍过文字的水平对齐方式(针对版心),相关操作在表格中仍然适用,只是将参照物变为“单元格”。在表格中不但可以水平对齐文字,而且增加了垂直方向的对齐操作。选中整个表格中的文字,单击“表格工具”—“对齐方式”—“水平居中”,可将表格中文字设置成水平居中对齐。

③设置文字方向。除了设置表格中文本的位置外,还可以灵活设置文字方向。

④表格中插入图片。将鼠标光标放置于需要插入图片的单元格中,单击快速访问栏中的“插入”—“图片”—“来自文件”,选择文件中需要插入的图片。图片插入后,正常情况,表格会根据图片的大小来进行重新调整,以适应图片的尺寸,如果不需要表格自动根据图片大小来重新调整,可以将鼠标光标放置于表格内,鼠标右键打开表格属性,选择表格选项,将“自动重调尺寸以适用内容”取消勾选。

5. 制作批量处理文档

在工作中，经常需要制作大量主题、内容相同，只有个别信息有差别的文件，如信函、座签、工资单、邀请函、奖状或证书等。如果逐一编辑，太过烦琐且耗时。如果想快速批量制作出这类文档，可以使用邮件合并功能。

“邮件合并”选项卡中各选项的功能，如图 6-14 所示。

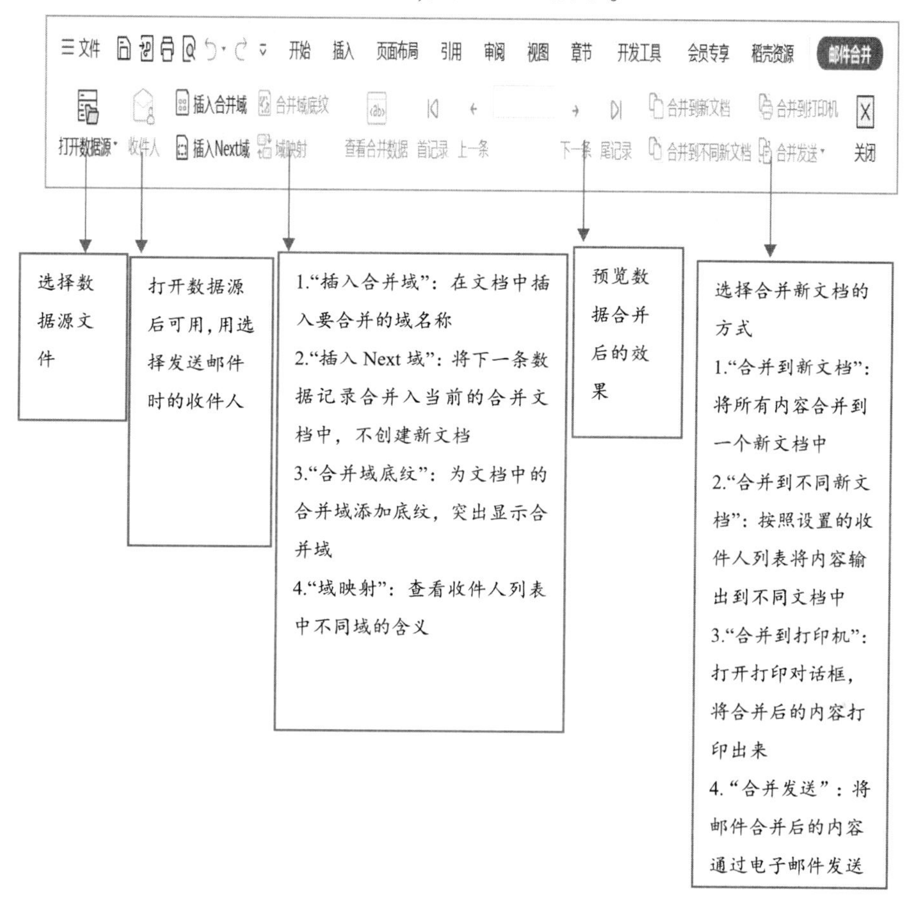

图 6-14　邮件合并选项卡

下面通过制作邀请函，介绍 WPS 文字的邮件合并功能。

(1)设计制作邀请函模板。

制作邀请函模板的操作主要包括设置页面大小、输入文字、设置字体格式及设置段落格式等。

①打开素材文档，选择“页面布局”选项卡中“纸张大小”—“其他页面大小”选项打开“页面设置”对话框，设置纸张大小下的“宽度”为“15 厘米”，“高度”为“15 厘米”，单击“确定”按钮，如图 6-15 所示。

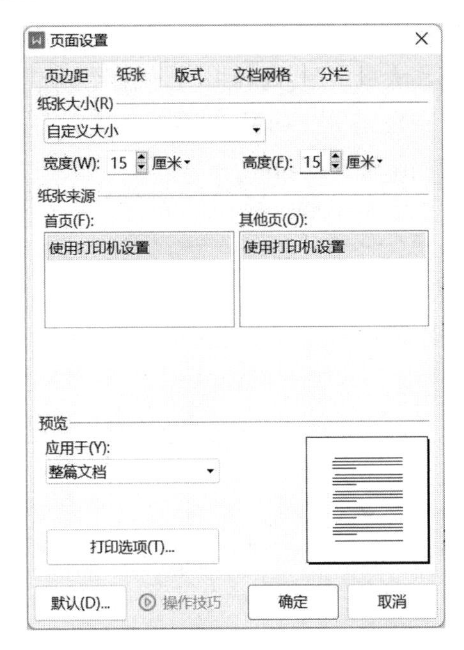

图 6-15　纸张大小设置对话框

②选择“页面布局”—“页边距”—“窄”选项，完成页边距的设置，如图 6-16 所示，页面设置完成后的效果如图 6-17 所示。

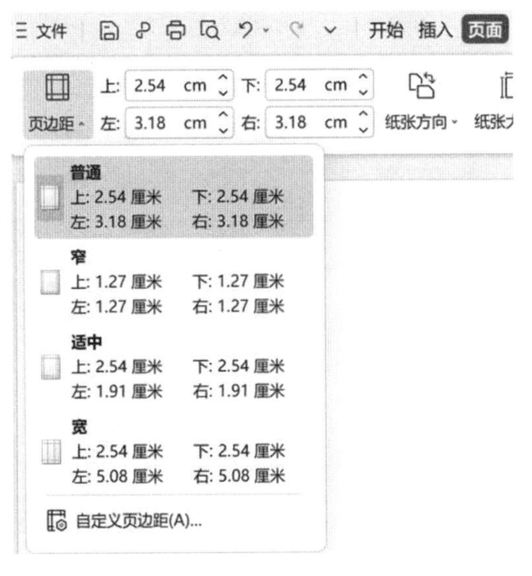

图 6-16　页边距设置

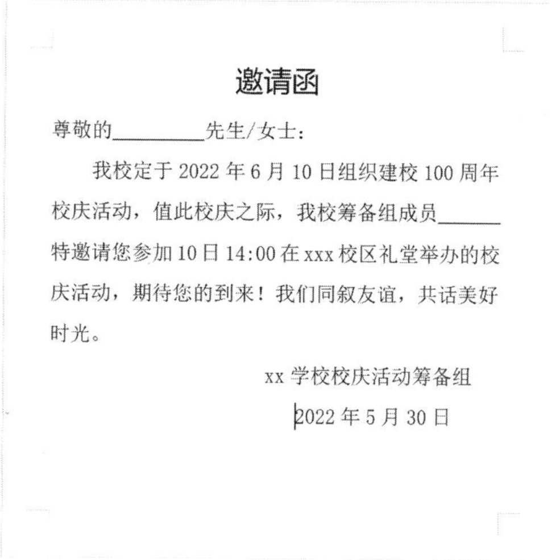

邀请函

尊敬的________先生/女士：

我校定于2022年6月10日组织建校100周年校庆活动，值此校庆之际，我校筹备组成员______特邀请您参加10日14:00在xxx校区礼堂举办的校庆活动，期待您的到来！我们同叙友谊，共话美好时光。

xx学校校庆活动筹备组

2022年5月30日

图6-17　页面设置完成后的效果

③选择“邀请函”文本，设置字体为“微软雅黑，二号”，字体颜色为“金色，个性色4”，选择正文文本，设置字体为“宋体，三号”，字体颜色为“黑色”，正文内容段落设置“首行缩进2字符”。

(2)制作邀请函数据表。

邀请函数据表为包含不同内容的数据源，可以是WPS表格、EXCEL表格，也可以是网页文件，甚至是数据库文件。

创建数据表需要注意以下3点。

①数据表必须有表头。

②数据表必须包含要填写的内容列，但允许有其他多余内容。

③WPS表格中尽量不要有多余的空工作表。

这里的数据表是邀请函中所要填写的受邀人姓名及邀请人姓名创建的，这些姓名将被批量填写到邀请函模板中的两条下画线处。制作数据表格如图6-18所示。

	A	B
1	受邀人姓名	邀请人姓名
2	张三	张小鹏
3	李四	刘一民
4	王五	刘一民
5	马六	张小鹏
6	赵七	张小鹏
7	冯八	刘一民

图6-18　数据表

提示：使用WPS表格制作数据源，存储格式必须是.xls格式，即为Excel 97-2003工作簿，或为.et格式，即WPS表格格式。

(3)完成邮件合并操作。

制作好邀请函模板和邀请函数据表后，就可以开始进行邮件合并操作了，这个环节主要包括打开数据源，插入合并域及合并到新文档。

①打开数据源。

a. 打开邀请函模板，将光标放置到受邀人横线处，单击“引用”—“邮件”按钮。

b. 打开“邮件合并”选项卡，选择“邮件合并”—“打开数据源”，打开准备好的数据素材。

打开的数据源需要具备以下两点：

a. 数据表中要包含所有需要填写的数据，并且要包含表头。

b. 文档和数据源表尽量使用同一个版本 WPS 文字，以免在引用时无法打开数据源。

②插入合并域。

a. 单击“邮件合并”—“插入合并域”，打开“插入域”对话框，在“域”列表框中选择“受邀人姓名”选项，单击“插入”按钮，之后关闭对话框，就完成了插入“受邀人”合并域的操作，如图 6-19 所示。

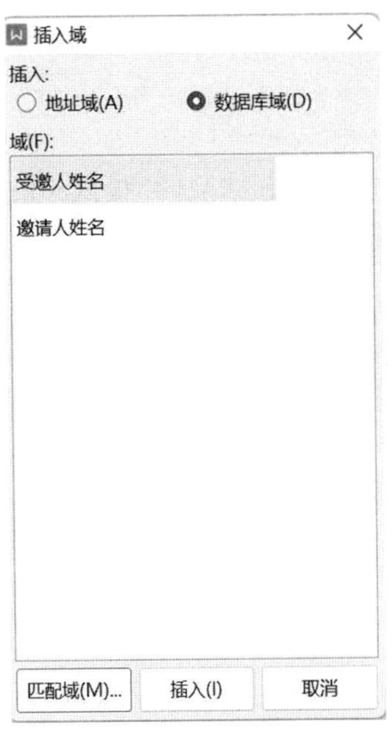

图 6-19 “插入域”对话框

b. 重复上述操作，插入“邀请人姓名”合并域，效果如图 6-20 所示。

c. 单击“邮件合并”—“查看合并数据”即可查看将邀请函模板和邀请函数据表格合并后的效果，如图 6-21 所示。

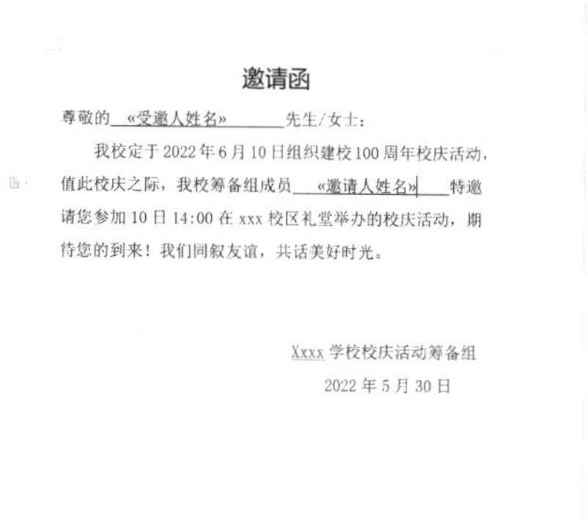

邀请函

尊敬的«受邀人姓名»先生/女士：

我校定于2022年6月10日组织建校100周年校庆活动，值此校庆之际，我校筹备组成员«邀请人姓名»特邀请您参加10日14:00在xxx校区礼堂举办的校庆活动，期待您的到来！我们同叙友谊，共话美好时光。

Xxxx学校校庆活动筹备组

2022年5月30日

图6-20 插入合并域后的效果

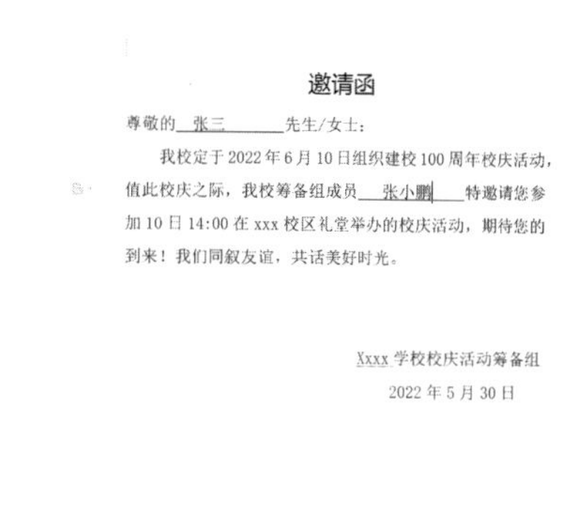

邀请函

尊敬的张三先生/女士：

我校定于2022年6月10日组织建校100周年校庆活动，值此校庆之际，我校筹备组成员张小鹏特邀请您参加10日14:00在xxx校区礼堂举办的校庆活动，期待您的到来！我们同叙友谊，共话美好时光。

Xxxx学校校庆活动筹备组

2022年5月30日

图6-21 “查看合并数据”最终效果

d.单击“下一条”“尾记录”“上一条”“首记录”按钮，即可查看其他数据的合并效果。

③合并到新文档。

单击“邮件合并”—“合并到新文档”按钮，在“合并记录”中选中“全部”，单击“确定”按钮。

6.1.4 长文档排版

编排长文档时，需要结合前面提到的“视图”模式，通过打开“导航”窗口用于查看文档结构图，对于一篇较长的文档需要到“大纲视图”中查看文档结构，在大纲视图中，不仅能够查看文档的结构，还可以通过拖动标题来移动、复制和重组文本，因此它特别适合编辑长文档，能够查看整体的文档结构，并可以根据需要进行相应的调整。在大纲视图中查看文档时，可以通过双击标题前的加号来对标题下的正文进行折叠和打开。这种方式可以帮助我们快速高效地查看文档。

1.设置样式

长文档排版中设置样式是一个非常重要的环节。设置样式可以帮助人们更快地完成排版工作，如果使用相同的样式来处理所有的文本，那么就不需要每次都手动更改格式，只需要选择一个样式并将其应用于所有相关文本即可。这样可以节省大量的时间和精力，能够更快地完成排版工作。此外，WPS文字也提供了预设的样式库，供用户选择和应用，这也可以进一步提高排版效率。

(1)设置正文样式。

单击“开始”菜单，在预设样式中选择“新建样式”，如图6-22所示。在弹出的新建样式对话框中输入属性“名称”：正文样式，“样式类型”：段落，“样式基于”：正文，“后续段落样式”：正文样式；设置“正文样式”格式：宋体、小四号；如果要设置正文的具体格式，需要单击“格式”按钮，在下拉菜单中选择段落，在弹出的段落对话框中设置对齐方式：左对齐，大纲级别：正文文本，特殊格式：首行缩进2字符，行距：1.5倍。最后选中全文，应用“正文样式”。

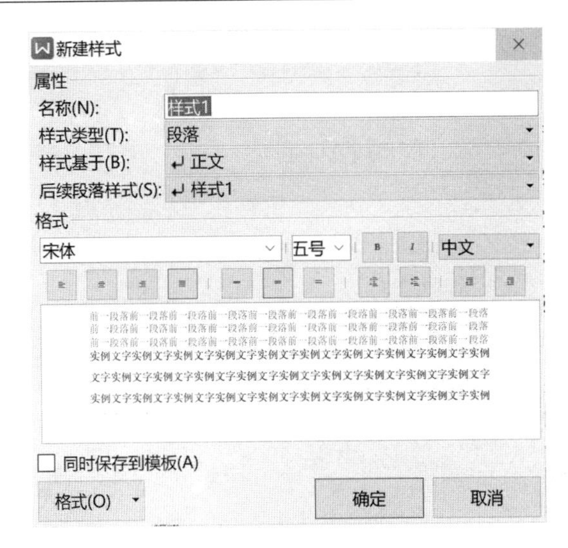

图 6-22 新建样式对话框

(2)设置标题样式。

在预设样式中选择“新建样式”,在弹出的新建样式对话框中输入属性“名称”:一级标题样式,“样式类型”:段落,“样式基于”:标题 1,“后续段落样式”:正文样式;设置“一级标题样式”格式:宋体、小二号;如果要设置一级标题的具体格式,需要单击“格式”按钮,在下拉菜单中选择段落,在弹出的段落对话框中设置对齐方式:居中对齐,大纲级别:1 级,特殊格式:无,行距:单倍行距。最后选中 1 级标题,应用“一级标题样式”。

2. 添加题注和交叉引用

在长文档排版中,添加题注和交叉引用是非常重要的。题注可以使文档中的项目更有条理,方便阅读和查找。使用题注可以保证长文档中图片、表格或图表等项目能够顺序地自动编号。如果移动、插入或删除带题注的项目时,文档可以自动更新题注的编号。

(1)添加题注。

如果给图片添加题注,需要将鼠标定位在图片说明文字前,单击“引用”菜单,选择“题注”,弹出题注对话框,如图 6-23 所示,选择“标签”:图,题注:图 1,点击“确定”按钮。这样就可以实现插入题注。

(2)交叉引用。

交叉引用可以更方便地引用当前文档或者其他文档中的内容。通过使用交叉引用功能,可以在需要引用当前文档或者其他文档中内容的地方快速插入相应的编号或名称,而无须手动输入完整的参考文献信息。

在文档中图片说明文字末尾,单击“引用”菜单,选择“交叉引用”,在弹出的交叉引用对话框中(图 6-24),选择“引用类型”:图,引用内容:完整题注,勾选插入为超链接,引用哪一个题注:选择图 1,最后单击“插入”按钮。

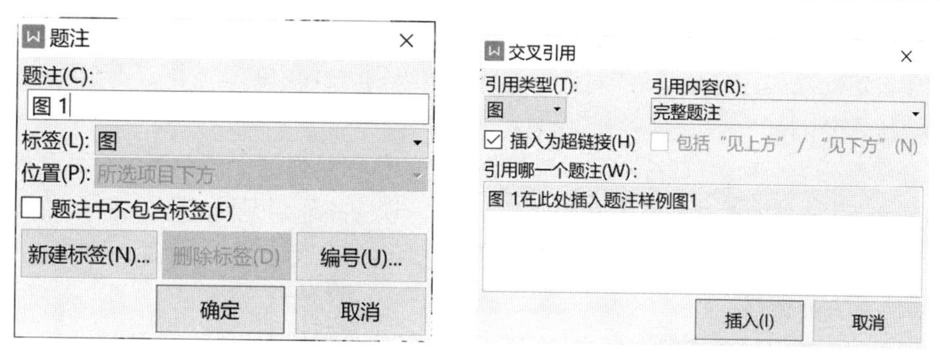

图 6-23　题注对话框　　　图 6-24　交叉引用对话框

3. 设置大纲级别

我们常常会看到长文档的前面都会有一个目录,目录的制作不是利用手动输入能够完成的,需要用到自动生成目录,给标题设置正确的大纲级别,是给文章添加目录的前提,也就是说只有设置了大纲等级,才能生成目录。

设置大纲级别有以下两种方法。

(1)打开计算机基础文档,单击“视图”选项卡,再单击“大纲视图”按钮,打开大纲视图,就可以使用“大纲工具栏”设置文档的大纲级别了。

(2)打开计算机基础文档,选中要设置大纲级别的文本,如选中“一、计算机分类”,在文本上右击,在弹出的快捷菜单选择“段落”,弹出“段落”对话框,在“大纲级别”中可以设置大纲级别 1 级,“(一)计算机发展史”在“大纲级别”中可以设置大纲级别 2 级,“1. 计算工具发展史……”等设置大纲级别 3 级,如图 6-25 所示。

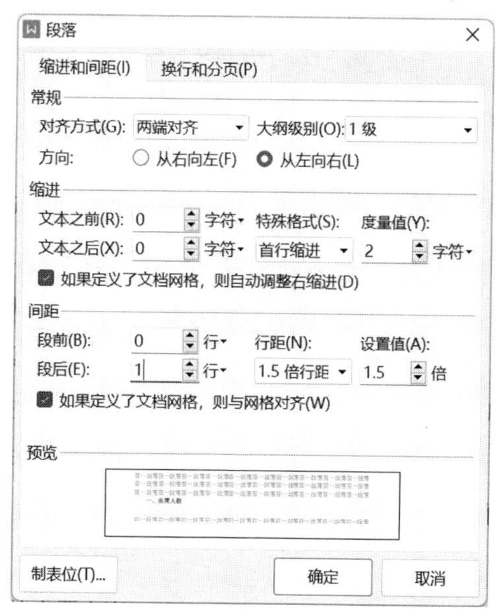

图 6-25　在“段落”中设置大纲级别

补充知识:使用大纲视图设置大纲级别时,被选中的文本格式会发生改变,变成大纲级别中设定的格式;使用“段落”对话框设置大纲级别,被选中的文本格式不会发生变化。

4. 插入分隔符

分隔符分为两种:分页符和分节符。分页符的作用是强制文档在新的一页开始编辑后面的文本,一般用在新的一章内容的开始。分节符的作用是将整篇文档分成几个部分,然后就可以对每个部分设置独立的页眉、页脚和进行页面设置等操作。

(1)插入分页符。

下面讲解在计算机基础文档中插入分页符,具体步骤如下。

①打开计算机基础文档,将光标定位到计算机基础标题的后面,单击“页面布局”选项卡,再单击“分隔符”按钮,在弹出的下拉列表框中选择“分页符”,如图 6-26 所示。

图 6-26 插入分页符

②插入分页符前后的效果图如图 6-27 所示。重复步骤①可以在其他需要插入分页符的位置任意插入。

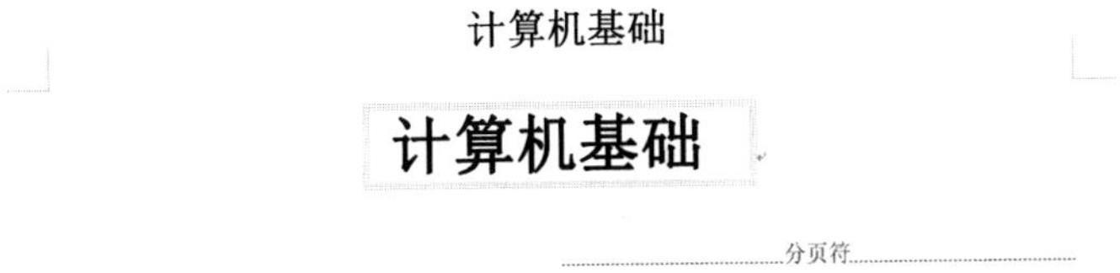

计算机基础

计算机基础

分页符

图 6-27 插入分页符后的效果

(2)插入分节符。

在计算机基础文档中插入分节符,将文档分为 3 节,将“一、计算机发展史”内容放在第 1 节,“二、计算机的特点和分类”内容放在第 2 节,“三、计算机系统”内容放在第 3 节,“四、计算机工作原理”内容放在第 4 节,具体操作步骤如下。

①首先打开“计算机基础”文档,将光标定位“二、计算机的特点和分类”前面,然后单击“页面布局”选项卡,再单击“分隔符”按钮,在弹出的下拉列表框中选择“下一页分节符”,如图 6-28 所示。

图 6-28　插入“下一页分节符”

②如果这时在插入分节符的位置多了一个空白页,可以直接按下 Delete 键删除空白页,有时会出现无法删除情况,需要打开“显示/隐藏编辑标记”选中分节符进行删除,则可以删除空白页。

③单击“插入”选项卡,再单击“页眉页脚”按钮,进入页眉编辑页面,这时可以看到“页眉-第 2 节-”,表明分节成功,文档已经被分成了两节,如图 6-29 所示。

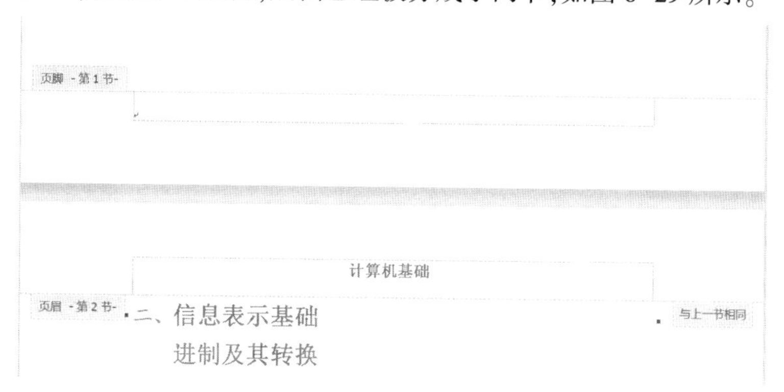

图 6-29　分节后的文档

④重复步骤①,在“三、计算机系统”前插入分节符,将整个文档分成 4 个部分。

⑤分别对每一节编辑独立的页眉和页脚,第一节输入定义的一级标题。

补充知识:完成分节之后,在页眉处输入文字,会发现整个文档依然会全部显示同样的文字,单独删除某一节页眉,整个页眉都会消失,这是需要取消“同前节”的勾选,让两节分开,如图 6-30 所示,页脚编辑也同样适用该方法。

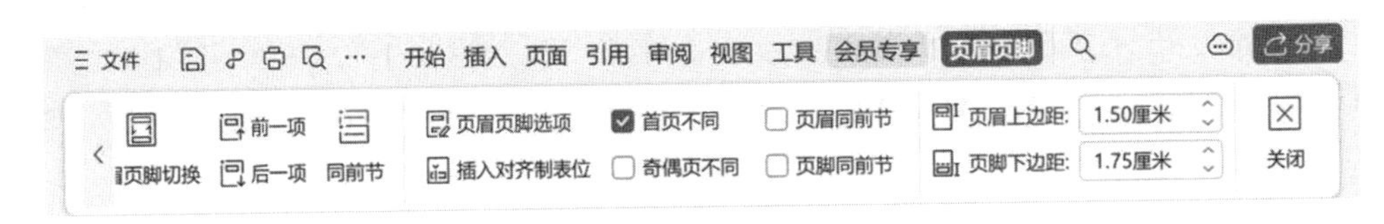

图 6-30　取消“同前节”

5. 插入并设置页眉和页脚

页眉和页脚通常用来显示文档的附加信息，如时间和日期、页码、标识、论文的章节提示等。页眉在页面的顶部，页脚在页面的底部。

下面在“计算机基础”文档中插入页眉和页脚，具体操作步骤如下。

（1）打开“计算机基础”文档，单击“插入”选项卡，再单击“页眉页脚”，即可开始编辑“页眉”，如图 6-31 所示。

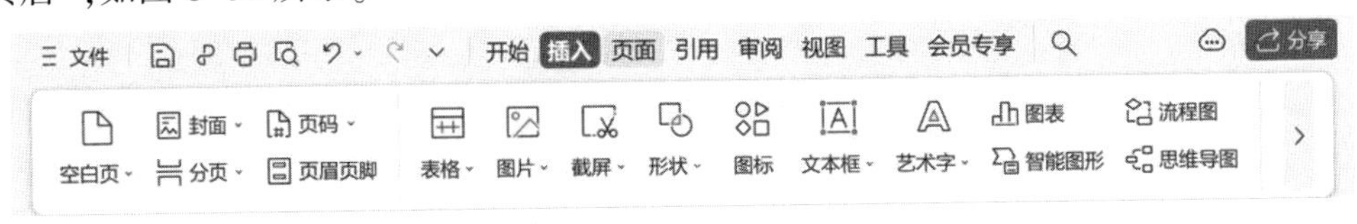

图 6-31　插入“页眉页脚”命令

（2）“页眉”上可以按照要求输入文字。比如输入“计算机基础”，我们会看到全文所有的页眉都输入了相同的内容，如图 6-32 所示。

计算机基础

第 1 章 计算机概述

在人类文明的长河中，技术的每一次飞跃都深刻地改变了世界的面貌。从石器时代的简单工具到工业革命的蒸汽机，再到信息时代的计算机，技术的力量不断推动着社会进步与文明发展。而在这众多技术革新之中，计算机无疑是最为耀眼的一颗明星，它不仅重塑了我们的工作方式、学习方式，更深刻地影响了我们的生活方式和思维方式。

1.1 计算机发展史

在人类文明史的进程中，人类探索计算工具的脚步从未停歇过。从古代的算筹、算盘到近代的加法器、分析机、机械计算机再到电子计算机，计算机的发展经历了漫长的岁月。计算机历史的回顾，不仅仅要记住历史事件及历史人物，还要观察技术的发展路线，观察其带给我们的思想性的启示，这样才能让我们更加深刻地理解计算机发展历史，更好地树立自身的创新精神。

1.1.1 计算工具发展史

计算工具的发展与演变过程如图 1-1 所示。一般而言，计算与自动计算要解决以下几个问题：一是数据的表示；二是数据的存储；三是计算规则的表示；四是计算规则的执行。

图 6-32　页眉编辑

（3）如果我们在封面上想去掉页眉，可以在“页眉页脚”命令中打开“页眉页脚选项”命令，勾选“首页不同”根据需要也可以同时勾选“奇偶页不同”，如图 6-33 所示，这时我们可以在文档的封面页输入不同的页眉，从而做到正文页和封面页页眉不同的效果，进而得到同一篇文档中有两个不同的页眉。

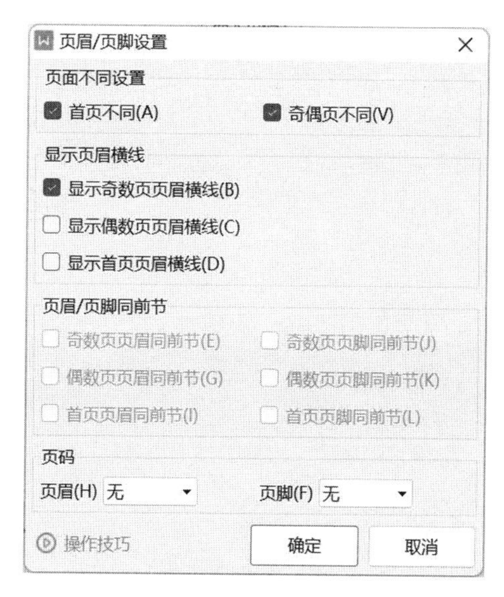

图 6-33 “页眉页脚选项”对话框

(4)在页脚中插入页码,与插入页眉类似,单击“插入”,单击“页眉页脚”,第一次默认打开是编辑页眉,如果想要编辑页脚,需要点击“页眉页脚切换”,如图 6-34 所示,将光标切换至页脚的位置进行编辑,单击工具栏中“页码”按钮,选择“页脚中间”,即可在页脚插入页码。

(5)如果对直接插入的页码格式不满意,可以选择“页码”对话框下方的页码,对页码格式进行设置,如图 6-35 所示,在这里设置好“编码格式”和“页码编号”后单击“确定”按钮,在页脚中设置页码完成。

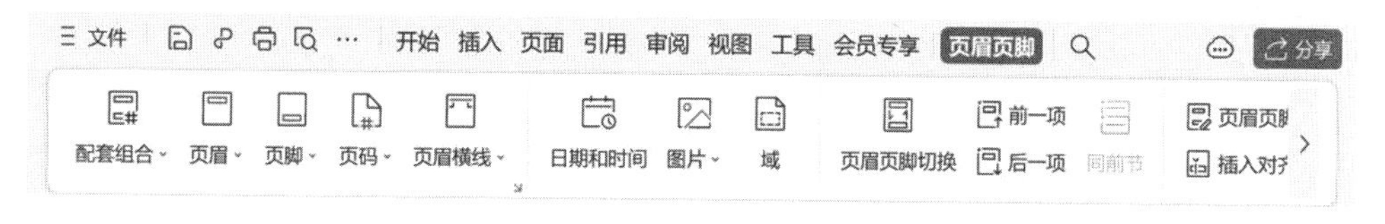

图 6-34 页眉页脚切换

通过上面的方法就可以设置页眉和页脚了,但是在实际排版过程中,只设置单一的页眉和页脚难以满足要求,有时我们必须对封面、摘要、目录等单独编辑页眉和页脚,如果再对封面等单独新建文档会增加很多的工作负担,要解决这些问题,可以通过插入分节符来实现。

6. 插入目录

由于长文档内容较多,我们经常将长文档划分成多个章节。目录是长文档不可缺少的部分,有了目录,就能很快查找文档中的内容。

单击“引用”功能选项卡中“目录”—“智能目录”,如图 6-36 所示,如果文档有一级标题、二级标题和三级标题,就选择插入三级目录,就可以利用智能 AI 技术在论文中插入目录了。

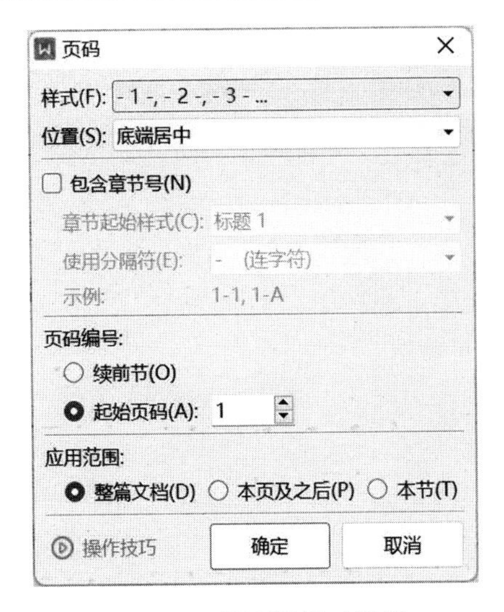

图 6-35 页码编辑对话框

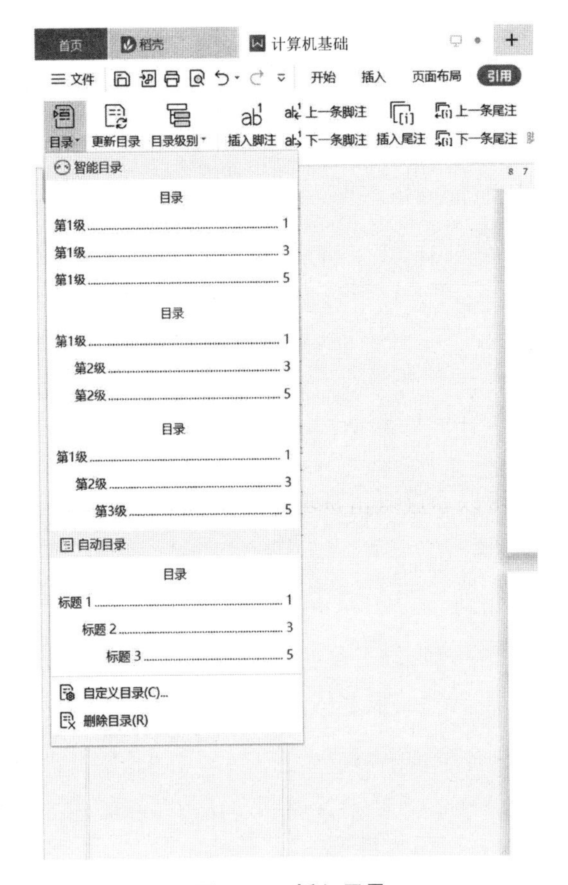

图 6-36 插入目录

如果想更改目录的样式，需要点击“引用”—“目录”—“自定义目录”，此时弹出对话框如图 6-37 所示，可以自定义更改制表符前表符的样式、显示级别、显示页码、页码右对齐、使用超链接。

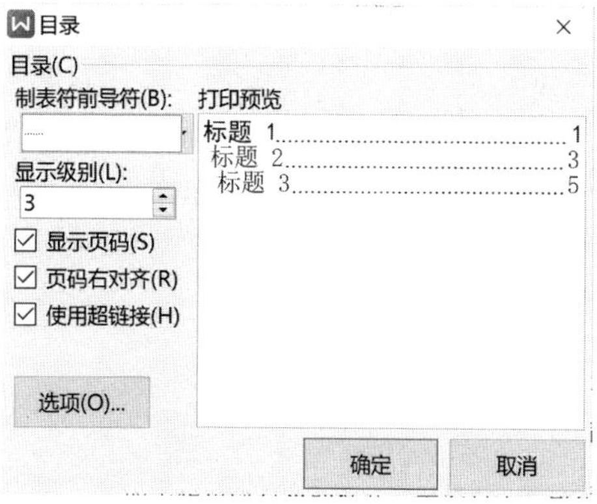

图 6-37　自定义目录对画框

如果标题发生了改动，想更新目录，只需要点击“引用”—“更新目录”，就可以智能更新目录了。

6.1.5　AI 图文设计与排版

WPS 文字 AI 在图文设计与排版方面的应用非常广泛且实用，它不仅能够提高用户的写作效率和文档处理能力，还能帮助用户制作出更加专业、美观的文档作品，从而提升整体的文档质量。接下来，我们将重点介绍 WPS 文字 AI 在图文设计与排版方面的具体应用。其基本功能涵盖了多个方面，例如 AI 帮我写、AI 帮我改、AI 帮我读、AI 排版等，这些功能在实际操作中能够为用户提供极大的便利。通过这些智能功能，用户可以轻松地完成写作任务，快速地对文档进行修改和优化。如图 6-36 所示，这些功能的界面设计直观易用，用户可以轻松上手，进一步提高了工作效率。

在 WPS 文字中，快速启动并充分利用 WPS 文字 AI 功能，可以极大地提升文档编辑与数据处理的效率。用户可以通过点击选项卡中的 WPS AI 按钮，或者通过使用标准快捷键即双击“Ctrl”按键来打开 WPS 文字 AI，如图 6-37 所示。用户也可以自定义快捷键来快速启动 WPS 文字 AI 的相关功能。

1. AI 帮我写

WPS 文字 AI 帮我写是 WPS Office 中的一项辅助写作功能，旨在通过人工智能技术提高用户的写作效率和文档处理能力。AI 帮我写可以根据用户输入的关键词、句子或者段落，基于强大的自然语言处理能力，帮助用户填充和完善文档，自动生成相关文本内容，从简单的句子扩展到完整的段落甚至文章草稿。具体使用步骤如下。

①打开 WPS 文字，在需要添加文本的位置放置光标。

②点击菜单栏上的“WPS AI”或使用快捷键唤起 AI 界面。

③在 AI 功能列表中，选择“AI 帮我写”选项。

图 6-36　WPS 文字功能

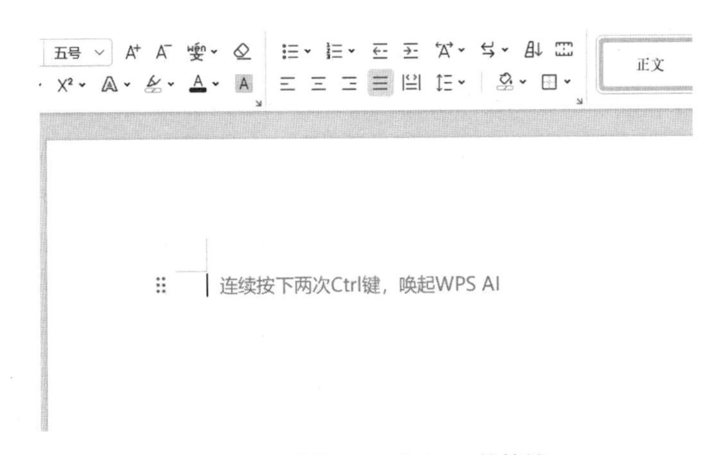

图 6-37　唤起 WPS 文字 AI 快捷键

④根据提示输入关键词、短语或主题，也可以粘贴已有的文本片段作为参考。如图 6-38 所示。

⑤点击“生成”按钮，WPS AI 将自动分析并生成与输入内容相关的文本。用户可以根据需要选择直接使用或进一步编辑。

用户可以通过上述操作快速获得初步的写作素材，节省大量时间和精力。AI 帮我写主要功能包括内容生成、内容续写及模板写作等。

(1)内容生成。

根据用户输入的关键词或主题，WPS AI 会分析并生成与之相关的整篇文章框架或草稿，适用于各种应用场景，如工作汇报、项目提案、学术论文、科普文章等，如图 6-39 所示。针对单个句子或特定情境，AI 也能提供多样化的表达方式，让用户的文档更加生动、专业。

输入问题，或从下方选择场景提问
AI 帮我写
续写
文章大纲
讲话稿
心得体会
会议纪要
通知
申请
证明

图 6-38　WPS 文字 AI 帮我写功能

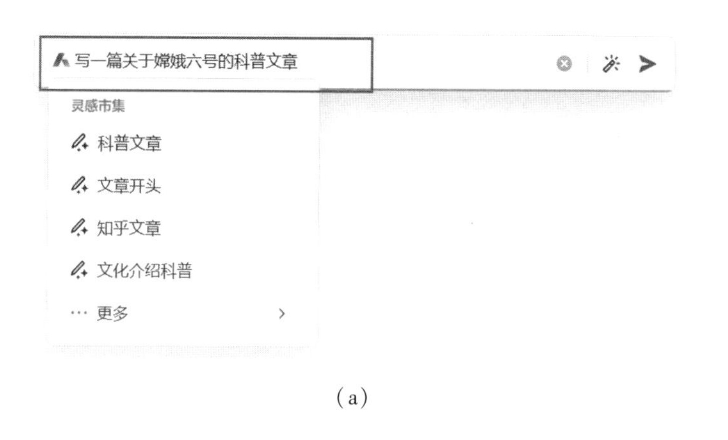

(a)

嫦娥六号探测器：月球背面的新探索
嫦娥六号探测器，作为中国探月工程的第六个探测器，于 2024 年 5 月 3 日成功发射，标志着中国在月球探索领域又迈出了重要一步。本文将从嫦娥六号的发射背景、任务目标、技术突破、国际合作以及科学意义等方面，为读者详细解读这一重要航天事件。
发射背景
嫦娥六号探测器是嫦娥五号探测器的备份，原本作为

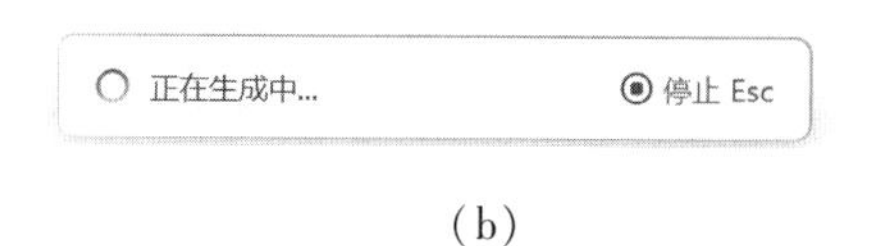

(b)

图 6-39　WPS 文字 AI 内容生成

(2)内容续写。

在撰写文档时，如遇到思路中断或需要拓展的情况，AI 帮我写功能可以基于现有内容，智能分析并续写出相关段落或章节，确保逻辑连贯、内容丰富。用户只需在文本末尾放置光标，并选择“内容续写”功能，如图 6-40 所示，AI 即可自动完成后续内容的生成。

65 年前的 1959 年，苏联月球 3 号探测器拍到月球背面第一张影像图，尽管分辨率很低，但由此揭开了月背的神秘面纱；3 年后，美国徘徊者 4 号探测器以硬着陆方式撞击月背，但遗憾的是并未传回任何数据。

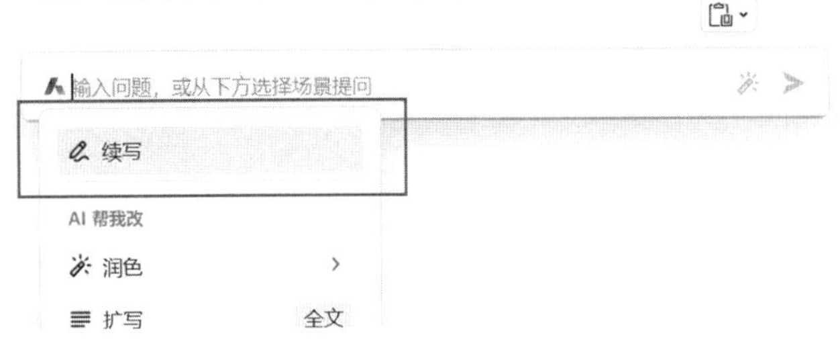

图 6-40　点击 WPS 文字 AI 续写功能

用户可以根据 AI 生成的内容以及个人需求随时停止续写，并可将续写部分插入到现有的文档中。如图 6-41 所示。

65 年前的 1959 年，苏联月球 3 号探测器拍到月球背面第一张影像图，尽管分辨率很低，但由此揭开了月背的神秘面纱；3 年后，美国徘徊者 4 号探测器以硬着陆方式撞击月背，但遗憾的是并未传回任何数据。

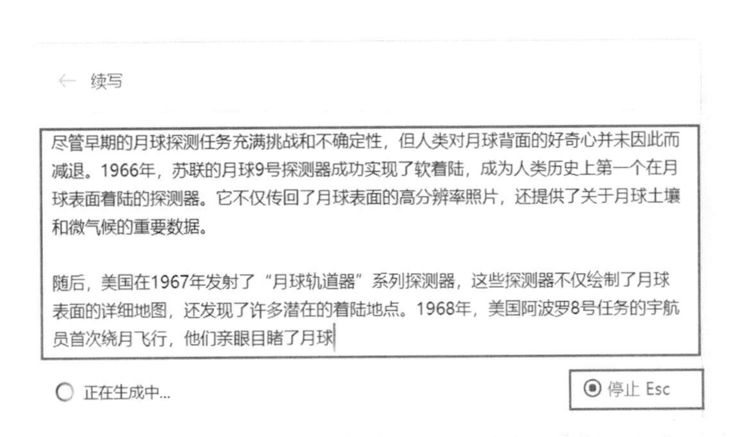

图 6-41　WPS 文字 AI 续写完成

(3)模板写作。

AI 帮我写功能除了可以根据用户输入的要求进行文档生成外，还提供了丰富的模板写作功能，涵盖各种常用文档类型，如会议纪要、商业计划、通知、申请等。用户可以根据需求选择适合的模板，并输入关键词或主题，AI 将自动填充模板中的相关内容，帮助用户快速生成专业、规范的文档。如图 6-42 所示。

WPS AI 帮我写功能的推出，极大地提升了办公效率，尤其是对于需要频繁撰写文档的用户来说，可以大幅减少工作量，并提高文档质量。但 AI 生成的内容仍需要用户根据实际情况进行进一步的编辑和校对，以确保内容的准确性和适宜性。

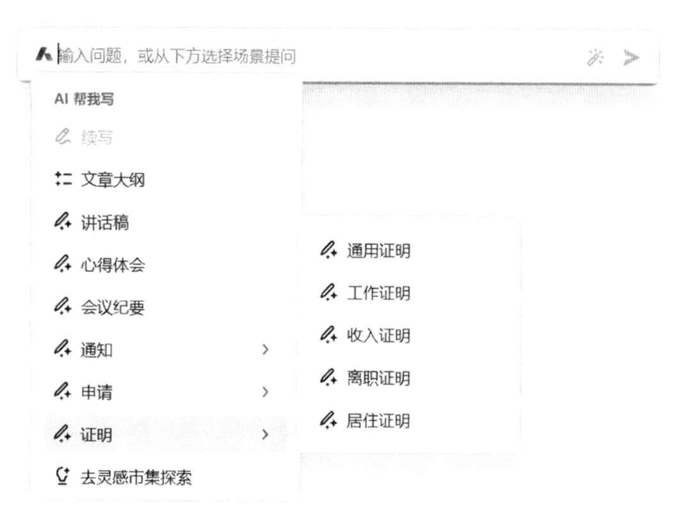

图 6-42 WPS 文字 AI 各类模板

2. AI 帮我改

WPS 文字 AI 帮我改功能则专注于文档的修改和优化。通过自然语言处理技术,它能够检查文档中的语法错误、拼写错误、表达不流畅等问题,并提供修改建议。此外,AI 还能根据文档的内容和风格,提出优化建议,如调整句子结构、替换词汇等,使文档更加流畅、专业。如图 6-43 所示。

使用"AI 帮我改"的步骤如下。

①完成文档编辑后,点击菜单栏上的"WPS AI"或使用快捷键。

②选择"AI 帮我改"功能。

③WPS AI 将自动扫描文档,并在窗口中显示修改后的内容。

④用户可以根据实际需求随时中止修改,或选择应用 AI 的建议。

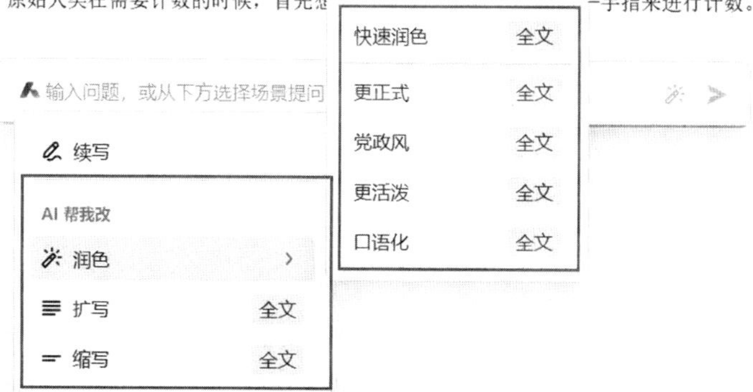

图 6-43 WPS 文字 AI 帮我改功能

用户可以通过使用 AI 帮我改功能快速提升文档质量，提高工作效率，避免因疏忽而产生的错误。AI 帮我改功能主要包括以下几个方面。

（1）智能润色。

智能润色主要包括两方面。一方面，可以对全文进行快速润色，AI 帮我改能够深入分析文档中的句子结构和词汇选择，提出更流畅、更准确的表达方式。另一方面，用户可以根据需求调整文档的整体风格。如，活泼风或口语化风格等。AI 还能根据文档的内容和风格，提出优化建议。例如，在撰写学术论文时，AI 可以建议用户采用更加正式、严谨的词汇和句式；在撰写营销文案时，AI 则可以建议用户采用更加生动、吸引人的表达方式。图 6-44 展示了 WPS 文字 AI 帮我改润色功能的界面，用户可以直观地看到修改前后的对比，并根据需要选择是否应用修改建议。

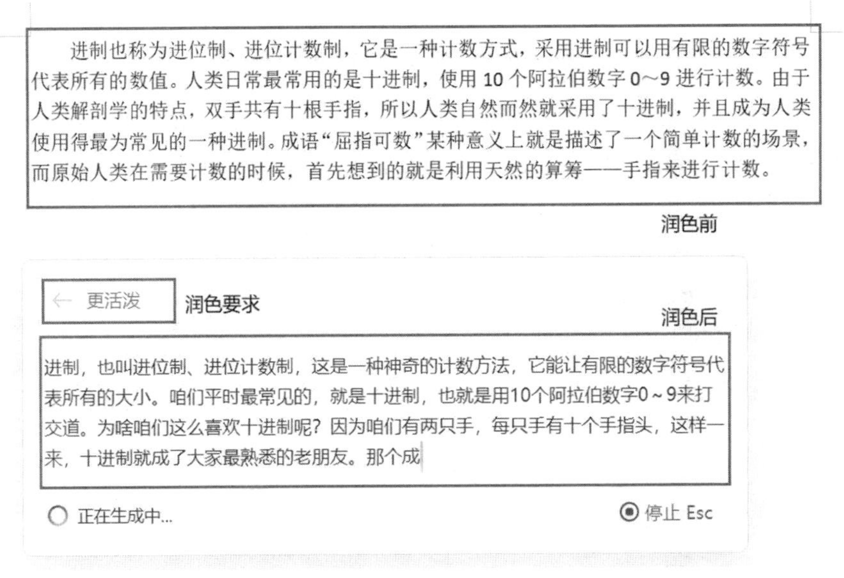

图 6-44　WPS 文字 AI 润色前后比对

（2）内容扩写。

AI 帮我改的内容扩写功能可以针对文档中的关键信息进行扩展，使内容更加丰富和详细。用户只需选择需要扩写的段落、句子或选择全文扩写，AI 将自动分析并提供更加详尽的描述和解释。这对于撰写报告、论文等需要详细阐述的文档非常有帮助。如图 6-45 所示，用户可以看到扩写前后的对比。

（3）内容缩写。

AI 帮我改的缩写功能，则能够帮助用户将冗长的文档进行精简，提取关键信息，使文档更加简洁明了。这对于需要快速了解文档要点的场合非常有用。用户只需选择需要缩写的段落、句子或全文，AI 将自动分析并提供更加精炼的表达方式。如图 6-46 所示，用户可以看到句子缩写前后的对比。

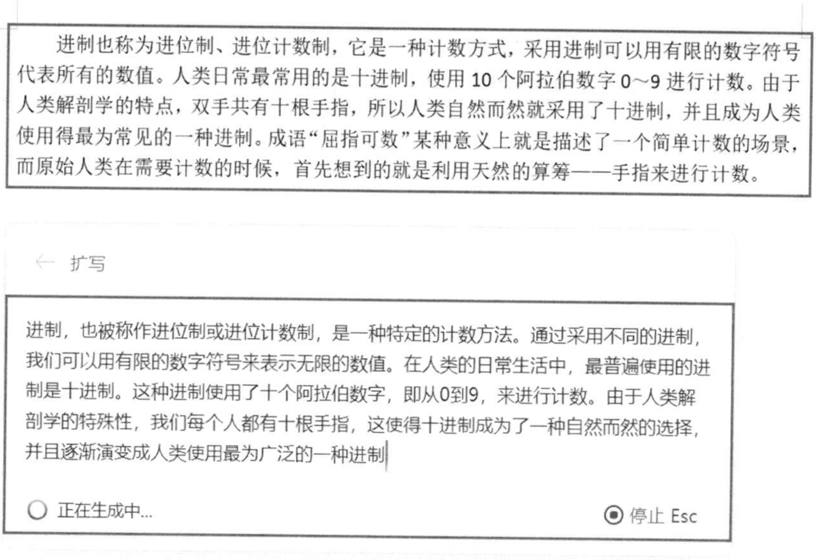

进制也称为进位制、进位计数制，它是一种计数方式，采用进制可以用有限的数字符号代表所有的数值。人类日常最常用的是十进制，使用 10 个阿拉伯数字 0～9 进行计数。由于人类解剖学的特点，双手共有十根手指，所以人类自然而然就采用了十进制，并且成为人类使用得最为常见的一种进制。成语“屈指可数”某种意义上就是描述了一个简单计数的场景，而原始人类在需要计数的时候，首先想到的就是利用天然的算筹——手指来进行计数。
扩写
进制，也被称作进位制或进位计数制，是一种特定的计数方法。通过采用不同的进制，我们可以用有限的数字符号来表示无限的数值。在人类的日常生活中，最普遍使用的进制是十进制。这种进制使用了十个阿拉伯数字，即从0到9，来进行计数。由于人类解剖学的特殊性，我们每个人都有十根手指，这使得十进制成为了一种自然而然的选择，并且逐渐演变成人类使用最为广泛的一种进制
正在生成中...
停止 Esc

图 6-45　WPS 文字 AI 扩写功能

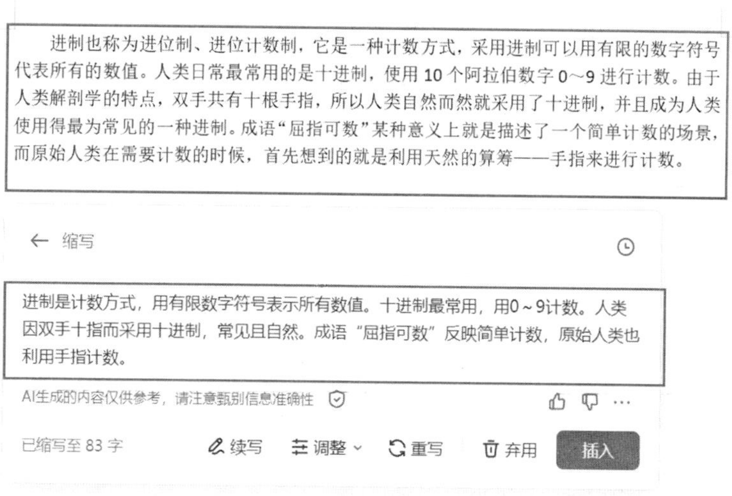

进制也称为进位制、进位计数制，它是一种计数方式，采用进制可以用有限的数字符号代表所有的数值。人类日常最常用的是十进制，使用 10 个阿拉伯数字 0～9 进行计数。由于人类解剖学的特点，双手共有十根手指，所以人类自然而然就采用了十进制，并且成为人类使用得最为常见的一种进制。成语“屈指可数”某种意义上就是描述了一个简单计数的场景，而原始人类在需要计数的时候，首先想到的就是利用天然的算筹——手指来进行计数。
缩写
进制是计数方式，用有限数字符号表示所有数值。十进制最常用，用0～9计数。人类因双手十指而采用十进制，常见且自然。成语“屈指可数”反映简单计数，原始人类也利用手指计数。
AI生成的内容仅供参考，请注意甄别信息准确性
已缩写至 83 字
续写
调整
重写
弃用
插入

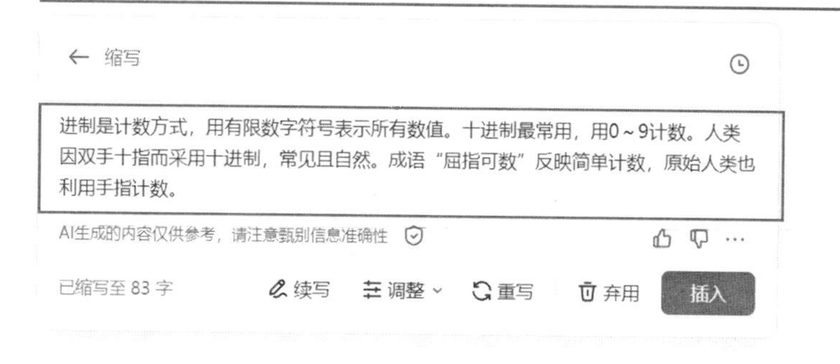

图 6-46　WPS 文字 AI 缩写功能

3. AI 帮我读

WPS 文字 AI 帮我读功能包括解释、翻译和总结等功能，旨在帮助用户更好地理解和处理文档内容。图 6-47 展示了 WPS 文字 AI 帮我读功能的界面。

(1) 解释功能。

解释功能可以对文档中的专业术语、复杂句子或段落进行详细解释，帮助用户更好地理解文档内容。用户只需选中需要解释的部分，点击“WPS AI 帮我读”菜单中的“AI 解释”选项，AI 将自动提供解释内容。这对于阅读学术论文、技术文档等专业性较强的材料非常有帮助。

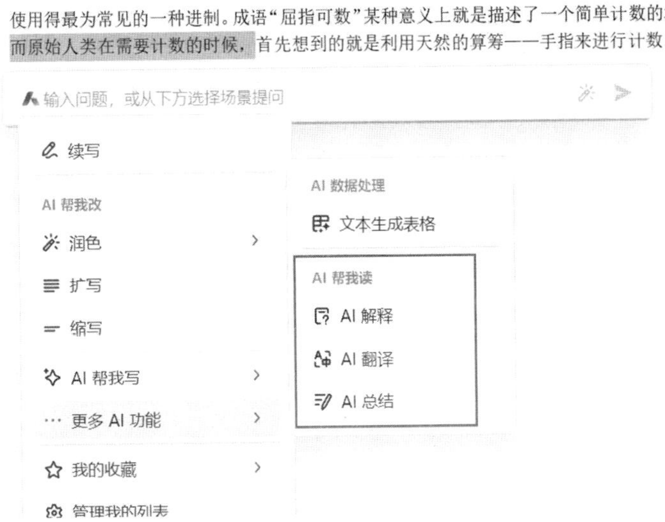

图 6-47　WPS 文字 AI 帮我读界面

(2)翻译功能。

翻译功能可以将文档中的文本翻译成多种语言,方便用户在跨语言交流中更好地理解对方的意图。用户只需选中需要翻译的文本,点击“WPS AI 帮我读”菜单中的“AI 翻译”选项,选择目标语言,AI 将自动完成翻译。翻译结果将直接显示在原文旁边,用户可以随时切换原文和翻译内容进行对照。

(3)总结功能。

总结功能可以对文档中的关键信息进行提炼,生成简洁明了的摘要。用户只需选中需要总结的部分,点击“WPS AI 帮我读”菜单中的“AI 总结”选项,AI 将自动分析并生成摘要。这对于快速浏览文档、获取核心信息非常有帮助。

WPS AI 帮我读功能的推出,极大地提升了用户处理文档的效率和质量。无论是阅读理解、跨语言交流还是快速获取文档核心信息,WPS 文字 AI 帮我读功能都能提供有力的支持。然而,AI 生成的解释、翻译和总结内容仍需要用户根据实际情况进行进一步的审核和调整,以确保内容的准确性和适用性。

4. AI 排版

WPS AI 排版功能专注于文档的版面设计和美化。AI 排版功能提供了多种版式设计方案,能够通过智能分析文档内容及用户需求,快速生成符合要求、美观、专业的文档。如图 6-48 所示,AI 排版功能提供了多种版式设计方案,如学位论文、党政公文、合同协议,以及其他通用文档。用户还可以上传自定义的范文排版,AI 排版功能将自动分析其格式并应用于当前文档。

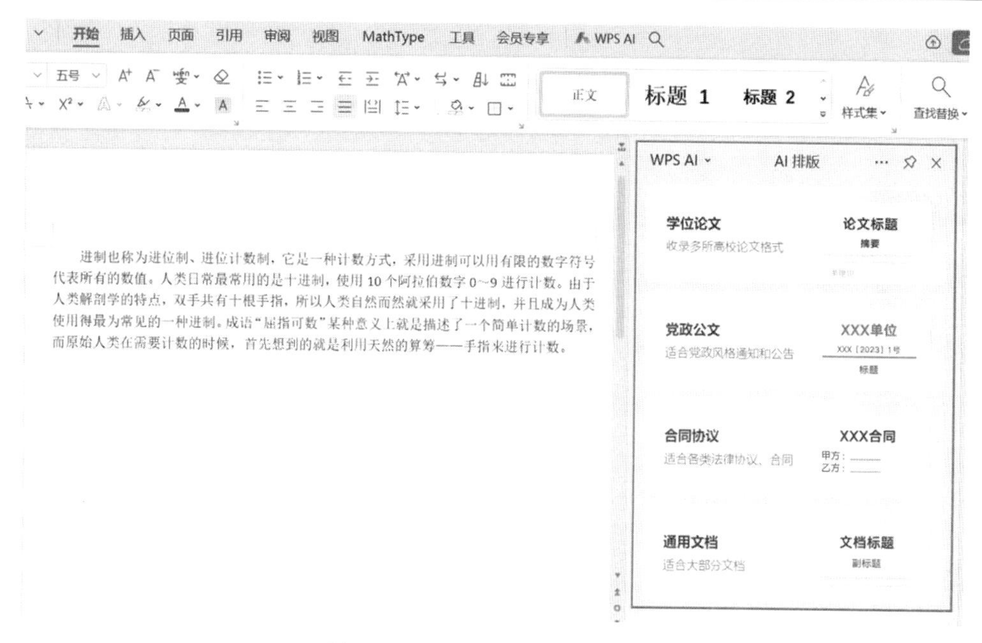

图 6-48　WPS 文字 AI 排版功能

使用“AI 排版”的步骤如下。

①打开需要排版的文档，点击菜单栏上的“WPS AI”或使用快捷键。

②选择“AI 排版”功能。

③WPS AI 将自动分析文档内容，并在窗口中显示多种排版设计方案。

④用户可以根据实际需求选择合适的方案，或对方案进行微调，以达到最佳效果。

AI 排版功能的推出，极大地提升了用户在文档排版方面的效率和质量。无论是日常办公文档还是专业报告，AI 排版功能都能提供有力的支持。但是，AI 生成的排版方案仍需要用户根据实际情况进行进一步的审核和调整，以确保版面设计的适用性和美观性。

5. 灵感市集

灵感市集是 WPS 文字 AI 功能中的一个独特部分，旨在激发用户的创造力和灵感。灵感市集提供一个丰富的资源库，包含有职场办公、教育教学、人资行政、法律合同、社交媒体等多个模板，如图 6-49 所示。用户可以在这里找到各种模板、素材和创意点子，以帮助他们更好地完成文档创作。

使用灵感市集的步骤如下。

①打开 WPS 文字，点击菜单栏上的“WPS AI”或使用快捷键。

②选择“灵感市集”功能，如图 6-50 所示。

③在灵感市集界面中，用户可以根据需求选择模板。

④选择合适的模板后，点击“使用”按钮，资源将自动应用到当前文档中，用户可以根据 AI 提示，将自己的需求进行输入，如图 6-51 所示。

图 6-49 灵感市集模板

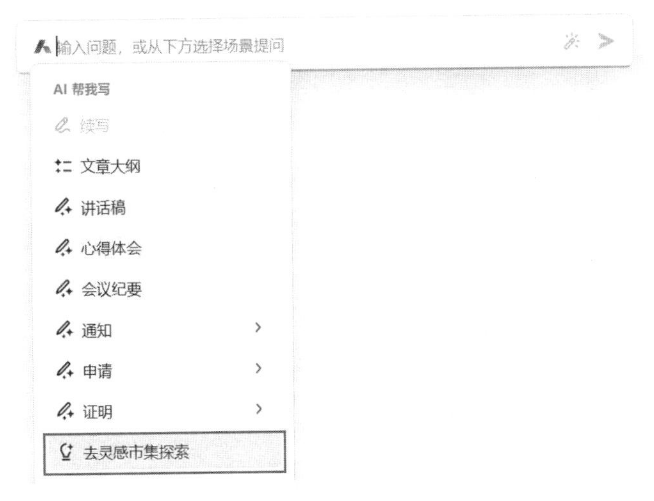

图 6-50 灵感市集功能入口

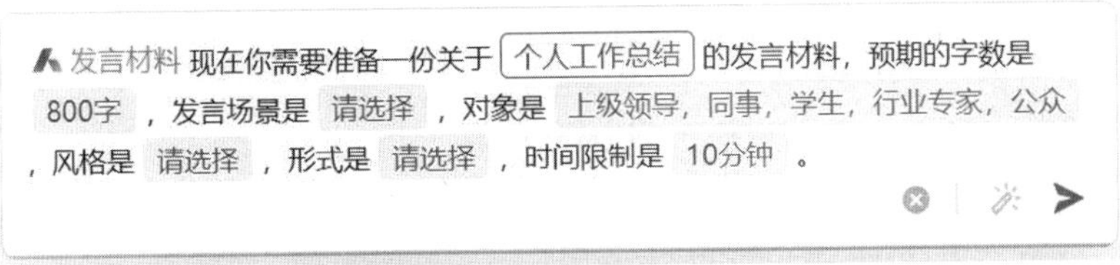

发言材料 现在你需要准备一份关于 个人工作总结 的发言材料，预期的字数是 800字 ，发言场景是 请选择 ，对象是 上级领导，同事，学生，行业专家，公众 ，风格是 请选择 ，形式是 请选择 ，时间限制是 10分钟 。

图 6-51 灵感市集输入提示

随后 WPS AI 将根据输入的提升自动生成文档，如图 6-52 所示。用户也可以在此基础上进行进一步美化修改。

个人工作总结发言材料

1. 引言

尊敬的领导、亲爱的同事、朝气蓬勃的学生、尊贵的行业专家以及各位公众朋友们，大家好！今天，我很荣幸能在这里与大家分享我过去一年在工作中的一些心得与体会。在过去的一年里，我始终秉持着敬业、勤奋、创新的精神，努力在自己的岗位上发光发热。以下，我将通过几个具体的事例，向大家展示我的工作成果与收获。

2. 工作成果展示

2.1 项目案例一：提升工作效率的创新实践

在今年的某个关……提出并实施了一系列创新优化措施

图6-52　灵感市集生成内容

灵感市集的推出，为用户提供了丰富的创作资源和灵感来源，极大地提升了文档创作的效率和质量。无论是日常办公文档还是创意设计项目，灵感市集都能提供有力的支持。然而，用户在使用灵感市集中的资源时，仍需要根据实际情况进行进一步的调整和优化，以确保最终文档的独特性和个性化。

6.2　演示文稿设计与制作

演示文稿是一种以视觉为主的文件，通常包括幻灯片、图片和视频等元素，用于传递和呈现信息。演示文稿的设计与制作对于一个好的演示文稿非常重要，通过精心的设计和制作，可以提高信息传递的效率和质量，增强演示效果和吸引力，凸显主题和重点，以及提升个人形象和专业性。

6.2.1　演示文稿设计与制作流程及常用软件

1. 演示文稿设计与制作流程

演示文稿设计与制作流程一般包括以下几个步骤。

(1)确定主题和目标受众。在开始制作演示文稿之前，需要确定演示的主题和目标受众，这有助于选择合适的内容和设计风格。

(2)收集和整理资料。在确定主题和目标受众之后，需要收集和整理相关的资料，包括文字、图像、数据等，以便用于演示文稿的内容。

(3)制定大纲和结构。在收集和整理资料之后，需要制定演示文稿的大纲和结构，包括每个部分的内容和顺序，以及整个演示文稿的结构和逻辑。

(4)编写演示文稿内容。根据大纲和结构，开始编写演示文稿的内容，需要注意简洁明了、重点突出、有逻辑性的原则。

(5)设计演示文稿的视觉效果。在编写演示文稿内容的同时，需要设计演示文稿的视觉效果,包括颜色、字体、排版等元素,以提高演示文稿的美观度和可读性。

(6)添加动画和多媒体元素。在设计演示文稿的视觉效果时,可以添加一些动画和多媒体元素,如视频、音频等,以增强演示文稿的吸引力和互动性。

(7)宣讲和修改。在完成演示文稿的制作后,需要进行宣讲和修改,确保演示文稿的质量和效果符合预期。

总之,演示文稿制作过程需要注重内容和视觉效果的平衡,同时注意时间控制和语言表达的准确性。

2. 常用演示文稿设计与制作软件

演示文稿的设计与制作软件有很多种,用户可以根据自己的需求选择适合自己的工具,下面介绍一些常用的软件。

(1)WPS 演示是一款专门用来制作演示文稿的应用软件,也是金山公司 WPS Office 系列软件中的一个重要组成部分,我们通常称它为“幻灯片”。使用 WPS 演示可以制作出集文字、图形、图像、声音及视频等多媒体元素为一体的演示文稿,让信息以更轻松、更高效的方式表达出来。

(2)Microsoft PowerPoint 是最常用的演示文稿制作工具之一,它提供了丰富的模板和功能,可以方便地创建美观的演示文稿。

(3)Keynote 是苹果公司开发的演示文稿制作工具,它提供了高质量的模板和设计工具,适用于 Mac 和 iOS 设备。

(4)Prezi 是一种基于云端的演示文稿制作工具,它允许用户创建非线性的、交互式的演示文稿,适合于展示复杂的内容和概念。

(5)Canva 是一款在线平面设计工具,它提供了丰富的模板和设计元素,可以帮助用户创建美观的演示文稿和其他设计作品。

(6)Google Slides 是谷歌公司的演示文稿制作工具,与 Google Drive 集成,可以方便地与他人共享和协作。

6.2.2 认识 WPS 演示

WPS 演示是简便且直接的幻灯片制作和演示软件之一。WPS 演示界面大致分为 5 个部分,如图 6-53 所示。

第一个部分为标题栏。点击加号新建一个文档,选择“演示”—“新建空白文档”,就新建了一个演示文稿(PPT),此处会显示演示文稿的名称。

第二个部为菜单栏。在菜单栏的左侧,这几个小图标是“快速访问栏”,在快速访问栏里,可以快速对 PPT 进行一些基础操作。在菜单栏内点击不同的选项卡,会显示不同的操作工具。在后面的课程种,会为大家讲解各个工具的使用。

第三个部分为幻灯片/大纲窗格。在此处可以查看所有幻灯片和切换幻灯片。

第四个部分为编辑区。在此处编辑演示文稿的内容,幻灯片的备注也在此处添加。

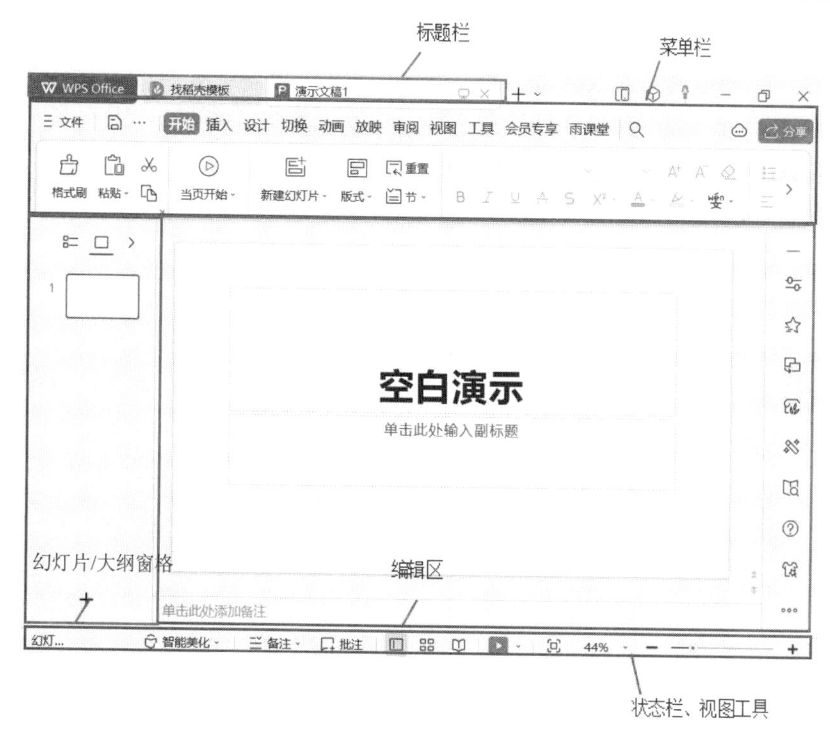

图 6-53　WPS 演示界面

第五个部分为状态栏、视图工具。在状态栏里可以看到 PPT 页数。幻灯片默认是“普通视图”。在此处调整是否显示备注母版，快速切换“幻灯片浏览”和“阅读”视图，以及创建“演讲实录”，调整“放映方式”，还可调整“页面缩放比例”，拖动滚动条可快速调整，最右侧的是“最佳显示比例”按钮。

6.2.3　学会制作演示文稿

1. 初学者制作演示文稿

初学者在做 PPT 时，第一步想到的是“找模板”，找到模板后，会出现模板和内容对不上的情况。其实，制作 PPT 的正确逻辑，第一步应该是“列大纲”。

对初级操作者来说，在 PPT 列大纲会分散思路，可以直接用文档对大纲进行梳理。首先在 WPS 文字中根据内容结构设置文档中的一级标题、二级标题。然后，点击“文件”里的“输出为 pptx”，选择输出地址，即可一键转换至 PPT 模式。

2. 使用母版创建自己的演示文稿

(1) 设置幻灯片母版。

如果已有的设计主题不能满足演示汇报的需求，我们需要创建属于自己的演示文稿，那么先创建一个空白演示文稿，然后在幻灯片制作之初就要设置母版。

WPS 演示中的母版可以在新建幻灯片前，统一设置所有幻灯片的字体、颜色、背景等格式，有了演示文稿母版，新添加的幻灯片都可以使用母版版式，省去了逐个插入和调整版式的麻烦,提高了办公效率。如果需要在现有演示文稿的基础上修改幻灯片的母版,只需要将已使用的母版做修改或者删除后新建母版即可。

点击“设计”选项卡,在功能区选择“编辑母版”,如图6-54所示。母版分为“主母版”和“版式母版”,更改主母版,则所有页面都会发生改变,更改版式母版,只会修改该版式母版。

①插入母版。

在“幻灯片母版”功能区中,点击“插入母版”,这样就可以插入一个新的幻灯片母版。

②插入版式。

选择一个合适的位置点击“插入版式”,这样就插入了一个包括标题样式的版式母版。

③重命名母版或版式。

选中需要重新命名的母版,如①中插入的母版,点击“重命名”,修改母版的名字,如“进制及其转换”;选中需要重新命名的版式,如②中插入的版式,点击“重命名”,修改版式的名字,如“结束”,如图6-55所示。

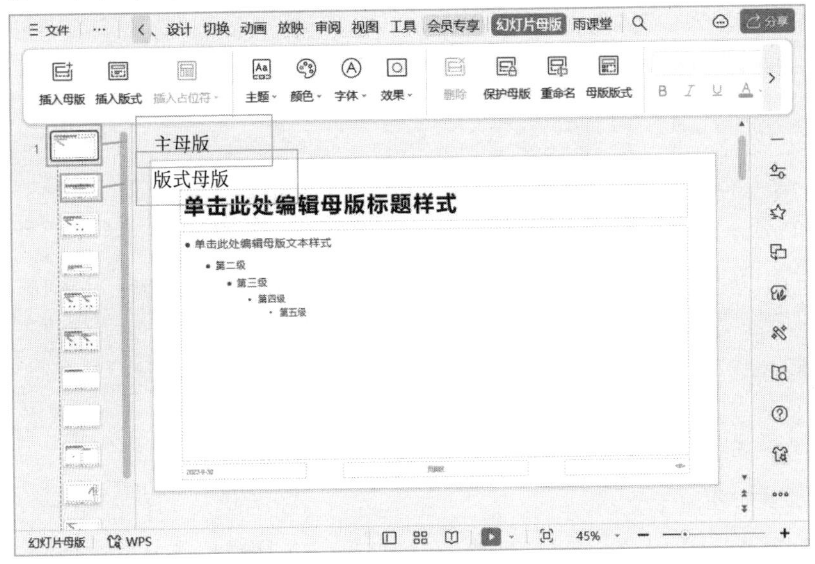

图6-54 编辑母版

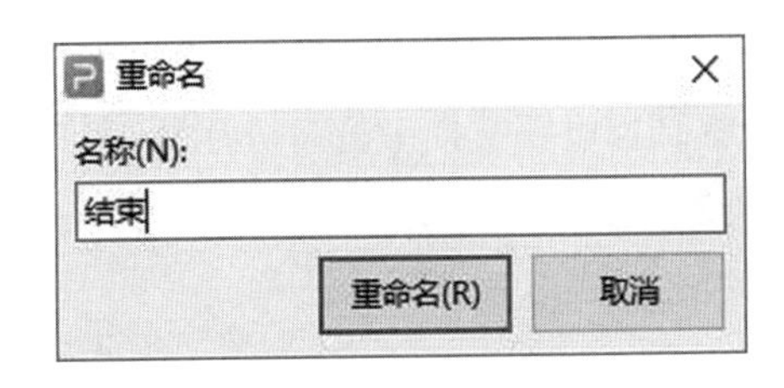

图6-55 重命名版式

④母版版式。

通过“母版版式”可以设置母版中占位符元素,如果不需要母版下方的日期、页脚区、页码就可以删除。接下来如果需要添加日期、页脚区、页码,那就需要点击“母版版式”,

在弹出的对话框中勾选日期、页脚区、页码，点击“确定”，就可以添加日期、页脚区、页码了，如图6-56所示，然后在页脚区输入“计算机基础”，这样后面每次应用母版，页脚区显示“计算机基础”。

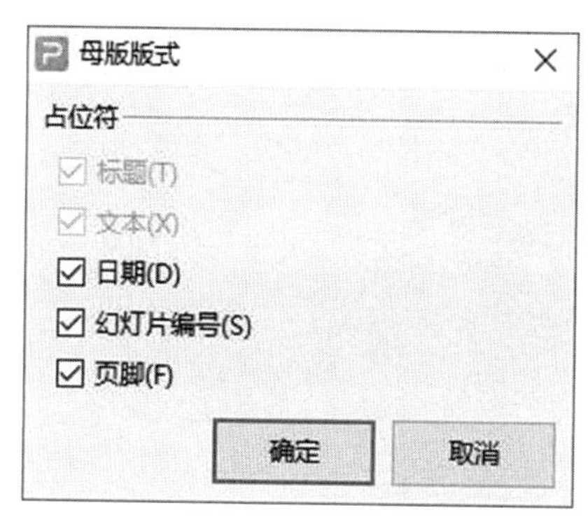

图6-56 添加日期、页脚区、页码

⑤关闭母版视图。

点击“关闭”，就可以关闭幻灯片母版视图并返回演示文稿编辑模式了。此时在“开始”功能区点击“新建幻灯片”，就可以快速新建这个母版版式的空白幻灯片。

(2)自定义母版背景、字体、页眉页脚。

自定义母版后，接下来就可以设置母版的背景、字体、页眉页脚等。

①背景。

在“幻灯片母版”功能区中，首先选中要更换背景的主母版，点击“背景”，弹出对象属性对话框，如果要使用图片填充主母版背景，选择图片或纹理填充，选择填充的图片如图6-57所示，这样就可以统一更换所有幻灯片的背景了。

图6-57 自定义主母版背景

然后，选中标题幻灯片版式，点击“背景”，弹出对象属性对话框，如果要使用图片填充标题幻灯片版式背景，选择图片或纹理填充，选择填充的图片如图 6-58 所示，这样就修改了单个标题幻灯片版式的背景。

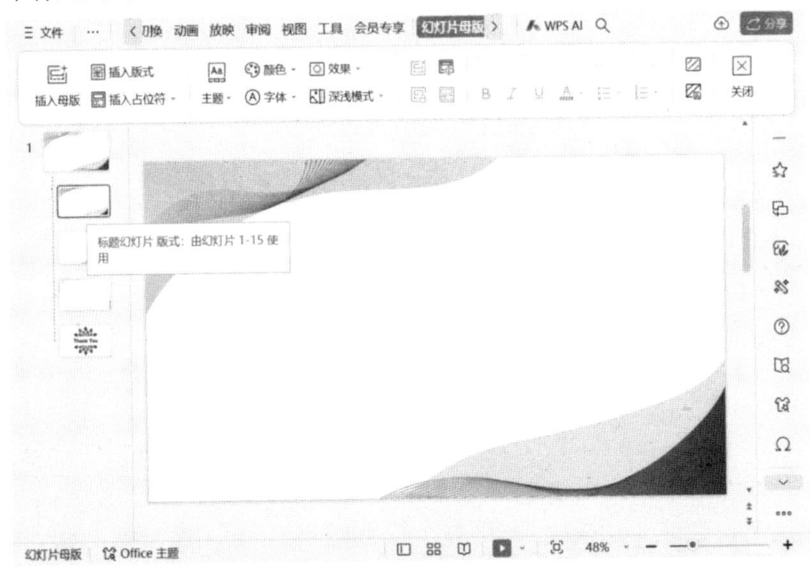

图 6-58 自定义标题幻灯片版式背景

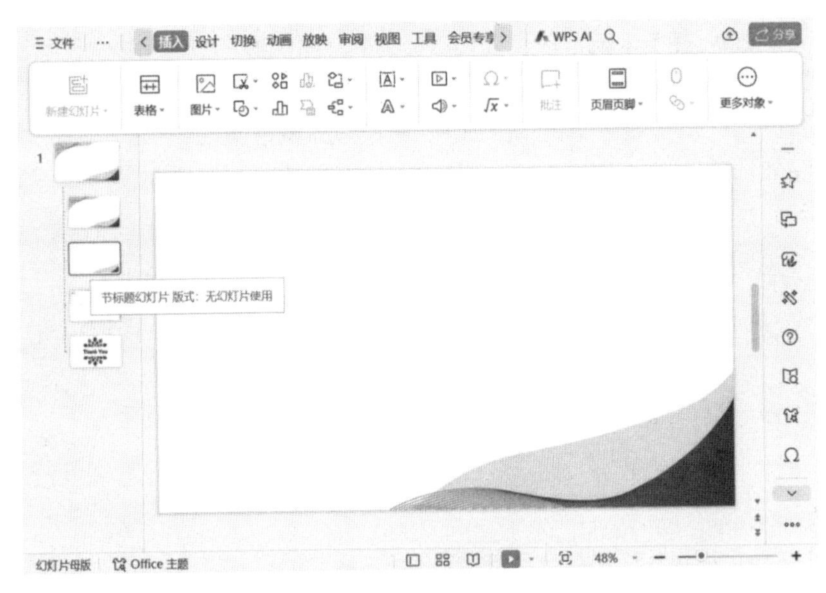

图 6-59 自定义节标题版式背景

接下来，选中节标题版式，点击“背景”，弹出对象属性对话框，如果要使用图片填充节标题版式背景，选择图片或纹理填充，选择填充的图片如图 6-59 所示，这样就修改了节标题板式背景。

最后，选中末尾幻灯片版式，点击“背景”，弹出对象属性对话框，如果要使用图片填充末尾幻灯片版式背景，选择图片或纹理填充，选择填充的图片如图 6-60 所示，这样就修改了末尾幻灯片版式背景。

当然，如果想一次修改多个版式母版背景，只需要使用 Ctrl 键一次选中多个版式母版，点击“背景”，设置背景即可。

图 6-60　自定义末尾幻灯片版式背景

②字体。

在“幻灯片母版”功能区中，点击“字体”，弹出字体下拉框，根据需求选择标题和正文的字体，如，角度-微软雅黑-隶书，所有的幻灯片就统一修改了字体。

③页眉页脚。

点击“插入版式”，插入一个新的版式，点击“重命名”，命名为标准版式，然后修改页眉页脚格式，选中日期、页脚、页码，将其字体设置为楷体、黑色、12、加粗，如图 6-61 所示。

(3)应用自定义母版。

①新建幻灯片应用自定义母版。

上面我们自定义了幻灯片母版，接下来，点击“关闭”，关闭幻灯片母版视图并返回演示文稿编辑模式，就可以应用自定义母版。

我们可以新建幻灯片应用自定义母版。点击“新建幻灯片”右下方的下拉箭头，弹出新建幻灯片对话框，如图 6-62 所示，在母版版式中选择合适的母版版式，即可将自定义的母版版式应用到当前幻灯片中。

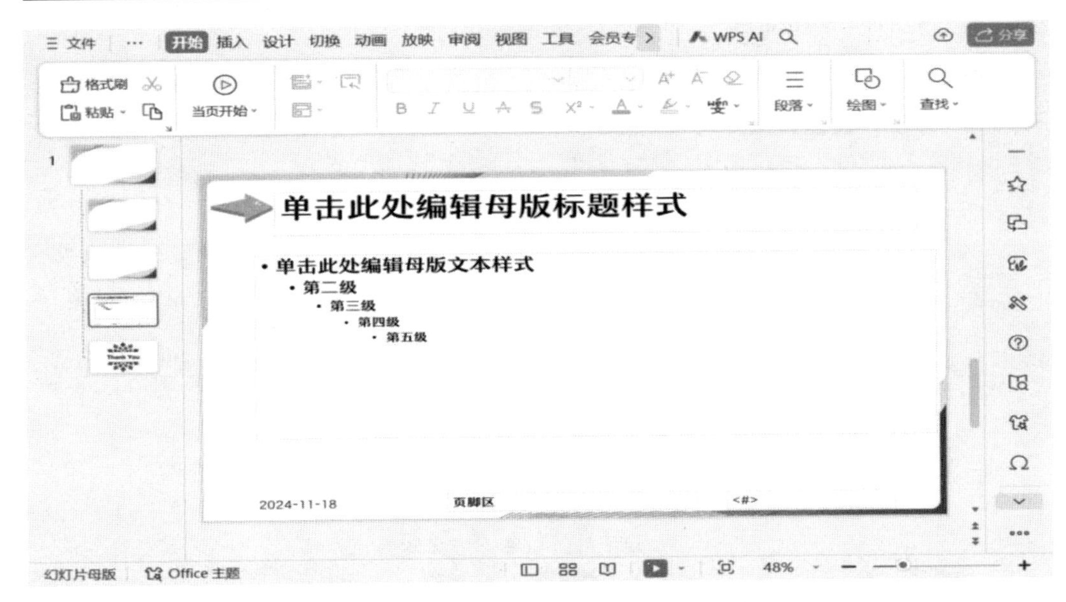

图 6-61　新建版式——设置日期、页脚和页码

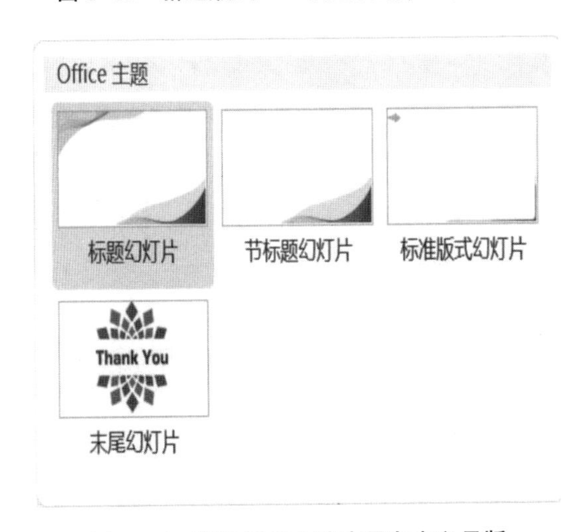

图 6-62　新建演示文稿应用自定义母版

②已有演示文稿应用修改后的自定义母版。

如果需要修改已制作好的演示文稿的幻灯片母版，只需要将已使用的母版进行修改，最后关闭幻灯片母版视图返回演示文稿编辑模式，就能实现应用修改后的自定义母版。

③幻灯片统一插入页眉页脚。

在演示文稿编辑模式下，首先全选幻灯片，点击“版式”，应用“标准版式”。然后点击选中标题幻灯片，之后点击“版式”，将版式更改为“标题幻灯片版式”；点击选中节标题幻灯片，然后点击“版式”，将版式更改为“节标题版式”；点击选中末尾幻灯片，然后点击“版式”，将版式更改为“末尾幻灯片版式”。最后，点击“插入”—“页眉页脚”，添加日期、页脚和页码,如图 6-63 所示,这样就完成“计算机基础”演示文稿初步制作。

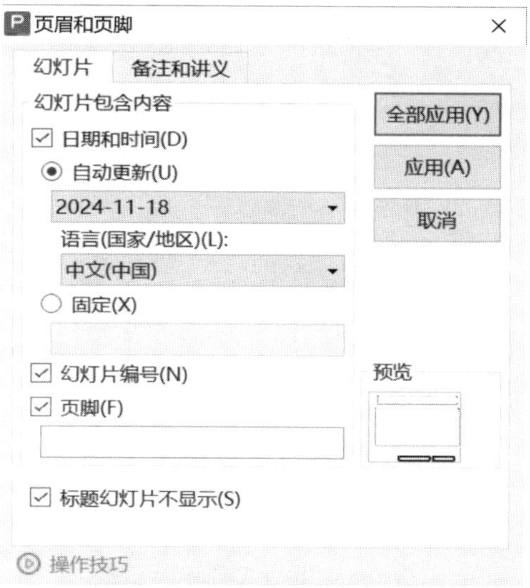

图 6-63 插入日期、页脚和页码

3. 演示文稿的美化

(1)插入文本框并使用文本工具编辑文本。

在空白幻灯片中无法直接插入文本,要在幻灯片中插入文本,首先要插入文本框,然后才能在文本框插入文本,以方便幻灯片排版和设置文本效果。

打开 WPS 演示文稿,进入其主界面;在菜单栏中找到并点击“插入”菜单;在对应的工具栏中找到并点击“文本框”;在文本框打开的下一级子菜单中根据需要选择一种文本框,如横向文本框;按住鼠标左键不放,在空白页面拖动,画出一个文本框。

接下来使用“文本工具”,先设置好文本框内输入文字的字体及字号的大小,然后设置文本自动调整,点击“文字效果”右下角“设置文本效果格式:文本框”按钮,唤出对象属性侧边栏—文本选项。

在文本选项—文本框—文字自动调整处有以下 3 种设置。

①不自动调整。在文本框内输入文字时不会自动调整。

②溢出时缩排文字。当输入的文字超出文本框大小时会自动缩排。

③根据文字调整形状大小。根据输入的文字字数调整文本框的形状大小。

还可以通过勾选“形状中的文字自动换行”来设置形状中的文字自动换行。勾选此选项,在文本框中输入文字时,当字数超过文本框大小时会自动换行。取消勾选此选项,在文本框中输入文字时将不会自动换行。

双击文本框,弹出对象属性侧边栏,设置文本自动调整,如“根据文字调整形状大小”“形状中的文字自动换行”,如图 6-64 所示。

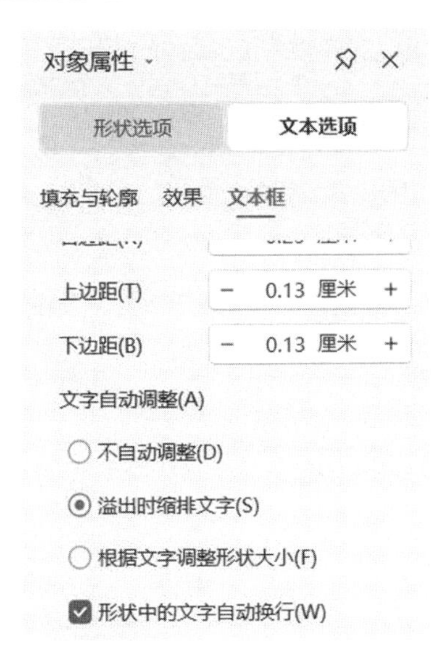

图 6-64 设置文本自动调整

(2)插入形状并使用绘图工具编辑形状。

在演示文件中插入图案形状,可以起到画龙点睛的作用,插入形状的方法很简单。点击上方菜单栏插入—形状,唤出预设形状对话框。选择“上凸带形”形状,在演示文件中,按住鼠标左键不放,在空白页面拖动,画出一个“上凸带形”形状。

选中“上凸带形”形状,点击右键,选择“编辑文本”。输入文字,就可以实现在形状中添加文本,如图 6-65 所示。还可以编辑形状,可设置更改已插入的形状至其他预设的形状,也可选择编辑顶点,自定义形状。

图 6-65 编辑文本效果图

①设置形状对齐方式。

在一页幻灯片中,会经常使用到形状元素,那该如何设置对齐方式呢?对齐功能可实现调整某个形状在幻灯片内的位置。选中需要设置对齐的一个或者多个形状,依次点击“绘图工具”—“对齐”,下拉“对齐”,选择对齐方式。我们可以根据所需设置对齐方式,如水平居中,如图 6-66 所示。若需要网格线进行辅助,可以选择“网格线”。若需要对网格线格式进行设置,点击“网格线和参考线”。

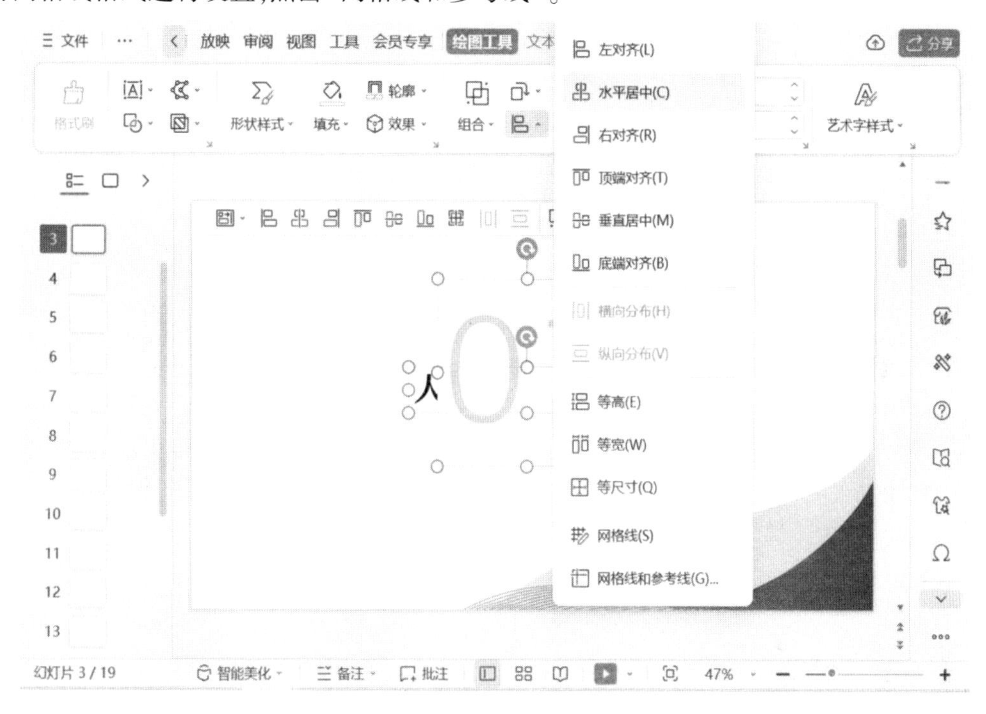

图 6-66　设置形状对齐方式

②组合多个形状。

在一页幻灯片中,会经常使用到多个形状元素,那该如何设置它们的对齐方式呢?组合功能可将多个形状组合,便于同时调整大小和移动位置。按住 Ctrl 键选中两个或两个以上的形状。依次点击“绘图工具”—“组合”—“组合”即可。若要取消组合,则选中已组合的形状,依次点击“绘图工具”—“组合”—“取消组合”即可。

③调整形状的叠放次序。

选中需要操作的形状,点击“绘图工具”。根据需要选择“上移一层”/“置于顶层”或者“下移一层”/“置于底层”即可,如选择置于顶层,如图 6-67 所示。

(3)批量插入图片并使用图片工具编辑图片。

为了增强文稿的可视性,向演示文稿中添加图片是一项常用的操作。WPS 演示如何添加图片以及编辑图片呢?

图 6-67　调整形状的叠放次序

选中要批量插入图片的多张幻灯片中的第一张幻灯片，如第 7 张幻灯片，然后点击上方菜单栏插入—图片—分页插图，如图 6-68 所示。弹出分页插入图片对话框，按住 Ctrl 键选择多张图片，点击“打开”插入到 PPT 中，这样就可以实现批量在 PPT 中插入图片，并且每张图片为一张 PPT 了，如图 6-69 所示。

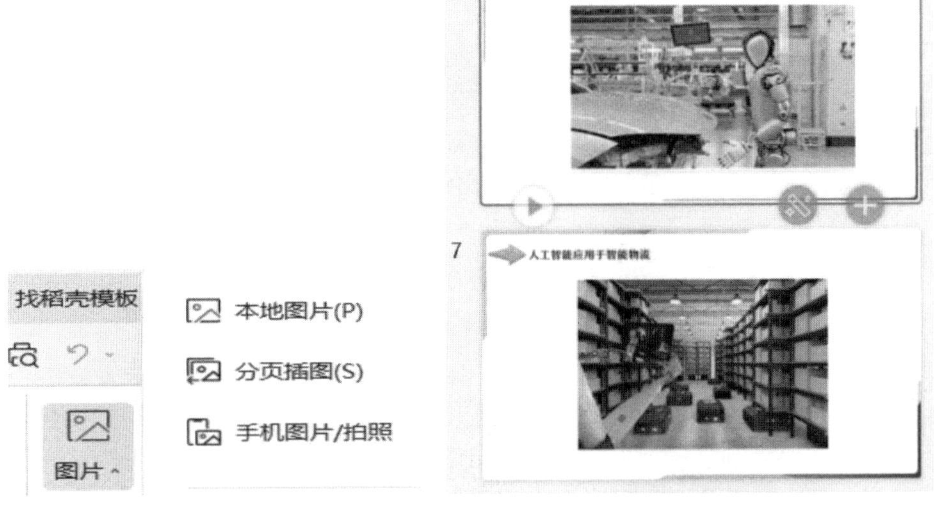

图 6-68　分页插图　　　　图 6-69　批量插入图片

①更改图片的大小和位置。

在演示文件中插入图片后，若想更改图片的大小和位置，该如何操作呢？

点击图片，弹出“图片工具”选项卡，设置形状高度、形状宽度。在形状高度、形状宽度输入框中输入高度和宽度。若想等比缩放,需要勾选“锁定纵横比”。若刚刚对大小的设置需要重新设置,点击“重设”就可以了。点击图片,按住鼠标左键不放,拖动图片到合适的位置,就可以实现更改图片位置。

②按形状和比例裁剪幻灯片中的图片。

那么幻灯片中的图片该如何裁剪为自己想要的形状呢?点击上方菜单栏“图片工具”—“裁剪”,或者在图片右侧点击裁剪图片按钮。在此处可以选择按照形状裁剪与按照比例裁剪,如图6-70所示。若想将图片按照形状裁剪成一个对角圆角矩形,则点击按照形状裁剪—基本形状—对角圆角矩形,即可在图片中绘制对角圆角矩形裁剪区域。使用鼠标拖动修改裁剪区域位置,即可裁剪所选图片,如图6-71所示。

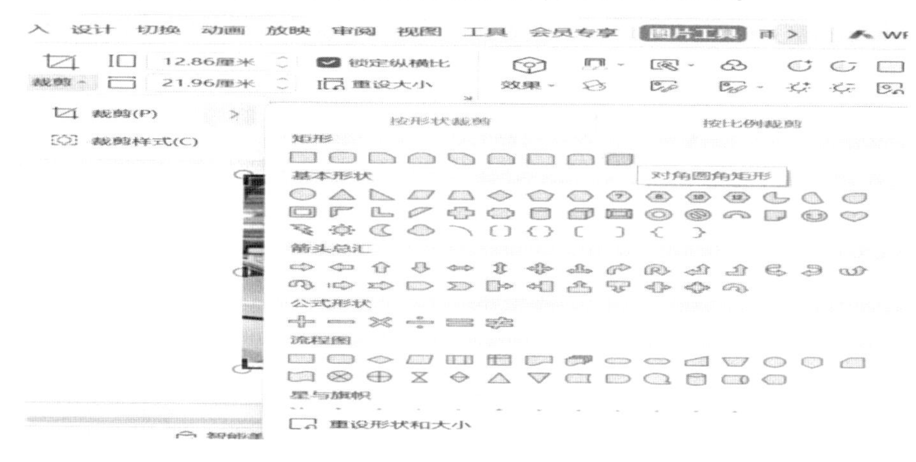

图6-70　裁剪对话框

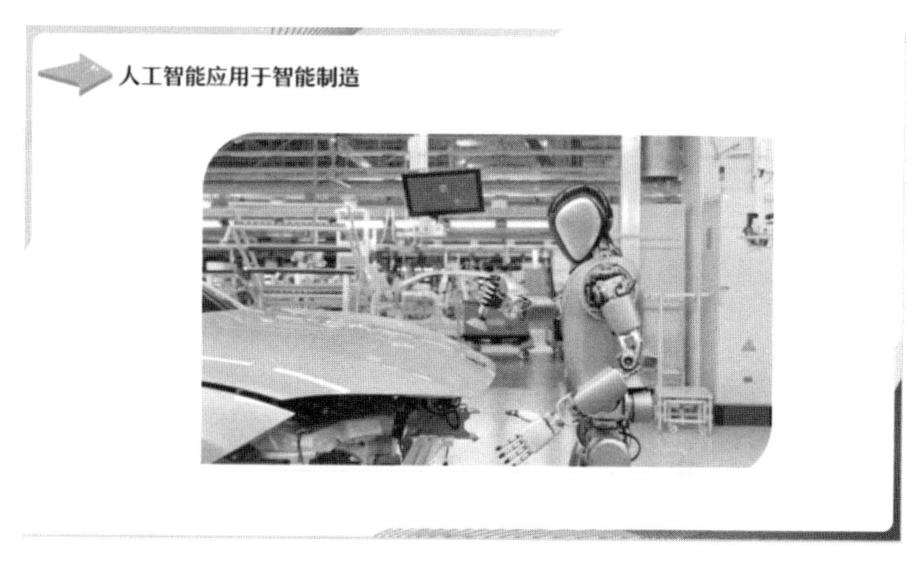

图6-71　按照形状裁剪成一个对角圆角矩形

我们还可以将图片按照比例裁剪。选择按照比例裁剪,如选择16:9,即可在图片中绘制比例为16:9的裁剪区域。将鼠标放在裁剪区域处,可以拖动裁剪区域,这样就可以将图片按照比例裁剪了。

③设置图片效果:添加倒影、旋转效果等。

我们在幻灯片中插入图片时,为了让图片更加赏心悦目,有时会为添加图片效果。在幻灯片中插入图片后,选中图片,点击上方“图片工具”选项卡。在“图片效果”处可以选择为该图片添加的效果:阴影、倒影、发光、柔化边缘、三维旋转等,如添加阴影—紧密倒影,如图 6-72 所示。

(4)插入并设计智能图形。

在制作演示文档时,经常会用到多个图形排列组合来表达内容,如层次结构,流程图等。平常的制作方法非常烦琐复杂,现在 WPS 演示中的智能图形可以一键实现此功能,那么该如何使用呢?

首先点击“插入”选项卡下的“智能图形”按钮,此时弹出智能图形的对话框。然后根据需求选择所符合的图形,如需要体现流程,则在流程菜单栏下选择适合的图形,如基本 V 形流程,如图 6-73 所示。稻壳智能图形还提供了大量精美的图形模板可供选择。

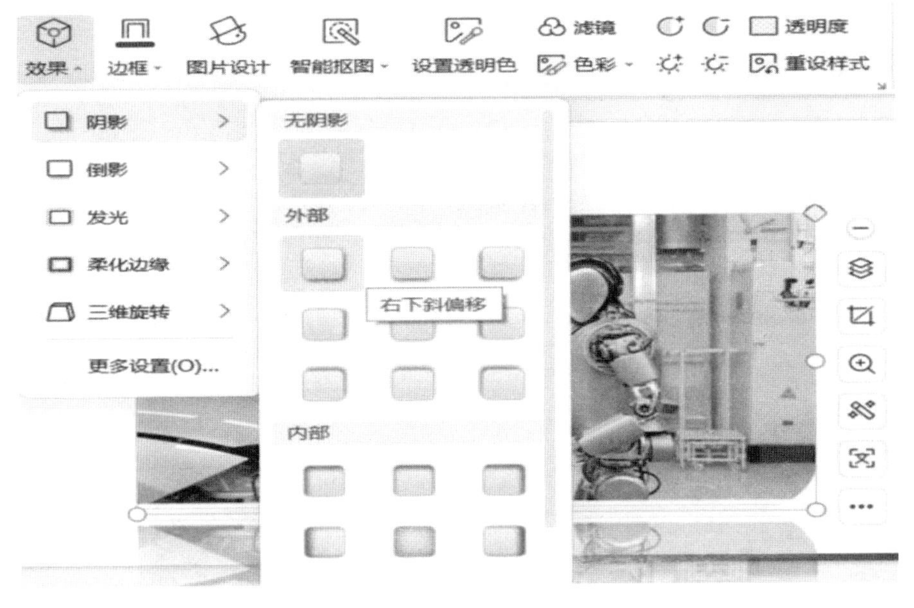

图 6-72　设置图片效果

插入智能图形后,如果想增加项目,选中图形,点击“设计”选项卡下的“添加项目”,或者点击光标右侧弹出菜单栏中的“添加项目”,选择在前面或后面添加即可,如在后面添加两个项目,成为 5 个项目 V 形流程图,如图 6-74 所示。如果想删除多余项目,则选中项目后直接按 Delete 键删除。点击“更改位置”,可以更改项目的方向。

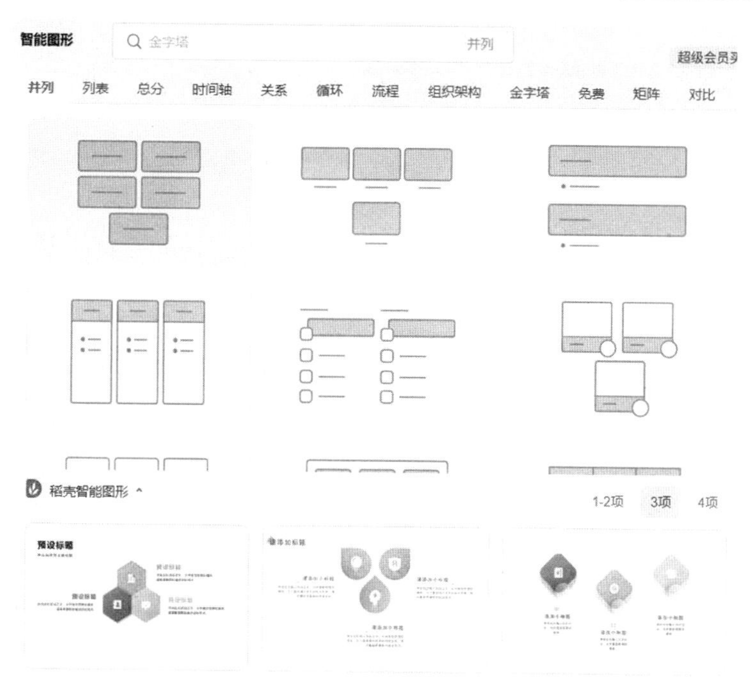

图 6-73　智能图形对话框

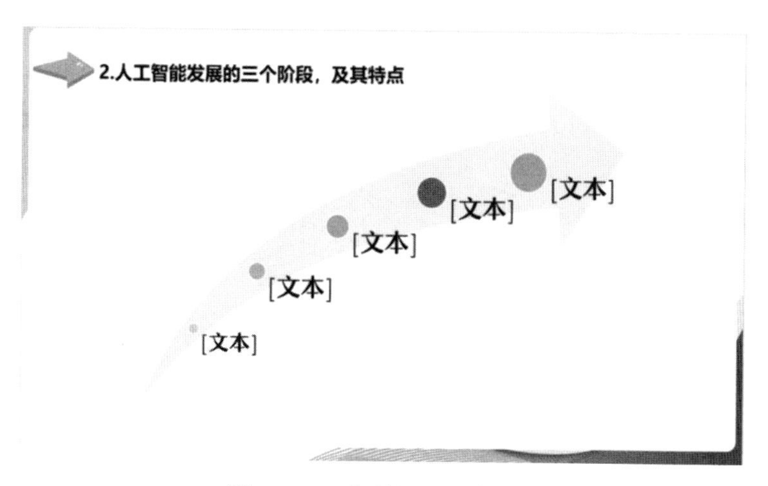

图 6-74　5 个项目 V 形流程图

选中图形，可以在“格式”选项卡下对图形做进一步调整，比如更改颜色、样式、大小等。最后输入文本，级别 1 文本显示在箭头项目中，级别 2 文本显示在箭头项目下方。首先点击箭头项目中文本，输入级别 1 文本，然后点击“设计”—“添加项目符号”，输入级别 2 文本，如图 6-75 所示。

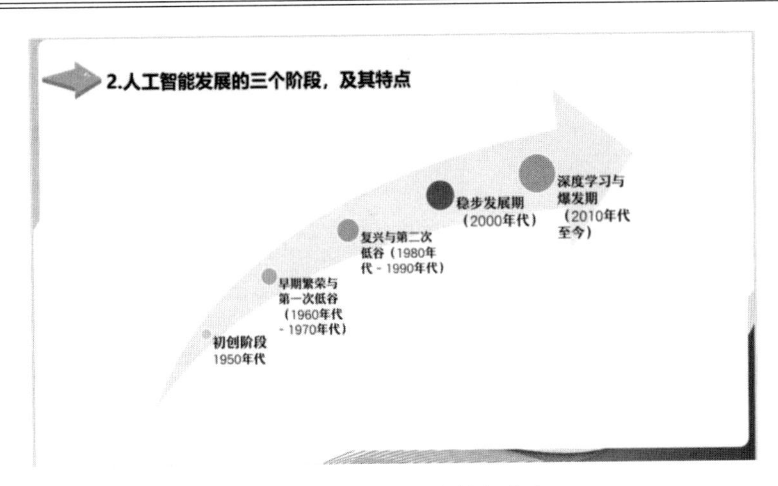

图 6-75 智能图形中输入文本

(5)绘制思维导图。

思维导图是一种实用性的思维工具,在日常生活和工作中都能增添便利。WPS 2019 已经支持直接在文字、表格、PPT 内一键插入制作思维导图了。在菜单栏“插入”—“思维导图”,在思维导图对话框中可选多种模板。选中主题模板,即可绘制思维导图,如图 6-76 所示。

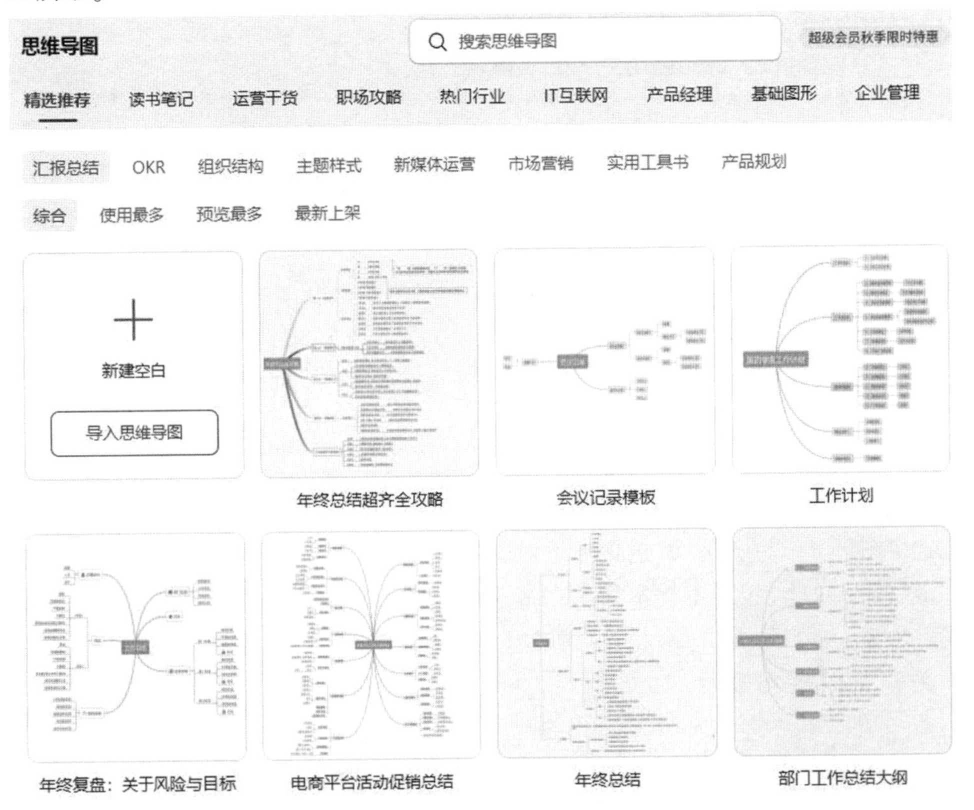

图 6-76 思维导图对话框

绘制思维导图后，如何编辑思维导图呢？

我们可以通过思维导图上方菜单栏“开始”“样式”“插入”“导出”编辑思维导图。

①使用回车键增加同级主题，Tab 键增加子主题，Delete 键删除主题。

②拖动节点到另一个节点的上时，有 3 个状态，分别是顶部、中间、底部。分别对应的是加在另一个节点的上面、该节点下一级中间和该节点的下面。

③菜单栏“插入”中插入各级主题。还可插入关联、图片、标签、任务、链接、备注、符号及图标，如图 6-77 所示。

开始　样式　插入　导出

子主题　同级主题　父主题　关联　概要　外框　图片　标签　任务　超链接　备注

图 6-77　插入各级主题

④菜单栏“样式”中可更改样式。“节点样式”，可选择不同的主题风格。“节点背景”可更换节点背景颜色。也可以设置“连线颜色”“连线宽度”“边框宽度”“画布背景”“主题风格”“结构”，如图 6-78 所示。

开始　样式　插入　导出

节点样式　节点背景　连线颜色　连线宽度　边框宽度　边框颜色　边框类型　边框弧度

图 6-78　更改样式

⑤菜单栏“导出”中可将思维导图导出为各种类型文件。

(6)制作流程图。

流程图便于我们整理和优化组织结构，WPS 演示中有时会需要制作流程图。那么如何制作并设计流程图呢？

首先点击“插入”—“流程图”，在流程图对话框中可选多种模板，如图 6-79 所示。如果没有找到自己想要的模板，也可以自行设计。点击新建空白图，此时进入流程图编辑模式。

制作流程图后，如通用爬虫流程图（图 6-80），那么如何设计修改编辑流程图呢？

我们可以通过流程图上方菜单栏“编辑”“排列”和“页面”设计流程图。

①直接拖动边框改变图形大小，也可以用快捷键 Ctrl+鼠标拖动。

②双击可在图形中输入文字，快捷键 Ctrl+Enter 可以确定操作内容。

③将光标放在图形边框下方，当光标呈十字形时，下拉光标到所需位置处，形成箭头连线。

④选择下一步所需的图形，调整大小后，双击输入需要的文字即可。

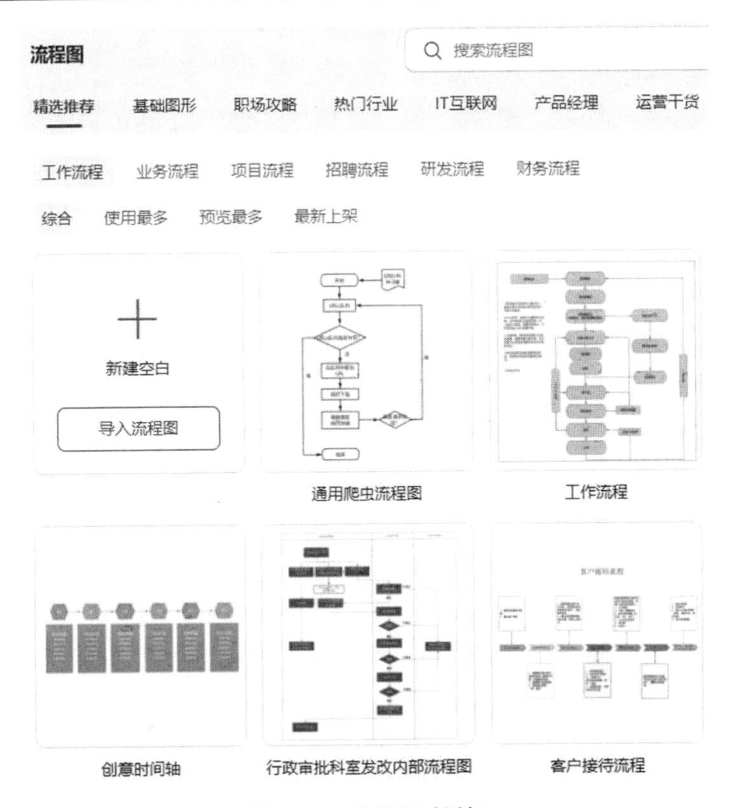

图 6-79 流程图对话框

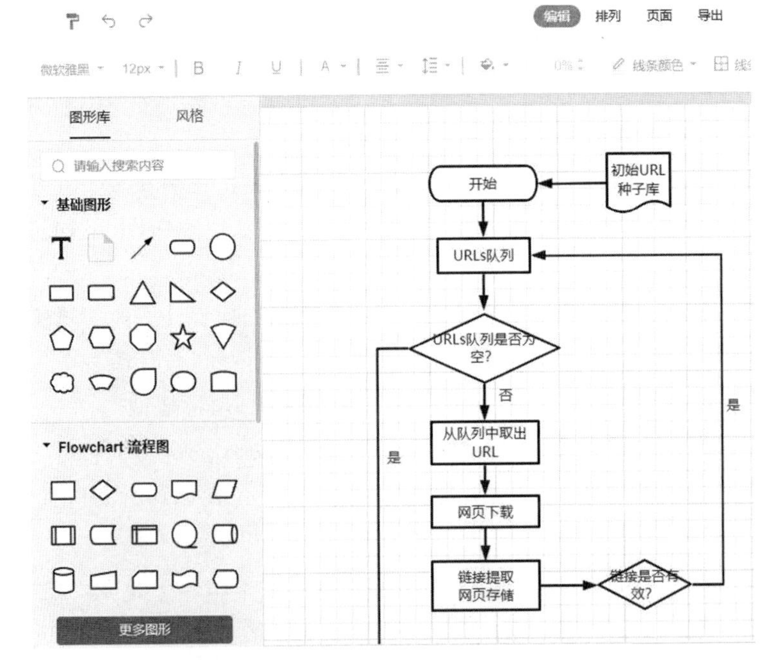

图 6-80 爬虫流程图

(7)插入符号并使用文本工具编辑符号。

在日常办公中,我们常常需要在文本文档中插入标点符号。如需要插入 m^2、℃等符号时,键盘输入法不方便输入,此时就可以使用 WPS 符号功能,它不仅拥有日常办公常用的标点符号,还拥有颜文字、小众符号,能够满足我们的办公需求。

首先点击上方菜单栏“插入”—“符号”。符号栏中有序号、标点、数学、几何、单位、字母、语文类型符号等。如果想插入符号“㎡”,在单位符号中,找到“㎡”,点击即可插入。除此以外 WPS 稻壳还为用户提供了创意符号。例如我们想插入一个颜文字表示开心的心情,选择颜文字—开心,点击即可插入。

(8)插入艺术字并使用文本工具编辑艺术字。

在做演示文件进行汇报时,我们经常会插入艺术字,以来 PPT 看起来更精美。

选中需要更改为艺术字的内容,如标题“计算机基础”,依次点击“插入”选项卡—“艺术字”按钮,如图 6-81 所示。也可以直接点击“插入”选项卡—“艺术字”按钮来添加。

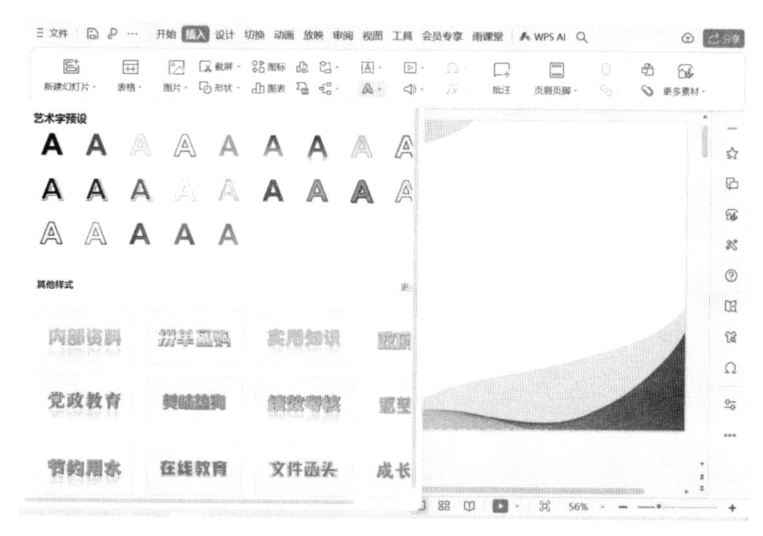

图 6-81　插入艺术字

在下拉“艺术字”列表中,选择“预设样式”或者“稻壳艺术字”。如在“预设样式”处,选择所需样式,点击即可插入该样式艺术字。双击艺术字,唤出菜单栏“文本工具”,通过“文本填充”“文本轮廓”和“文本效果”来设置艺术字,效果如图 6-82 所示。还可以在“稻壳艺术字”处,我们可以在搜索框搜索所需的类型,也可以根据为你推荐的类型进行选择。

(9)插入音频并使用音频工具编辑音频。

假设我们想在幻灯片中插入背景音乐,该怎么做呢?

点击上方菜单栏“插入”—“音频”,在下拉列表中有“嵌入音频”“嵌入背景音乐”“链接到音频”和“链接到背景音乐”。此处我们选择“嵌入背景音乐”,在弹出的对话框中我们找到背景音乐路径,选择“爱我中华”,点击打开,将图标移动到合适的位置,这样就可以插入背景音乐了,如图 6-83 所示。

图 6-82 使用文本工具编辑艺术字

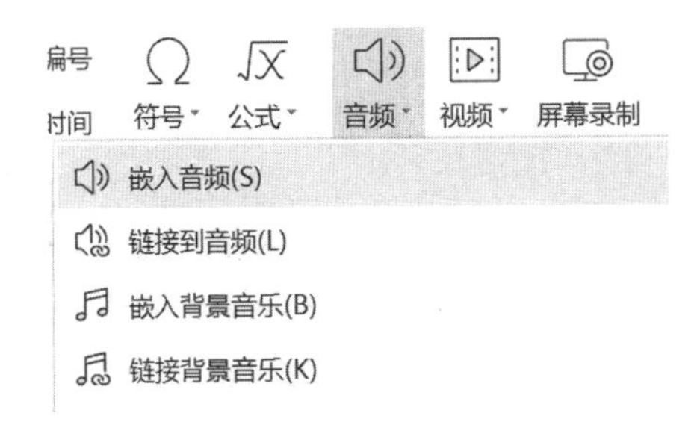

图 6-83 插入音频

插入背景音乐后,使用“音频工具”编辑音频,如图 6-84 所示。点击音频小喇叭,唤出“音频工具”选项卡,点击“裁剪音频”即可剪辑音频文件。点击“音量”可以选择高、中、低与静音。还可以点击“设置为背景音乐”“当前页播放”“跨页播放”“循环播放”,勾选“循环播放,直至停止”等编辑音频。

图 6-84 使用音频工具编辑音频

(10)插入视频并使用视频工具编辑视频。

那么如何在幻灯片中插入视频呢?

点击“插入”—“视频”,在弹窗中我们可见有“嵌入本地视频”和“链接到本地视频”,如图 6-85 所示。我们选择插入“嵌入本地视频”,在弹出的对话框中找到视频路径,选择“人工智能机器人”。点击打开,调整视频到合适的位置这样就可以插入视频了,如图 6-86 所示。

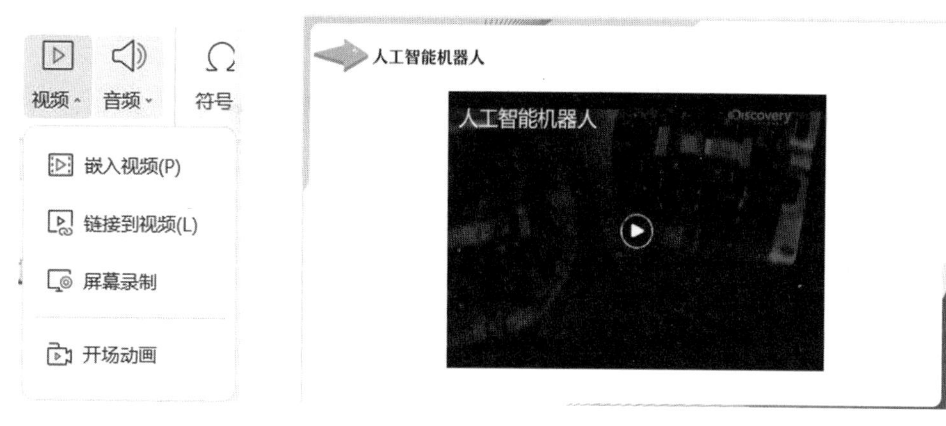

图 6-85　插入视频　　　　图 6-86　插入“人工智能机器人”视频

如何设置视频自动播放和手动播放呢？若需要设置自动播放，在“视频工具”的工具栏“开始”处选择“自动”即可。若需要设置手动播放，在“视频工具”的工具栏“开始”处选择“单击”即可。

WPS 演示的视频功能不仅可以插入视频，还可以剪辑视频、更改视频封面和更换视频。如何剪辑已插入的视频呢？选中视频，点击“裁剪视频”，或者点击右键“裁剪视频”，我们可以拖动视频时间线上的剪辑标志进行剪辑，将片头和片尾无用视频裁剪掉，如图 6-87 所示。如果我们不满意视频封面，想要自定义视频封面，点击“视频封面”，在下拉列表中设置“封面样式”和“封面图片”，即可更改视频封面。

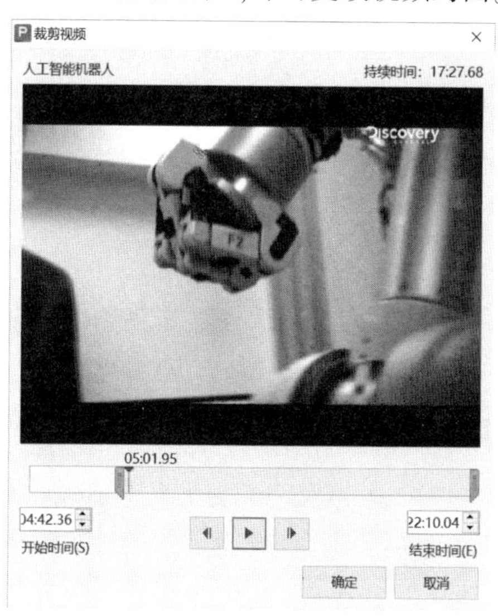

图 6-87　剪辑视频

4. 演示文稿的动画制作

在演示文稿的设计中，动态效果有极其重要的地位，好的动态效果可以明确主题，渲染气氛产生特殊的视觉效果。幻灯片的动画效果主要包括两个方面，分别是对象的自定义动画和幻灯片的切换效果。

(1)自定义动画。

在幻灯片中插入图片、图形或者文字后,想要添加动画效果该怎么办呢?

使用 WPS 演示打开 PPT,选中需要设置动画的内容。依次点击“动画”—“动画窗格”。在右侧“动画窗格”弹出框中,选择“添加效果”或“智能动画”,如“添加效果”,动画效果一般有以下几种:进入、强调、退出动作路径动画。根据需要选择添加一个动画效果,如进入—擦除,如图 6-88 所示。在“动画窗格”中,设置动画效果,“开始”“方向”和“速度”,如图 6-89 所示。

图 6-88 添加动画

在 PPT 添加动画时,掌握好以下几个 PPT 动画原则,使得 PPT 更专业。

①重复原则。

需注意在一个页面内,动画效果不应太多,一般不要超过两个。过多不同的动画效果,不仅会让页面杂乱,还会影响观众的注意力。

②强调原则。

如果一页 PPT 内容较多,要突出强调某一点。可以单独对这个元素添加动画,其他页面保持静止,达到强调的效果。

③顺序原则。

在添加动画时,让内容根据逻辑顺序出现,观感更为舒适。并列关系可同时出现;层级关系可按照从左到右的顺序出现,或从下到上的顺序出现。

当幻灯片中的素材过多,想要做到鼠标点击以后,图片文本动画依次出现,该怎么操作呢?

首先点击“动画”选项卡—“动画窗格”按钮,此时弹出“动画窗格”侧边栏。然后选择图片 A,点击“添加效果”,设置图片 A 的动画效果,设置效果的开始时间、方向和速度。然后选择文本 B,点击“添加效果”,设置文本 B 的动画效果。如果我们想要达到的是“鼠标点击后图片文本逐一显示”效果,在文本 B 的动画开始设置中,选择“在上一动画之后”,如图 6-90 所示,意思是图片 A 展示完动画效果后,文本 B 接着展示动画效果。这样就可以达到鼠标点击后，A、B 依次展示动画效果了。还可以点击“动画窗格”，选中动画效果，鼠标按住动画效果上下拖动即可调整顺序。

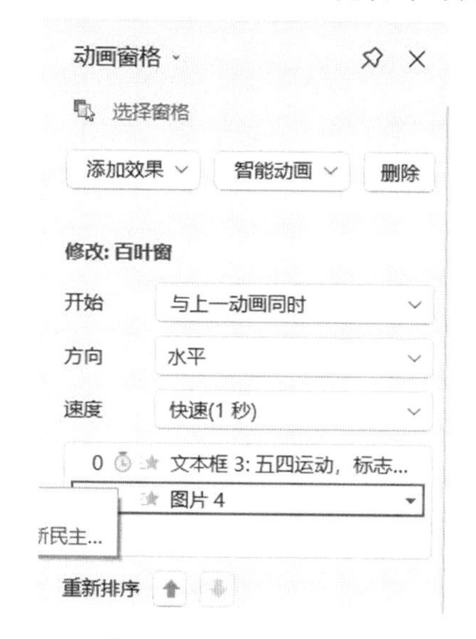

图 6-89 设置动画效果

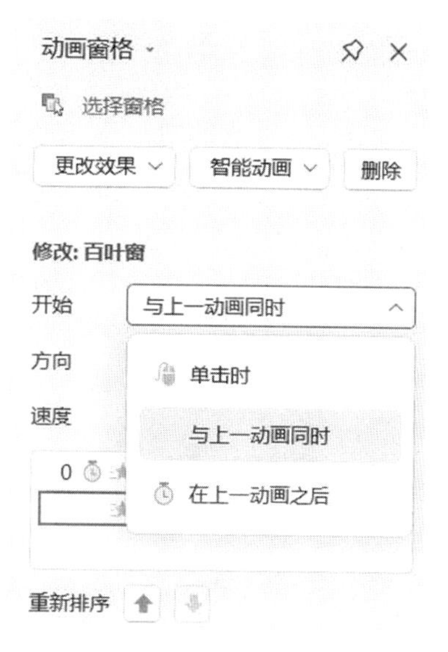

图 6-90 设置动画出场顺序

(2)幻灯片切换动画。

选中一页幻灯片，如第 8 张幻灯片，在“切换”选项卡中，根据需要选择一种切换方式，如溶解，如图 6-91 所示，并进行相关设置即可。

图 6-91 设置幻灯片切换方式

在“切换”选项卡中，选择一种切换方式后，如溶解，在“声音”中选择一种音效，如无声，在“速度”中输入数值，如 0.1。设置幻灯片切换声音和速度如图 6-92 所示。如果想将第 8 张幻灯片的切换效果应用到全部幻灯片，点击“切换”选项卡，点击“应用到全部”即可。

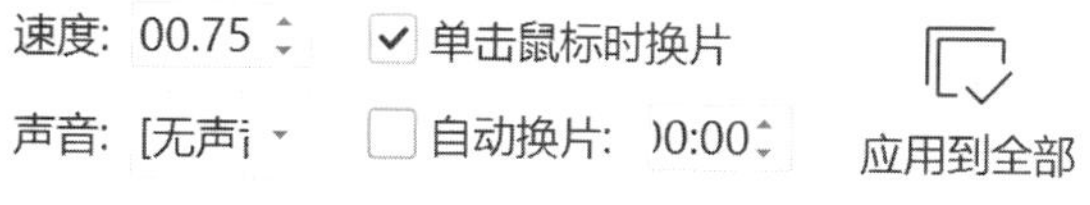

速度：00.75 单击鼠标时换片
声音：[无声 自动换片：00:00 应用到全部

图 6-92 设置幻灯片切换声音和速度

5. 演示文稿的放映与输出

WPS 演示文稿设计制作完毕，就可以将它放映与输出。WPS 演示文稿放映时不再是从头到尾播放的线形模式，而是具有了一定的交互性，能够按照预先设定的方式，在适当的时候放映需要的内容,或做出相应的反应。根据演示者的需求,WPS 演示文稿可以输出为其他格式的文档,也可以直接打印输出。

(1)演示文稿的放映。

如果想从第一张幻灯片开始放映,依次点击“幻灯片放映”→“从头开始”。或点击快捷键“F5”,即可从当前演示文稿的第一张 PPT 开始放映。如果想从当前幻灯片开始放映,依次点击“幻灯片放映”→“从当前开始”。或点击快捷键“Shift+F5”,即可从当前 PPT 开始放映。

(2)演示文稿的输出。

①演示文稿的输出转换。

按快捷键“Fn+F12”或点击左上角“文件”—“另存为”。选择需要保存的格式,如果选择“PowerPoint 97-2003 文件(*.ppt)”,可实现输出为 PPT。如果选择“转为 WPS 文字文档”,可实现输出为 WPS 文字文档,也可以输出为 PDF 格式及其他格式。

②打印演示文稿。

首先我们需要先确保打印机硬件设备是否正常并且为开启状态,还需要确定所使用的电脑在局域网中是否能找到打印设备。

点击“打印”,或按快捷键“Ctrl+P”,弹出打印对话框。设置所连接的打印机、打印模式、内容范围、份数等相关信息,点击“确定”就可以开始打印。

6.2.4 如何成为演示文稿制作高手

要想成为演示文稿制作高手,可以遵循以下几个要点:

(1)学习基本的设计原则和技巧。包括颜色、字体、排版、图像等方面的设计,以及如何使用幻灯片软件来创建精美的演示文稿,以提高演示文稿的吸引力和专业度。

(2)深入了解受众的需求和兴趣。在制作演示文稿之前,需要深入了解受众是谁,他们的需求是什么,以及他们对演示文稿的期望是什么。这样才能做到有的放矢,更有助于选择合适的内容和设计风格。

(3)简洁明了地传达信息。演示文稿的目的是向观众传达信息,因此需要确保你的内容简洁明了,易于理解。避免使用过多的文字,而是使用图像、图表、表格、音频、视频等可视化工具来帮助观众更好地理解信息,同时增强演示效果和互动性。

(4)保持一致性。在整个演示文稿中,需要保持一致的设计风格和排版风格,以确保整个演示文稿的视觉效果和谐统一。

(5)宣讲和反思。只有通过不断的宣讲和反思,才能不断提高自己的演示文稿制作技能。

总之,想成为演示文稿制作高手需要不断地学习和实践,同时注重受众需求和视觉效果的平衡,这样才能制作出酷炫漂亮的演示文稿。

6.2.5 AI 演示文稿设计与排版

WPS 演示文稿 AI 的功能主要包括 AI 生成演示文稿、AI 编辑演示文稿等。WPS 演示文稿 AI 可以快速生成演示文稿,用户只需输入主题或文本等,AI 将自动设计出完整的演示文稿。用户还可以根据需要选择不同的模板和风格,AI 生成的演示文稿不仅美观,而且内容结构清晰,便于理解。在编辑演示文稿时,WPS 演示文稿 AI 可以提供智能建议,帮助用户优化内容和设计。例如,AI 可以自动调整文本排版,优化图片布局,甚至提供文字润色建议。此外,AI 还可以根据演示文稿的主题和内容,智能推荐相关的图表、图片和动画效果,使演示文稿更加生动有趣。通过这些功能,WPS 演示文稿 AI 不仅大大减少了用户在设计和排版上的时间投入,还提高了演示文稿的专业性和吸引力,使得用户能够更加专注于内容的创作和表达,最终达到提升演示效果的目的。

1. AI 生成演示文稿

WPS AI 生成 PPT 包含了 3 个主要功能:根据主题生成 PPT、根据文档生成 PPT 及根据大纲生成 PPT。WPS AI 生成 PPT 功能如图 6-93 所示。这些功能可以帮助用户快速创建演示文稿,节省大量时间和精力。

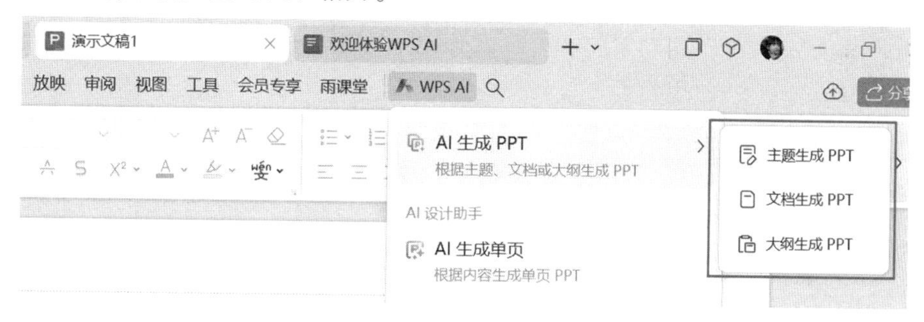

图 6-93 WPS AI 生成 PPT 功能

(1)AI 主题生成 PPT。

用户只需输入一个主题,WPS AI 将根据用户指定的主题自动搜索相关素材,包括图片、图表、文本等,并生成一个完整的演示文稿。首先,用户需要在 WPS 演示文稿中点击“WPS AI”按钮,然后选择“AI 主题生成 PPT”功能。接下来,用户需要输入或选择一个主题,例如“可持续发展”或“人工智能”。WPS AI 主题生成 PPT 功能如图 6-94 所示。

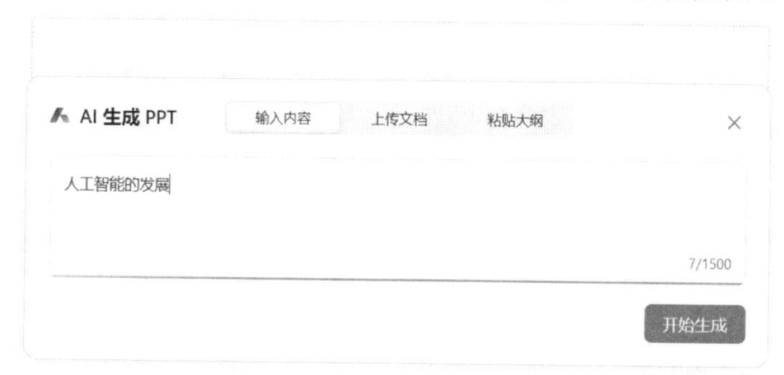

图 6-94 WPS AI 主题生成 PPT 功能

首先,WPS AI 将根据所输入的主题,精心设计并创建一个详尽的演示文稿大纲。这个大纲将涵盖所有关键点和子主题,确保演示内容的完整性和逻辑性。通过深入分析所选主题,WPS AI 将确保每个部分都紧密相连,形成一个连贯的整体。WPS AI 生成 PPT 大纲如图 6-95 所示。

幻灯片大纲

封面 人工智能的发展

第三章 人工智能在各行业的应用

制造业智能化升级

医疗健康领域应用

金融行业智能化转型

第四章 人工智能面临的挑战与机遇

技术瓶颈与突破

伦理道德与法律监管

人工智能与就业关系

第五章 人工智能未来发展趋势

智能化程度不断提升

跨领域融合创新

人工智能与可持续发展

细节润色中，即将完成

停止 Esc

图 6-95 WPS AI 生成 PPT 大纲

接下来,WPS AI 将根据生成的大纲自动创建一个包含多张幻灯片的演示文稿,并且提供多种类型的模板供用户选择,如商业报告、学术演讲、个人展示等,以保证演示文稿能够更加符合用户的实际需求。WPS AI 生成 PPT 模板如图 6-96 所示。

生成的幻灯片包含与主题紧密相关的标题、详细内容、精选图片及直观的图表等元素。用户还可以根据自己的需求,对生成的演示文稿进行修改和调整,以满足特定的展示需求。WPS AI 根据主题生成的演示文稿如图 6-97 所示。

(2) AI 文档生成 PPT。

AI 文档生成 PPT 功能,可以将文本内容自动转换为 PPT 演示文稿。首先,选择“AI 文档生成 PPT”功能。然后,用户根据需求上传文档,并可以选择根据原文或智能优化后的文档进行演示文稿大纲的生成。WPS AI 可根据原文档或改写后的文档生成大纲如图 6-98 所示。

图 6-96　WPS AI 生成 PPT 模板

图 6-97　WPS AI 根据主题生成的演示文稿

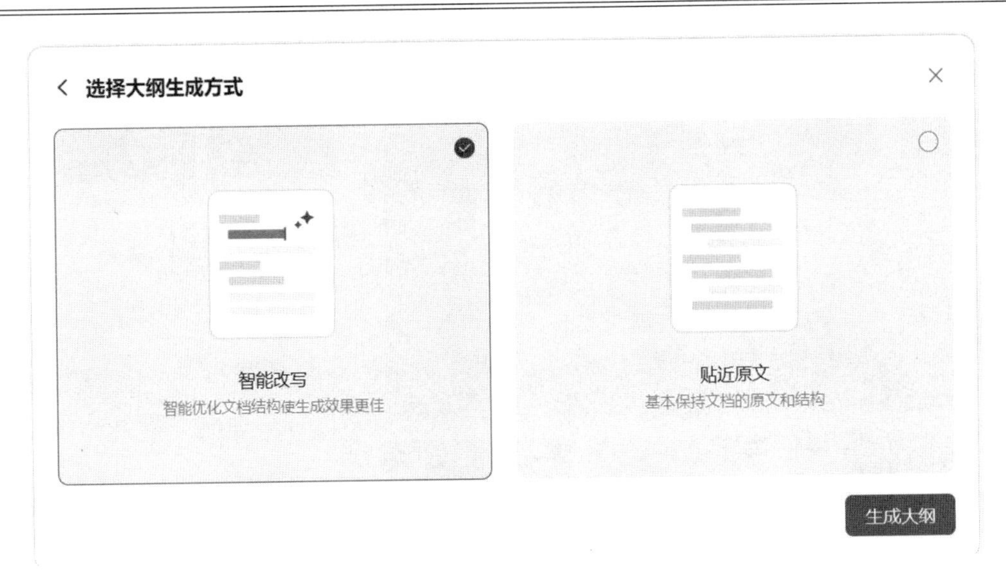

图 6-98 WPS AI 可根据原文档或改写后的文档生成大纲

接下来,WPS AI 将根据生成的大纲自动创建一个包含多张幻灯片的演示文稿,并且提供多种类型的模板供用户选择,如商业报告、学术演讲、个人展示等,WPS AI 根据文档生成的演示文稿如图 6-99 所示。以保证演示文稿能够更加符合用户的实际需求。

图 6-99 WPS AI 根据文档生成的演示文稿

(3) AI 大纲生成 PPT。

AI 大纲生成 PPT 功能只需用户提供一个大纲,WPS AI 将根据大纲内容整理并生成一个演示文稿。用户可以自定义每个部分的样式和布局,并根据实际需求选择不同的模板,以确保演示文稿的效果和内容符合用户的实际需求。

总之,WPS AI 生成 PPT 功能可以帮助用户快速创建高质量的演示文稿,提高工作效率。用户只需简单操作,即可轻松完成复杂的演示文稿制作任务。

2. AI 编辑演示文稿

AI 编辑演示文稿包括帮写及帮改功能,旨在为用户提供更加智能和便捷的演示文稿编辑体验。WPS AI 编辑幻灯片功能如图 6-100 所示。

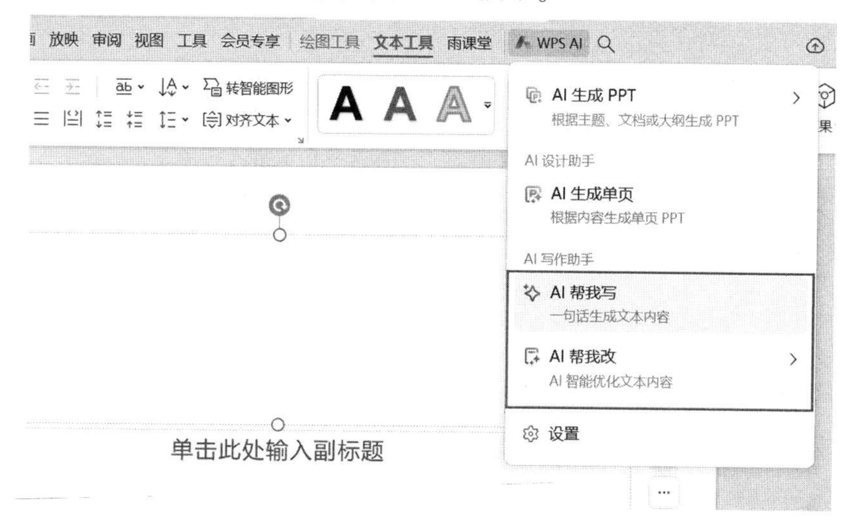

图 6-100　WPS AI 编辑幻灯片功能

(1) AI 帮我写。

AI 帮写功能结合了 WPS 文字 AI 的帮写功能,能够根据用户提供的关键词或主题,自动生成文本内容。用户只需在 WPS 演示文稿中点击"WPS AI"按钮,然后选择"AI 帮写"功能。接下来,用户可以输入一个主题或关键词,例如"人工智能",如图 6-101 所示。WPS AI 将根据所输入的主题,自动搜索相关素材并生成一段富有创意和逻辑性的文本内容。WPS AI 帮写功能生成的演示文稿如图 6-102 所示。

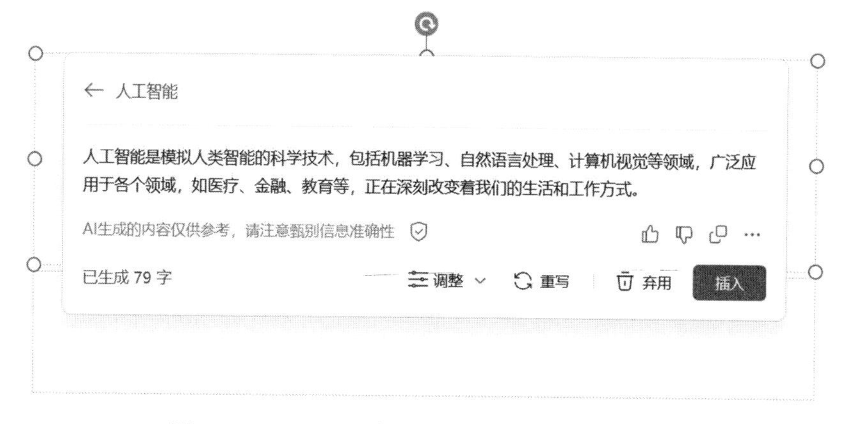

图 6-101　WPS AI 帮写功能根据主题生成的文本

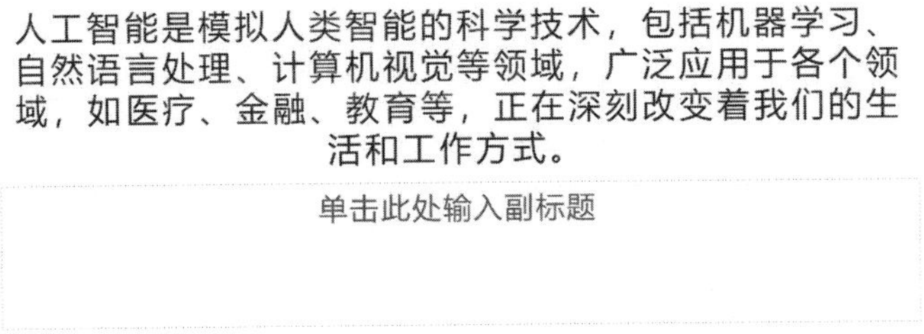

人工智能是模拟人类智能的科学技术，包括机器学习、自然语言处理、计算机视觉等领域，广泛应用于各个领域，如医疗、金融、教育等，正在深刻改变着我们的生活和工作方式。

单击此处输入副标题

图 6-102　WPS AI 帮写功能生成的演示文稿

用户还可以根据自己的需求,对生成的文本进行修改和调整,以满足特定的展示需求。

(2) AI 帮我改。

AI 帮改功能则专注于帮助用户优化现有文本内容,可以对文本进行润色、扩写或者缩写等操作。用户选定需要优化内容后在 WPS 演示文稿中点击“WPS AI”按钮,然后选择“AI 帮改”功能。WPS AI 将根据用户的需求进行文本内容的优化和改进。WPS AI 帮改功能润色后的演示文稿如图 6-103 所示。

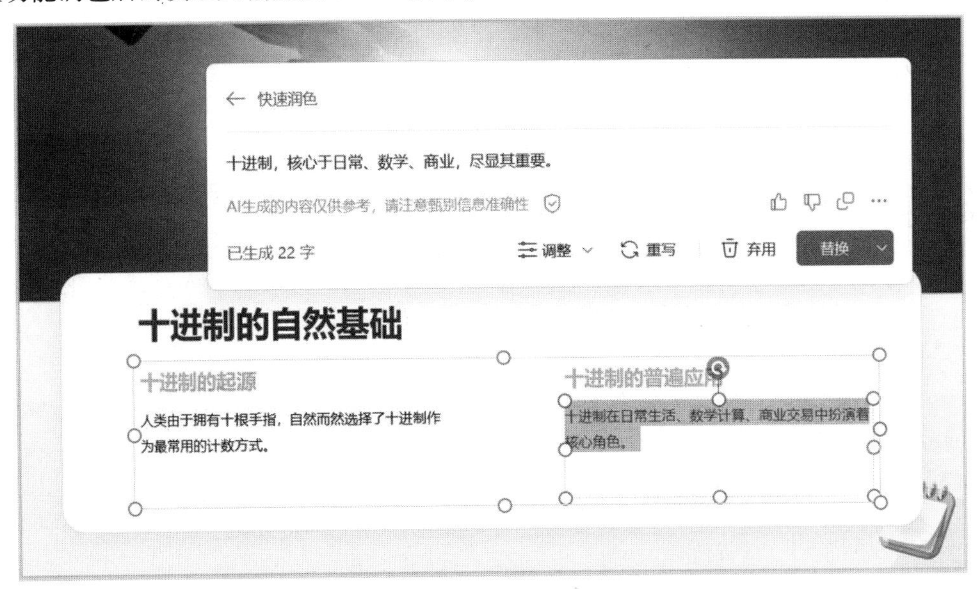

图 6-103　WPS AI 帮改功能润色后的演示文稿

总之,WPS AI 编辑演示文稿功能可以帮助用户快速生成和优化文本内容,提高演示文稿的制作效率和质量。用户只需简单操作,即可轻松完成复杂的文本编辑任务,让演示文稿更加生动和引人入胜。

思考题

1. 在 WPS 文字文档中为图表插入图形如“图 1、图 2”的题注时,删除标签与编号之间自动出现的空格的最优操作方法是(　　)。

A. 在新建题注标签时,直接将其后面的空格删除即可

B. 选择整个文档,利用查找和替换功能逐个将题注中的西文空格替换为空

C. 一个一个手动删除该空格

D. 选择所有题注,利用查找和替换功能将西文空格全部替换为空

2. 小陈在 WPS 文字中编辑一篇摘自互联网的文章,他需要将文档每行后面的手动换行符删除,最优的操作方法是(　　)。

A. 在每行的结尾处,逐个手动删除

B. 通过查找和替换功能删除

C. 依次选中所有手动换行符后,按 Delete 键删除

D. 按 Ctrl+A、组合键删除

3. 在 WPS 文字文档中,选择从某一段落开始位置到文档末尾的全部内容,最优的操作方法是(　　)。

A. 将指针移动到该段落的开始位置,按 Ctrl+A 组合键

B. 将指针移动到该段落的开始位置,按住 Shift 键,单击文档的结束位置

C. 将指针移动到该段落的开始位置,按 Ctrl+Shift+End 组合键

D. 将指针移动到该段落的开始位置。按 Alt+Ctrl+Shift+PageDown 组合键

4. 在 WPS 文字文档中,学生"张小民"的名字被多次错误地输入为"张晓明""张晓敏""张晓民""张晓名",纠正该错误的最优操作方法是(　　)。

A. 从前往后逐个查找错误的名字,并更正

B. 利用 WPS 文字"查找"功能搜索文本"张晓",并逐一更正

C. 利用 WPS 文字"查找和替换"功能搜索文本"张晓＊",并将其全部替换为"张小民"

D. 利用 WPS 文字"查找和替换"功能搜索文本"张晓^?"并将其全部替换为"张小民"

5. 刘老师已经利用 WPS 文字编辑完成了一篇中英文混编的科技文档,若希望将该文档中的所有英文单词首字母均改为大写,最优的操作方法是(　　)。

A. 逐个单词手动进行修改

B. 选中所有文本,通过"字体"选项组中的更改大小写功能实现

C. 选中所有文本,通过按 Shift+F4 组合键实现

D. 在自动更正选项中开启"每个单词首字母大写"功能

6. 文秘小慧正在 WPS 文字中编辑一份通知,她希望位于文档中间的表格在独立的页面中横排,其他内容则保持纸张方向为纵向,最优的操作方法是(　　)。

A. 在表格的前后分别插入分页符,然后设置表格所在的页面纸张方向为横向

B. 在表格的前后分别插入分节符,然后设置表格所在的页面纸张方向为横向

C. 首先选定表格,然后为所选文字设置纸张方向为横向

D. 在表格的前后分别插入分栏符,然后设置表格所在的页面纸张方向为横向

7. 在 WPS 文字文档中有一个占用 3 页篇幅的表格，如需将这个表格的标题行都出现在各页面首行，最优的操作方法是(　　)。

A. 将表格的标题行复制到另外 2 页中

B. 利用“重复标题行”功能

C. 打开“表格属性”对话框，在列属性中进行设置

D. 打开“表格属性”对话框，在行属性中进行设置

8. 小马在一篇 WPS 文字文档中创建了一个漂亮的页眉，她希望在其他文档中还可以直接使用该页眉格式，最优的操作方法是(　　)。

A. 下次创建新文档时，直接从该文档中将页眉复制到新文档中

B. 将该文档保存为模板，下次可以在该模板的基础上创建新文档

C. 将该页眉保存在页眉文档部件库中，以备下次调用

D. 将该文档另存为新文档，并在此基础上修改即可

9. 在 WPS 演示中制作演示文稿时，希望将所有幻灯片中标题的中文字体和英文字体分别统一为微软雅黑、Arial，正文的中文字体和英文字体分别统一为仿宋、Arial。最优的操作方法是(　　)。

A. 在幻灯片母版中通过“字体”对话框分别设置占位符中的标题和正文字体

B. 在一张幻灯片中设置标题、正文字体，然后通过格式刷应用到其他幻灯片的相应部分

C. 通过“替换字体”功能快速设置字体

D. 通过批量设置字体进行设置

10. 小李利用 WPS 演示制作一份学校简介的演示文稿，他希望将学校外景图片铺满每张幻灯片，最优的操作方法是(　　)。

A. 通过“插入”选项卡上的“插入水印”功能输入文字并设定版式

B. 在幻灯片母版中插入该图片，并调整大小及排列方式

C. 将该图片文件作为对象插入全部幻灯片中

D. 在幻灯片母版中插入包含“样例”二字的文本框，并调整其格式及排列方式

11. 小明利用 WPS 演示制作一份考试培训的演示文稿，他希望在每张幻灯片中添加包含“样例”文字的水印效果，最优的操作方法是(　　)。

A. 通过“插入”选项卡上的“插入水印”功能输入文字并设定版式

B. 在幻灯片母版中插入包含“样例”二字的文本框，并调整其格式及排列方式

C. 将“样例”二字制作成图片，再将该图片作为背景插入并应用到全部幻灯片中

D. 在一张幻灯片中插入包含“样例”二字的文本框，然后复制到其他幻灯片

12. 小李正在利用 WPS 制作公司宣传文稿，现在需要创建一个公司的组织结构图，最快捷的操作方法是(　　)。

A. 直接在幻灯片中绘制形状、输入相关文字，组合成一个组织结构图

B. 通过“插入”→“对象”功能，激活组织结构图程序并创建组织结构图

C. 通过插入智能图形中的“层次关系”布局来创建组织结构图

D. 直接通过“插入”→“图表”下的“组织结构图”功能来实现

13. 若将 WPS 演示幻灯片中多个圆形的圆心重叠在一起，最快捷的操作方法是（　　）。

A. 借助智能参考线，拖动每个圆形使其位于目标圆形的正中央

B. 同时选中所有圆形，设置其“左右居中”和“垂直居中”

C. 显示网络线，按照网络线分别移动圆形的位置

D. 在“设置形状格式”对话框中，调整每个圆形的“位置”参数

14. 在 WPS AI 的文字处理功能中，用户可以利用________功能快速将大量文本内容按照预设的模板或样式进行格式化，极大地提高了文档排版效率。

15. WPS AI 的________功能可以帮助用户在撰写文章时自动检查并纠正语法错误、拼写错误，甚至提供同义词替换建议，提升文档质量。

16. 在 WPS 演示中，通过________功能，用户可以一键将文字转换为精美的图形或动画效果，增强演示的吸引力和表达力。

17. WPS 演示的________工具能够自动识别幻灯片中的关键信息，并为其添加适当的动画效果，提升观众的注意力。

18. 在 WPS 文字中，________功能能够基于用户输入的关键词，自动生成相关段落或建议，辅助用户完成文档编写。

19. WPS AI 的________特性允许用户通过语音输入命令，直接操作文档、表格或演示文稿，提升了工作效率和便捷性。

参考文献

[1] 董荣胜. 计算机科学导论：思想与方法[M]. 2版. 北京：高等教育出版社，2013.

[2] 唐国良，石磊. 大学计算机基础[M]. 北京：清华大学出版社，2015.

[3] 萧宝玮. 大学计算机基础[M]. 北京：中国铁道出版社，2015.

[4] 陈国君，陈尹立. 大学计算机基础教程[M]. 2版. 北京：清华大学出版社，2014.

[5] 李暾，毛晓光，刘万伟，等. 大学计算机基础[M]. 3版. 北京：清华大学出版社，2018.

[6] 郑阿奇，唐锐，栾丽华. 新编计算机导论：基于计算思维[M]. 北京：电子工业出版社，2013.

[7] 沙行勉. 计算机科学导论：以 Python 为舟[M]. 2版. 北京：清华大学出版社，2016.

[8] 谷赫，邹凤华，李念峰. 计算机组成原理[M]. 北京：清华大学出版社，2013.

[9] 易建勋. 计算机导论：计算思维和应用技术[M]. 2版. 北京：清华大学出版社，2018.

[10] 战德臣，聂兰顺. 大学计算机：计算思维导论[M]. 北京：电子工业出版社，2013.

[11] 张效祥. 计算机科学技术百科全书[M]. 3版. 北京：清华大学出版社，2018.

[12] 何明. 大学计算机基础[M]. 南京：东南大学出版社，2015.

[13] 郭建璞，董晓晓，刘立新. 多媒体技术基础及应用[M]. 北京：电子工业出版社，2014.

[14] 龚声蓉. 多媒体技术应用[M]. 北京：人民邮电出版社，2008.

[15] 杨帆，赵立臻. 多媒体技术与应用[M]. 2版. 北京：高等教育出版社，2006.

[16] 黄丽娟. 计算机技术的应用现状分析及其发展趋势[J]. 电子技术与软件工程，2017(20)：140.

[17] 赵凤金. 未来计算机与信息技术的研究热点及发展趋势探索[J]. 信息与电脑，2017(4)：45-47.

[18] 王浩杰. 计算机科学与技术的发展趋势探析[J]. 信息通信，2020(8)：203-205.

后　　记

我们深感荣幸能够为广大读者提供一个系统的、全面的计算机基础学习途径。这本书旨在帮助初学者迅速掌握计算机的基本概念、原理和应用,全面提升信息素养,为进一步学习和实践打下坚实的基础。

在编写过程中,我们力求让这本书的内容丰富、通俗易懂,同时,既具有理论深度,又具有实际应用价值。我们深知计算机科学的迅猛发展对计算机基础教育提出了更高的要求。因此,我们致力于将最新的技术趋势和理论知识融入本书中,以确保内容的前瞻性和实用性。

我们也深知自己的不足之处。尽管我们已经尽力使这本书尽可能完善,但仍可能有不足之处。因此,我们诚挚地邀请广大读者在使用过程中提出宝贵的意见和建议,以便我们能够不断改进和完善这本书。

此外,我们还意识到计算机基础学习不仅仅局限于课堂和书本。因此,我们在书中提供了一些在线资源和学习建议,希望能够帮助读者更好地全面提升信息素养。

最后,我们要强调的是,计算机科学是一门需要终身学习和实践的学科。希望这本书能够成为读者们探索计算机世界的坚实桥梁,帮助读者建立起扎实的基础知识体系,并激发读者对计算机科学深入探索的热情和兴趣。

编　者

2024 年 8 月